mini Manuel de Chimie Organique

Cours + Exos

Pierre Krausz
Professeur à la Faculté des Sciences et Techniques de Limoges
Laboratoire de Chimie des substances naturelles

Rachida Benhaddou
Professeur à la Faculté des Sciences et Techniques de Limoges
Laboratoire de Chimie des substances naturelles

Robert Granet
Ingénieur de Recherche à la Faculté des Sciences et Techniques de Limoges
Laboratoire de Chimie des substances naturelles

DUNOD

Une précédente version de cet ouvrage a été publiée chez le même éditeur dans la collection « Sciences Sup ».

ISBN 978-2-10-050888-4

Table des matières

CHAPITRE 1

Généralités sur la chimie organique

PLAN

OBJECTIFS

- Connaître les caractéristiques originales de la chimie organique.
- Nommer un composé à partir de sa structure.
- Déterminer le degré d'insaturation d'une molécule organique.

1.1 DÉFINITIONS

Au début du XIXe siècle de nombreuses espèces chimiques avaient été isolées dans les milieux vivants. On pensait à cette époque que ces composés étaient spécifiques du monde vivant et ne pouvaient être obtenus qu'à partir de ces derniers en raison de ce que l'on appelait la « force vitale ». Cette partie de la chimie qui s'intéressait à ces composés portait alors le nom de **Chimie Organique**. Cette théorie de la force vitale a été réfutée en 1828 par Wöhler qui en faisant chauffer du cyanate d'ammonium a obtenu de l'urée. L'analyse élémentaire de tous ces composés naturels montre qu'ils contiennent tous l'élément carbone. Aujourd'hui, on définit la chimie organique comme la partie des sciences chimiques qui étudie les composés du carbone d'origine naturelle ou artificielle. Depuis la première synthèse de Wöhler plusieurs millions de molécules organiques ont été synthétisées ou isolées.

1.2 CARACTÉRISTIQUES GÉNÉRALES DE LA CHIMIE ORGANIQUE

a) Les éléments présents

Dans les éléments présents il y a bien évidement le carbone, mais à côté de celui-ci de nombreux autres atomes peuvent intervenir dans une molécule organique : l'hydrogène presque toujours présent, l'azote, l'oxygène, le phosphore, les halogènes (fluor, chlore, brome, iode), les métaux (Mg, Cu, Li…) et plus généralement tous les autres éléments du tableau périodique à l'exception des gaz rares.

Une molécule organique s'écrira donc sous la forme $C_xH_yN_tO_z$…, (x, y, z, t nombres entiers). Une telle description porte le nom de **formule brute**. Ajoutons qu'en chimie organique, les atomes autres que le carbone et l'hydrogène portent le nom d'**hétéroatomes**.

b) L'aspect structural

Rappelons que le carbone est **tétravalent** ce qui implique un grand nombre de combinaisons. En outre ces liaisons ont généralement un caractère purement covalent et non ionique contrairement aux composés inorganiques.

Sur le plan des enchaînements, le carbone peut se lier avec la plupart des atomes de la classification périodique. Il existe en particulier la possibilité de liaisons carbone-carbone par l'intermédiaire de liaisons simples, doubles ou triples qui peuvent mener à de longues chaînes comme le montrent les quelques exemples ci-dessous.

$H_3C-CH_2-CH_2-CH_3$ $H_2C=CH_2$ $HC\equiv CH$

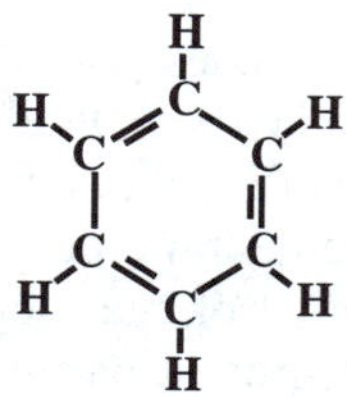

butane   éthène   éthyne   benzène

La géométrie de la molécule peut également varier suivant que l'atome de carbone est engagé dans une simple, double ou triple liaison (*fig. 1.1*)[1].

1. Ces notions seront revues et justifiées au chapitre 2.

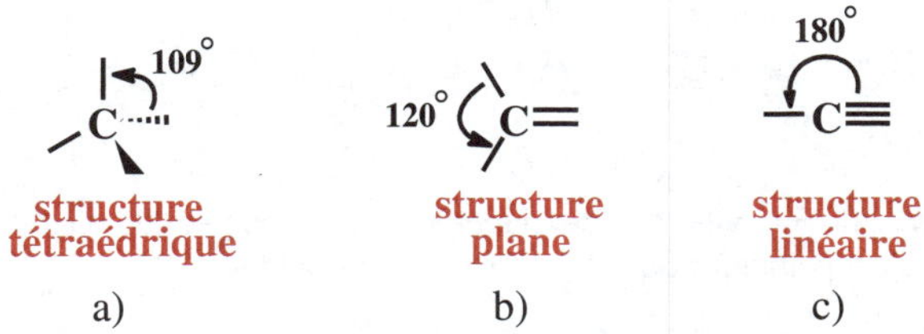

Figure 1.1 Les différentes géométries de l'atome de carbone. (a) simple liaison, (b) double liaison, (c) triple liaison.

Il y a donc une grande variété de géométries possibles. Nous verrons dans la suite de ce cours que la structure spatiale d'une molécule a une très grande influence sur sa réactivité. On ne pourra pas se contenter de représenter les formules chimiques uniquement par leurs formules brutes ; on utilisera la plupart du temps des formules dites **développées** qui donneront une idée plus précise de l'enchaînement des atomes de carbone et de la géométrie de la molécule.

c) Possibilité d'isomérie

Cela entraîne une notion tout à fait fondamentale pour l'organicien, c'est le concept d'isomérie.

> On dira que deux composés sont isomères s'ils ont les mêmes formules brutes et des formules développées différentes.

Pour nous fixer les idées prenons le cas de la molécule de formule brute C_4H_8. On pourra aisément vérifier que les deux structures suivantes correspondent bien à cette formule brute :

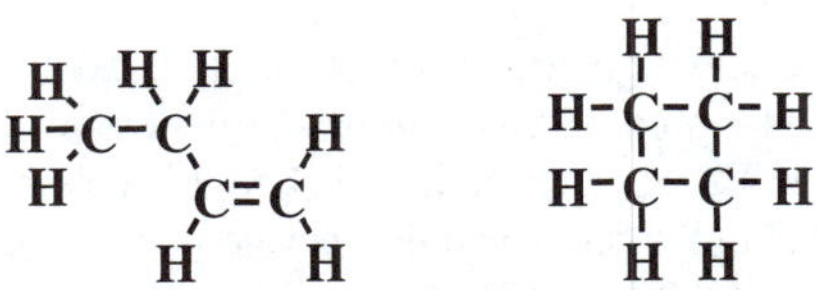

La première molécule possède une double liaison tandis que la seconde structure représentée est cyclique et ne possède pas de double liaison.

Pour simplifier l'écriture on se sert souvent de formules **semi-développées** (*fig. 1.2a*) ou de formules dites **topologiques** ou **symboliques** (*fig. 1.2b*). Dans ce dernier cas chaque angle représente un atome de carbone et si aucun substituant n'est représenté on sous-entend qu'il y a le nombre d'atomes d'hydrogène nécessaire pour tenir compte de la tétravalence du carbone.

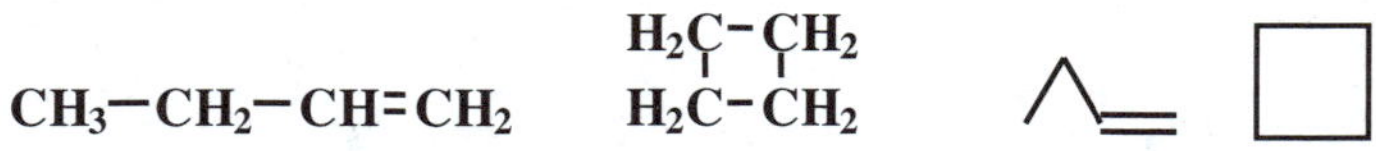

a b

Figure 1.2 **(a)** Formule semi-développée du but-1-ène et du cyclobutane. **(b)** Formule topologique du but-1-ène et du cyclobutane.

d) Quelques caractéristiques physiques particulières aux composés organiques

L'analyse comparative de quelques propriétés physiques montre des caractéristiques bien particulières propres aux composés organiques.

La solubilité

Contrairement aux composés minéraux qui, lorsqu'ils sont solubles dans un solvant, le sont plutôt dans l'eau ; les composés organiques sont souvent **solubles dans des solvants peu ou non polaires** tels que l'hexane ($CH_3(CH_2)_4CH_3$), l'éther ($C_2H_5OC_2H_5$), le dichlorométhane (CH_2Cl_2) ou l'éthanoate d'éthyle ($CH_3CO_2C_2H_5$). Il existe cependant des composés organiques solubles dans l'eau. Le plus connu de ces composés est le sucre.

Le moment dipolaire

Si on considère deux point A et B de l'espace portant respectivement une charge $+\delta$ et $-\delta$, on définit le **moment dipolaire** comme le produit de la valeur absolue de la charge par le vecteur $\overrightarrow{AB}$: $\vec{\mu} = \delta\,\overrightarrow{AB}$. Cette grandeur qui rend compte de la séparation des charges se mesure usuellement en Debye ($1D = 1/3.10^{-19}$ Coulomb.Å).

En général, une molécule organique est moins polaire qu'une structure inorganique. La mesure de cette grandeur montre un moment dipolaire de 9,00 D pour le chlorure sodium (NaCl) et de seulement 1,87 D pour le chlorométhane (CH_3Cl). Ce fait résulte du caractère essentiellement covalent des molécules organiques, contrairement aux molécules inorganiques qui ont un caractère ionique beaucoup plus marqué.

Températures de fusion et d'ébullition – Densité

Contrairement à certains composés inorganiques qui présentent des températures de fusion et d'ébullition extrêmement élevées, celles des composés organiques ne dépassent en général pas 300 ou 400 °C. Au-delà de ces températures les composés organiques ne sont pas stables. Beaucoup de composés se présentent sous forme liquide et leur densité est souvent voisine de l'unité.

e) Les caractéristiques chimiques générales

Combustion et pyrolyse

En présence d'un excès d'oxygène presque toutes les molécules organiques subissent une oxydation appelée **combustion** à une température plus ou moins élevée (en général au-dessus de 400 °C) pour donner de l'anhydride carbonique et de l'eau :

$$\mathbf{M + O_2 \longrightarrow CO_2 + H_2O + \text{autres produits}}$$

Avec un défaut d'oxygène, le chauffage d'une molécule organique mène à une combustion incomplète avec formation d'oxyde de carbone CO. Enfin en l'absence d'oxygène on obtient par chauffage du carbone ; c'est la **pyrolyse** :

$$\mathbf{M \xrightarrow{\Delta} C + \text{autres produits}}$$

Réactivité

Les réactions organiques sont généralement caractérisées par des cinétiques globales **lentes**, parfois équilibrées et rarement **univoques**.

1.3 ISOLER UN PRODUIT ET ÉTABLIR UNE STRUCTURE

Le problème qui se pose toujours au chimiste organicien à l'issue d'une synthèse est la séparation des produits et leur détermination structurale.

a) L'analyse immédiate

L'organicien est tout d'abord amené à effectuer des opérations de séparation et de purification — c'est l'**analyse immédiate**. Selon les conditions opératoires et le type de produits obtenus on utilise différentes méthodes de séparation.

La distillation fractionnée

C'est la séparation de deux liquides miscibles. Cette méthode est basée sur la différence des températures d'ébullition des composés à séparer.

La cristallisation fractionnée

C'est la séparation de deux ou plusieurs solides dont un seul cristallise dans un solvant donné.

L'extraction par un mélange de solvants non miscibles

Soient deux composés C_1 et C_2 à séparer. Si C_1 est soluble dans un solvant et C_2 dans un autre solvant non miscible au précédent, les deux solutions pourront être séparées par décantation et C_1 et C_2 récupérés par simple évaporation des solvants.

La chromatographie

Les composés à séparer sont adsorbés plus ou moins fortement par une substance poreuse telle que l'alumine, la silice ou la cellulose. Les différentes molécules constituant le mélange initial seront, selon leur structure, plus ou moins rapidement entraînées sur ces supports par un gaz (chromatographie en phase gazeuse) ou par un liquide (chromatographie sur plaque, chromatographie sur colonne, HPLC[1]).

b) L'analyse élémentaire ou microanalyse

Le but de la microanalyse est d'obtenir la formule brute du composé.

Supposons une molécule de formule brute $C_xH_yN_zO_t$. Le volume d'anhydride carbonique et la masse d'eau obtenue lors de la combustion permettent d'accéder aux pourcentages en masse en carbone et en hydrogène. Le pourcentage en azote quant à lui est mesuré par chauffage du produit à analyser sur oxyde de cuivre (méthode de Dumas). L'oxygène sera souvent dosé par différence. Nous savons que les masses atomiques du carbone, de l'hydrogène, de l'azote et de l'oxygène sont respectivement 12, 1, 14 et 16, l'expression de la masse molaire du composé à analyser sera donc :

$$M = 12x + y + 14z + 16t$$

Les masses des différents éléments étant bien évidemment proportionnelles aux pourcentages on a les proportionnalités :

$$\frac{12x}{\%C} = \frac{y}{\%H} = \frac{14z}{\%N} = \frac{16t}{\%O} = \frac{12x + y + 14z + 16t}{\%C + \%H + \%N + \%O} = \frac{M}{29}$$

D'où : $x = \dfrac{M}{12}\,\dfrac{\%C}{100}$, etc.

Dans cette expression %C, %H, %N, %O désignent respectivement les pourcentages massiques en carbone, hydrogène, azote et oxygène. Notons que les indices *x*, *y*, *z*, et *t* désignant des nombres d'atomes, doivent nécessairement avoir des valeurs proches d'un nombre entier.

Restent à déterminer les masses molaires. Tout d'abord des méthodes assez anciennes :

➤ **La cryoscopie**. Un composé de masse *M* (en g) à une concentration *C* (en $g{\cdot}l^{-1}$) dans un solvant donné diminue la température de fusion de ce dernier d'une valeur $\boldsymbol{\Delta\theta = K{\cdot}C/M}$ (loi de Raoult) où

1. HPLC: abréviation de High Performance Liquid Chromatography.

K est la constante cryoscopique qui dépend uniquement de la nature du solvant.

➤ **L'ébullioscopie**. De la même manière que précédemment, un composé de masse *M* dans un solvant donné augmente la température d'ébullition de ce dernier d'une valeur **$\Delta\theta' = K' \cdot C/M$** (seconde loi de Raoult) où K' est la constante d'ébullioscopie qui dépend uniquement de la nature du solvant.

➤ **La méthode de Meyer**. Cette méthode consiste simplement à mesurer quand il s'agit d'un gaz ou d'une substance vaporisable la densité (*d*) de la vapeur ou du gaz et de déterminer la Masse molaire par la relation d'Avogadro **$M = 29d$**.

➤ **La spectrométrie de masse**. Cette méthode sera étudiée au *chapitre 4*.

c) Détermination de la structure géométrique d'une molécule

Cette question sera détaillée au *chapitre 4*.

1.4 NOMENCLATURE

En raison du grand nombre de structures présentes en chimie organique, une description et une nomination univoque de la molécule sont indispensables.

a) Définition

> Une molécule organique peut être définie comme une chaîne carbonée sur laquelle se greffent un certain nombre de fonctions.

Il convient de définir les deux notions qui apparaissent dans cette définition. La **chaîne carbonée** est l'ensemble des atomes de carbone liés entre eux dans la molécule, alors que la **fonction** est un atome ou un groupement d'atomes qui confère à la molécule une propriété importante comme le montre l'exemple ci-dessous :

$$CH_3\text{-}CH_2\text{-}CH_2\text{-}OH$$

chaîne carbonée fonction

Rappelons (*§ 1.2*) qu'une molécule organique peut se représenter par une formule brute, développée, semi-développée ou topologique.

b) Les différents types de chaînes

Une chaîne peut être **linéaire** (*fig. 1.3a*), **ramifiée** si elle présente un ou plusieurs substituants (*fig. 1.3b*) ou encore **cyclique** si elle présente un ou plusieurs cycles (*fig. 1.3c*). En outre une chaîne carbonée peut présenter bien évidemment une ou plusieurs liaisons multiples (*fig. 1.3d*) Un composé ne présentant ni cycles, ni liaisons multiples sur sa chaîne carbonée sera dit **aliphatique**.

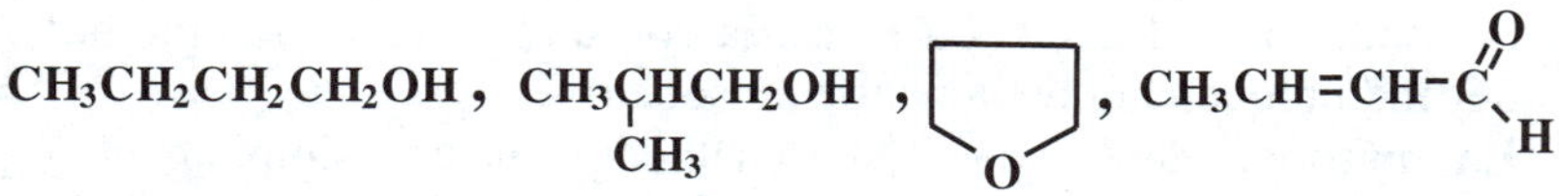

a b c d

Figure 1.3 Différents types de chaînes carbonées.

c) Les différentes fonctions

Il est important de pouvoir décrire les différentes fonctions car ce sont souvent elles qui déterminent les propriétés physiques et chimiques d'une molécule.

Les hydrocarbures

Ce sont des composés qui ne contiennent que du carbone et de l'hydrogène. Ils ont par conséquent une formule brute du type C_xH_y. Dans ces composés on distingue trois familles principales :

➤ Les **alcanes** qui sont des hydrocarbures ne contenant que des liaisons simples. S'ils sont non cycliques leur formule brute est du type C_nH_{2n+2} où n est un nombre entier. Si un alcane présente un cycle on a alors un **cyclane**. Nous donnons ci-dessous quelques exemples.

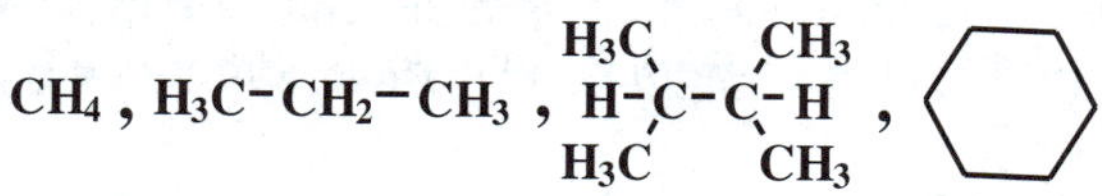

➤ Les **alcènes** (appelés encore hydrocarbures éthyléniques) sont des composés qui présentent une double liaison, si on a plusieurs doubles liaisons on aura affaire à un polyène (un diène avec deux doubles liaisons, un triène avec trois doubles liaisons, etc.) comme le montrent les exemples ci-dessous.

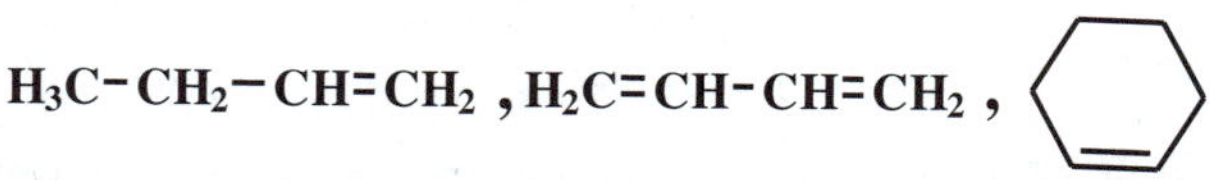

➤ Les **alcynes** (appelés également hydrocarbures acétyléniques) sont des composés qui présentent une triple liaison. Si on est en présence de plusieurs triples liaisons on a alors un poly-yne comme cela est présenté ci-dessous.

$$H_3C-C\equiv CH\ ,\ H_3C-C\equiv C-CH_3\ ,\ HC\equiv C-C\equiv CH$$

➤ Les **hydrocarbures aromatiques** sont des composés cycliques où alternent des simples et des doubles liaisons carbone-carbone.

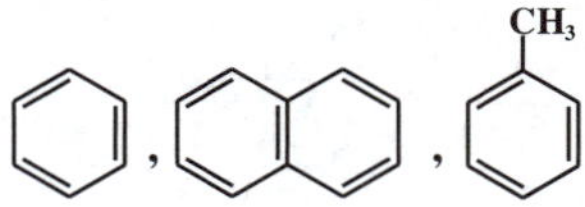

Les autres fonctions

Ce sont celles qui contiennent des hétéroatomes, c'est-à-dire des atomes autres que le carbone et l'hydrogène. Ces fonctions sont classées selon la valence de la fonction, c'est-à-dire le nombre d'atome d'hydrogène qu'il faut théoriquement substituer aux atomes fonctionnels en tenant compte de toutes les valences pour obtenir l'alcane correspondant.

Par exemple CH_3–CH(OH)–CH_3 donne en remplaçant le OH par H, CH_3–CH_2–CH_3. On a eu besoin d'un hydrogène, la fonction est monovalente. De la même manière si on a l'acide éthanoïque CH_3–COOH il faut trois atomes d'hydrogène pour remplacer formellement les oxygènes — on dira que l'on a une fonction trivalente.

Les principales fonctions à connaître en premier cycle sont représentées sur le *tableau 1.1*.

Tableau 1.1 Principales fonctions comprenant un seul type d'hétéroatome.

hétéroatome type de fonctions	Halogène(1) (noté X)	N	O
monovalente	>C–X halogénure	>C–N< amine	>C–OH >C–O–C< alcool(2) éther oxyde
divalente	>C(X)X dihalogènure	H>C=O imine	H>C=O >C=O aldéhyde cétone
trivalente	–C(X)(X)X trihalogénure	–C≡N nitrile	RO>C=O R=H(acide carboxylique) alkyl (ester) –OCOR(anhydride d'acide)

(1) rappelons que les halogènes sont constitués des éléments F, Cl, Br et I.

(2) si la chaîne carbonée liée au groupe fonctionnel est aromatique l'alcool porte alors le nom de phénol.

Par ailleurs, certaines fonctions peuvent contenir deux ou plusieurs types d'hétéroatomes

organomagnésien
(fonction monovalente)

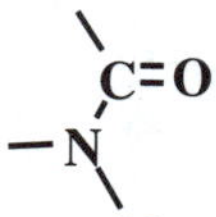

amide
(fonction trivalente)

halogénure d'acide
(fonction trivalente)

Le symbole **R** est souvent utilisé pour représenter la chaîne carbonée d'un composé sans en préciser la nature et de la même manière on utilise la lettre **X** pour représenter un halogène.

Ajoutons qu'une molécule organique peut bien évidemment porter plusieurs fonctions identiques ou différentes.

d) La nomenclature

Devant le nombre très important de structures organiques il est nécessaire de donner des règles précises de nomenclature.

Nomenclature des alcanes

Les premiers termes des **alcanes linéaires** portent les noms suivants :

CH_4 méthane
CH_3CH_3 éthane
$CH_3CH_2CH_3$ propane
$CH_3(CH_2)_2CH_3$ butane
$CH_3(CH_2)_3CH_3$ pentane
$CH_3(CH_2)_4CH_3$ hexane
$CH_3(CH_2)_5CH_3$ heptane….

Les **cyclanes** porteront le même nom que l'alcane linéaire correspondant au même nombre d'atomes de carbone précédé du préfixe *cyclo*.

Exemples

cyclopropane

cyclopentane

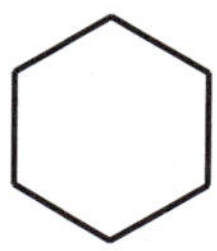

cyclohexane

Un **alcane ramifié** peut être regardé comme un alcane linéaire substitué par des substituant hydrocarbonés sans liaison multiple. De tels groupements sont appelés substituants **alkyles**.

Exemple :

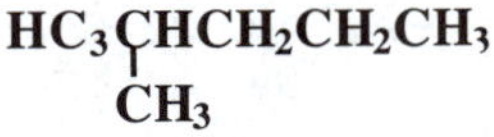

On a en fait un pentane sur lequel se greffe un groupement CH_3.

Le nom du groupement alkyle est celui de l'alcane correspondant dans lequel la terminaison « ane » est remplacée par la terminaison « yle ».

Exemples

CH_3— **méthyle**, **CH_3-CH_2—** **éthyle**, 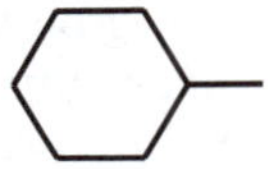 **cyclohexyle**

Interviennent ensuite un certain nombre de règles de nomenclature :

1- On numérote tout d'abord les atomes de la chaîne **la plus longue** (chaîne principale) en commençant par l'extrémité la plus proche d'un substituant et on prend pour base le nom de l'alcane correspondant.

2- En priorité, on numérote la chaîne choisie de manière à ce que le premier substituant soit affecté de l'indice le plus bas possible. L'indice correspond au numéro du carbone de la chaîne principale.

3- Ces substituants alkyles sont toujours en **préfixe** et privés de la lettre "e" et s'il y en a plusieurs ils sont classés par ordre alphabétique ;

4- S'il y a trois substituants ou plus on numérote la chaîne de manière à avoir l'ensemble le plus bas, c'est-à-dire celui qui comporte **l'indice le plus bas** à l'occasion de la première différence qui apparaît quand on compare les deux ensembles terme à terme à partir du début.

5- À longueurs de chaînes égales on prendra en compte celle qui possède le plus grand nombre de substituants.

6- Les indices sont séparés du nom par un tiret et plusieurs indices à la suite sont séparés par une virgule. On ne fera pas figurer les indices s'il n'y a pas d'ambiguïté

Exemples

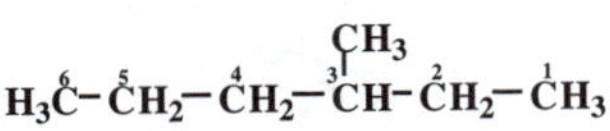

3-méthylhexane

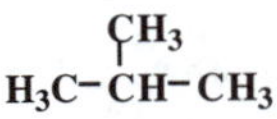

méthylpropane

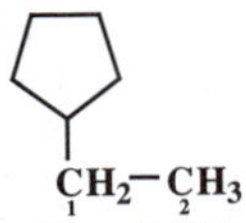

1-cyclopentyléthane

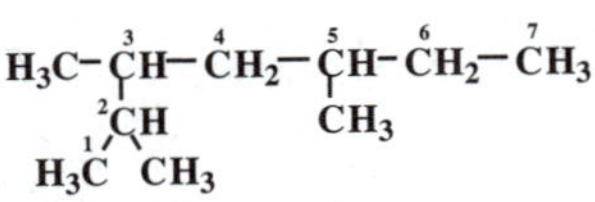

2,3,5-triméthylheptane

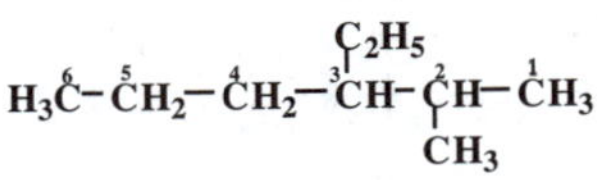

3-éthyl-2-méthylhexane

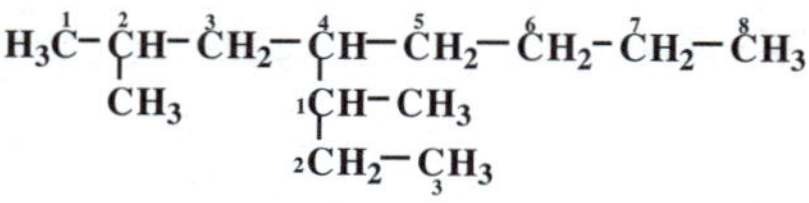

2-méthyl-4(1-méthylpropyl)octane

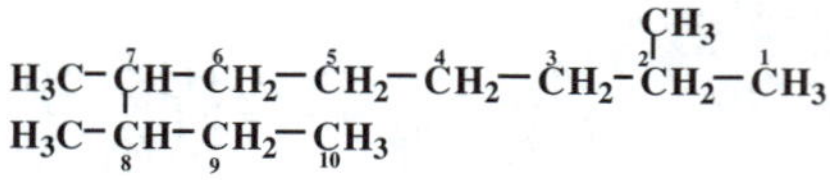

2,7,8-triméthyldécane
(et non 3,4,9 car 2<3)

Nomenclature des autres fonctions

Le principe est de considérer que toute molécule organique peut être vue comme un alcane sur lequel peuvent se greffer des **groupements fonctionnels**. Ces groupements fonctionnels apparaissent suivant le cas en préfixe ou en suffixe et correspondent à des fonctions.

➤ ***Groupes fonctionnels désignés par un préfixe ou par un suffixe (par ordre de priorité)***

structure	nom en tant que préfixe	nom en tant que suffixe
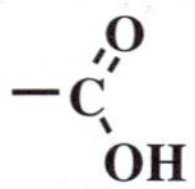	carboxy	acide....oïque
	R-oxycarbonyle	oate de R
$-C\equiv N$	cyano	nitrile
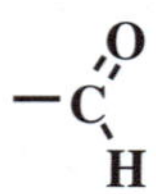	formyl	al
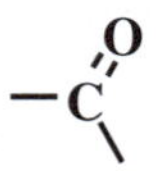	oxo	one
$>C=C<$	ényl	ène
$-C\equiv C-$	ynyl	yne
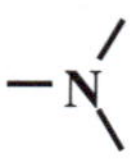	amino	amine

➤ *Groupes fonctionnels toujours désignés par un préfixe*

Structure	**–R**	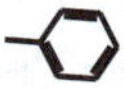	**–F**	**–Cl**	**–Br**	**–I**	**$-NO_2$**	**–OR**
nom	**alkyle**	**phényle**	**fluoro**	**chloro**	**bromo**	**iodo**	**nitro**	**R-oxy**

Comment construire un nom ?

Dans le cas de fonctions comprenant des hétéroatomes, les règles de nomenclature décrites pour les hydrocarbures seront complétées avec les conventions suivantes :

1- On détermine le **groupe principal** ou les groupes principaux, c'est-à-dire par ordre de priorité :
* le groupe le **plus oxydé** qui sera alors suffixe ;
* le ou les groupes apparaissant obligatoirement comme **suffixe** ;

2- La **chaîne principale** sera déterminée de manière à :
* comprendre le groupe principal ;
* avoir le maximum de liaisons multiples ;
*avoir une chaîne la plus longue possible.

3- On numérote les atomes de carbone de la chaîne principale de manière à affecter les **indices les plus bas possibles** au groupe principal.

4- Le nom de base sera celui de l'**alcane** correspondant.

5- Les autres substituants seront nommés par des préfixes, en ordre alphabétique et affectés des indices précisant leur position sur la chaîne carbonée.

6- Les indices se placent **avant** le nom du groupe fonctionnel.

Exemples

$ClCH_2-CH_2-COOH$
acide 3-chloropropanoïque

CH_3-COOH
acide éthanoïque

$C_2H_5-O-C_2H_5$
éthoxyéthane

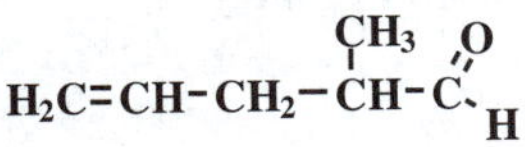
2-méthylpent-4-énal

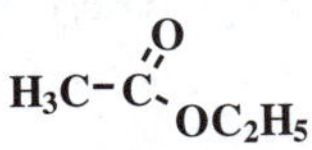
éthanoate d'éthyle

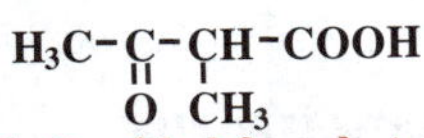
acide 2-méthyl-3-oxobutanoïque

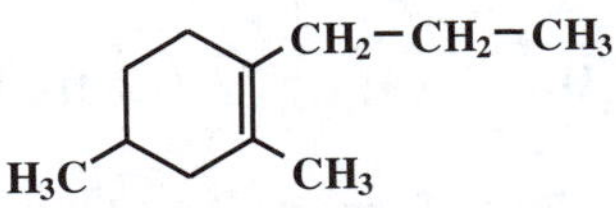
1-propyl-2,4-diméthylcyclohexène

La nomenclature radico-fonctionnelle

À côté de la nomenclature officielle, il existe une nomenclature moins stricte quant à ses règles mais dont l'usage est suffisamment courant pour qu'il soit nécessaire d'en donner un bref aperçu. Avant de donner quelques exemples il est tout d'abord nécessaire de présenter quelques groupements propres à cette nomenclature.

$CH_3-CH_2-CH_2-$
n-propyle

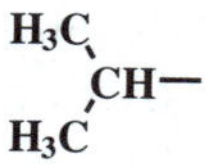
iso-propyle

$CH_3-CH_2-CH_2-CH_2-$
n-butyle

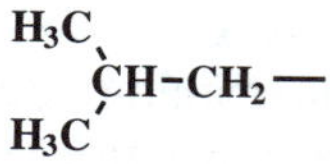
iso-butyle

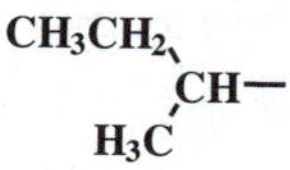
sec-butyle

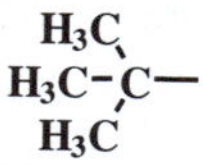
ter-butyle

$H_2C=CH-$
vinyle

$H_2C=CH-CH_2-$
allyle

$Ph-CH_2-$
benzyle

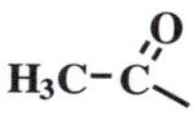
acétyle

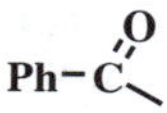
benzoyle

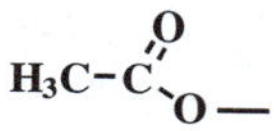
acétate

Sans donner de règles rigoureuses voyons quelques exemples de molécules décrites avec cette nomenclature (les noms entre parenthèses sont ceux de la nomenclature officielle) :

$H_2C=CH-CH_2Cl$
chlorure d'allyle
(3-chloroprop-1-ène)

$Ph-CH_2-Br$
bromure de benzyle
(bromophénylméthane)

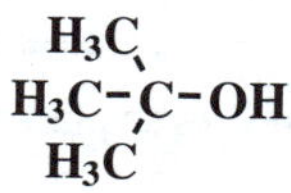
tertiobutanol
(méthylpropan-2-ol)

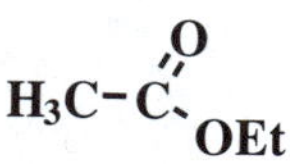
acétate d'éthyle
(éthanoate d'éthyle)

$C_2H_5-O-CH_3$
méthyléthyléther
(méthoxyéthane)

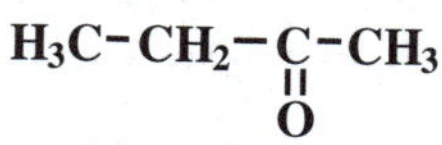
méthyléthylcétone
(butanone)

Les noms triviaux

Un certain nombre de composés courants ont des noms d'usage qui ne rentrent dans aucune nomenclature systématique (exemples ci-après).

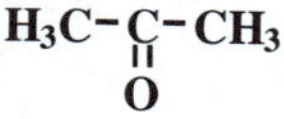
acétone

$C_2H_5OC_2H_5$
éther

$CHCl_3$
chloroforme

CH_2Cl_2
chlorure de méthylène

$Ph-CH=CH_2$
styrène

1.5 NOTION DE DEGRÉ D'INSATURATION

Considérons un alcane aliphatique. Sa formule brute est de la forme C_nH_{2n+2}. À chaque fois que l'on retire à cet alcane deux atomes d'hydrogène on dira que l'on a un **degré insaturation** supplémentaire. Ainsi, un composé de formule brute C_nH_{2n+2} aura zéro degré d'insaturation, un composé de formule brute C_nH_{2n} aura un degré d'insaturation, C_nH_{2n-2} deux… Une insaturation correspond à une **double liaison** ou à un **cycle**.

Comment trouver facilement ce degré d'insaturation dans le cas général ? Si on considère une molécule de formule brute $C_cH_hN_nO_oX_x$ où c, h, n, o et x sont bien évidemment des nombres entiers, le degré d'insaturation i est donné par la formule :

$$i = \frac{2c + 2 - h + n - x}{2}$$

Ainsi, en appliquant cette formule, le composé de formule brute C_2H_5Br aura zéro insaturation, le composé $C_5H_{10}O$ une insaturation et le composé C_3H_5N deux.

POINTS-CLEFS

- La chimie organique est essentiellement dévolue à l'élément carbone qui est tétravalent.
- Les structures organiques sont très nombreuses en particulier en raison de la présence de liaisons carbone-carbone et de la possibilité d'isomérie.
- Un composé se nomme à partir de la nomenclature des alcanes.
- Le degré d'insaturation nous renseigne sur les possibilités de liaisons multiples et/ou de cycles à partir d'une formule brute.

EXERCICES

1.1 L'analyse élémentaire d'un hydrocarbure montre qu'il contient 85,7 % de carbone. Indiquer sa formule brute ainsi que la structure et le nom de tous ses isomères sachant que sa densité de vapeur est de 1,93.

1.2 Parmi les formules brutes suivantes quelles sont celles qui peuvent présenter un cycle benzénique et le cas échéant indiquer les structures de tous les isomères porteurs de groupement phényle. (On calculera préalablement les degrés d'insaturation).

a) C_6H_6
b) C_7H_6O
c) C_7H_5N

SOLUTIONS

1.1 C_4H_8

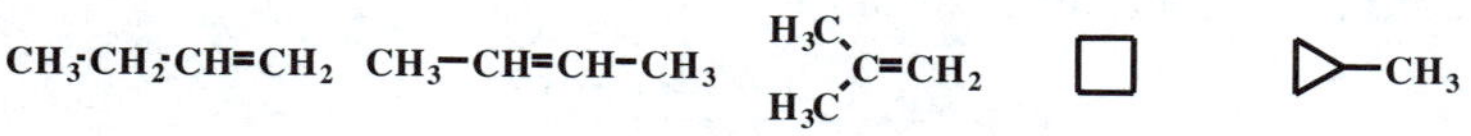

but-1-ène — but-2-ène isomères *cis* et *trans* — méthylpropène — cyclobutane — méthylcyclopropane

1.2 **a)** benzène (4 insaturations)
b) benzaldéhyde (5 insaturations)
c) benzonitrile (6 insaturations).

CHAPITRE 2

Stéréochimie

PLAN

OBJECTIFS

- Acquérir les connaissances élémentaires des liaisons chimiques.
- Connaître les conformations privilégiées dans des molécules acycliques ou cycliques, les relations stériques entre différents stéréoisomères, les configurations absolues.

2.1 NOTIONS FONDAMENTALES D'ATOMISTIQUE ET DE LIAISONS CHIMIQUES

a) Principe général

- La matière est formée d'**atomes** qui réagissent entre eux pour former des édifices appelés **molécules**. Les liens qui unissent les atomes portent le nom de **liaisons chimiques**. Un atome neutre se compose d'un noyau contenant Z protons chargés positivement (Z étant le **numéro atomique**), N neutrons (neutres) et d'un nuage électronique constitué de Z électrons chargés négativement.
- Un électron est décrit par la **mécanique quantique**. Contrairement à la description classique, on ne pourra pas localiser un électron par ses coordonnées x, y, z. On pourra uniquement définir une *zone de probabilité de présence* qui portera le nom d'**orbitale**. Cette zone est définie par le carré Ψ^2 d'une fonction $\Psi(x, y, z)$ appelée **fonction d'onde** qui est le résultat de l'**équation de Schrödinger** que l'on écrit en abrégé : $\mathbf{H\Psi = E\Psi}$ (H désigne ce que l'on appelle l'**opérateur hamiltonien** et E l'énergie). Cette équation ne peut être

résolue exactement que pour des systèmes à un seul électron. Sa résolution exacte ou approchée fait toujours apparaître des nombres entiers ou demi-entiers appelés **nombres quantiques**.

b) Les orbitales atomiques

Une orbitale atomique est la zone de probabilité de présence d'un électron dans un atome.

Quatre nombres quantiques sont attachés à une orbitale atomique :

- ***le nombre quantique principal* n** (n = 1, 2, 3…) définit classiquement une **couche**, la taille de l'orbitale et les niveaux d'énergie *E* qui sont proportionnels à $- 1/n^2$;
- ***le nombre quantique azimutal* l** (l = 0, 1, 2, ..., n – 1) définit classiquement une **sous-couche** et la forme de l'orbitale (tableau 2.1) ;
- ***le nombre quantique magnétique* m** (– l ≤ m ≤ + l) définit la **position de l'orbitale** atomique dans l'espace ;
- ***le spin* s** rend compte de la rotation de l'électron sur lui même, il ne peut prendre que les deux valeurs + 1/2 (état α noté ↑) et – 1/2 (état β noté ↓). Deux électrons de même spin sont dits **parallèles** et deux électrons de spins opposés sont dits **antiparallèles** ou **appariés**.

Les principales orbitales rencontrées en chimie organique sont représentées sur le *tableau 2.1*.

Dans le cas d'un atome à plusieurs électrons, les électrons se placent dans les orbitales atomiques selon le **principe d'édification** :

- Les électrons commencent à occuper les orbitales de plus basse énergie.
- Ils y entrent par paires avec des spins opposés (Principe d'exclusion de Pauli).
- S'il y a plusieurs électrons dans une même sous-couche, ils occuperont le plus d'orbitales possibles avec des spins parallèles.

Nous donnons quelques exemples dans le tableau 2.2 où les carrés représentent les orbitales ou **cases quantiques** si l'on se place du point de vue des niveaux d'énergie.

Tableau 2.1 Différentes orbitales atomiques rencontrées en chimie organique (le signe + ou – dessiné sur l'orbitale atomique indique le signe mathématique de la fonction d'onde).

n	l	m	forme de l'orbitale atomique	symbole
1	0	0	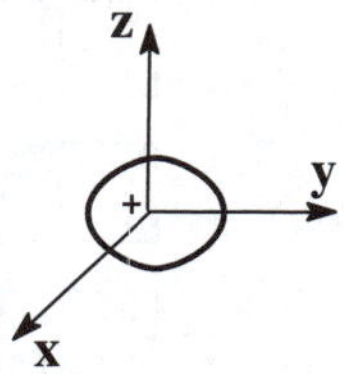	1s
2	0	0	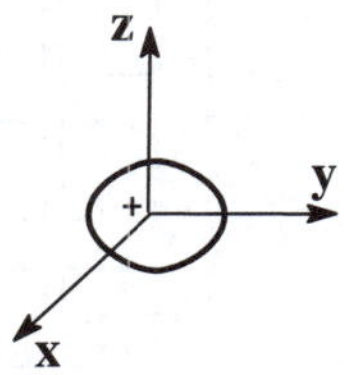	2s
2	1	–1	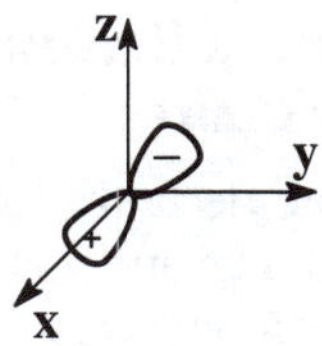	$2p_x$
2	1	0	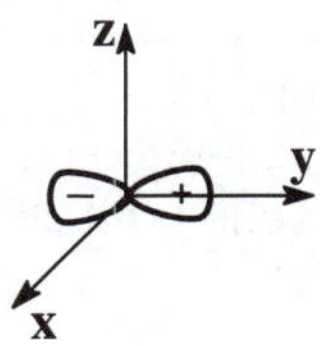	$2p_y$
2	1	1	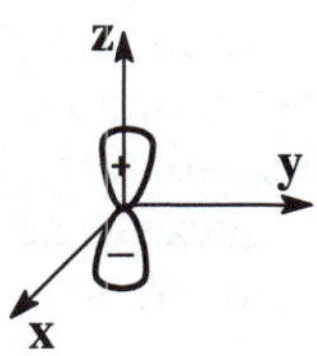	$2p_z$

Tableau 2.2 Configuration électronique de quelques éléments.

élément	numéro atomique	cases quantiques					configuration électronique
		1s	2s	2p			
H	1	↑					$1s^1$
He	2	↑↓					$1s^2$
Li	3	↑↓	↑				$1s^2 2s^1$
C	6	↑↓	↑↓	↑	↑		$1s^2 2s^2 2p^2$
N	7	↑↓	↑↓	↑	↑	↑	$1s^2 2s^2 2p^3$
O	8	↑↓	↑↓	↑↓	↑	↑	$1s^2 2s^2 2p^4$

c) Description de la liaison chimique par la théorie des orbitales moléculaires

Pour rendre compte de la formation de la liaison chimique, il faudra décrire la molécule par une nouvelle orbitale qui sera un « mélange » des orbitales atomiques (mathématiquement le terme « mélange » signifie combinaison linéaire d'orbitales atomiques).

> Dans une molécule, l'orbitale atomique de chaque électron va se délocaliser partiellement ou totalement sur la molécule tout entière et c'est cette nouvelle orbitale délocalisée qui porte le nom d'**orbitale moléculaire**.

Les calculs montrent qu'un mélange de deux orbitales atomiques mène à deux orbitales moléculaires. L'une a une énergie inférieure à celles des orbitales atomiques de départ et porte le nom **d'orbitale liante** tandis que l'autre correspond à une énergie supérieure à celles des orbitales atomiques de départ et porte le nom d'**orbitale antiliante**. Bien évidemment, on appliquera le principe d'édification à ces nouvelles orbitales.

> Pour qu'une molécule soit stable, il faut avoir un bilan énergétique liant. Si le recouvrement est axial, on a une liaison dite σ, si le recouvrement est latéral, la liaison sera dite π.

Nous avons représenté quelques recouvrements typiques sur la *figure 2.1*.

➤ **Recouvrement axial**

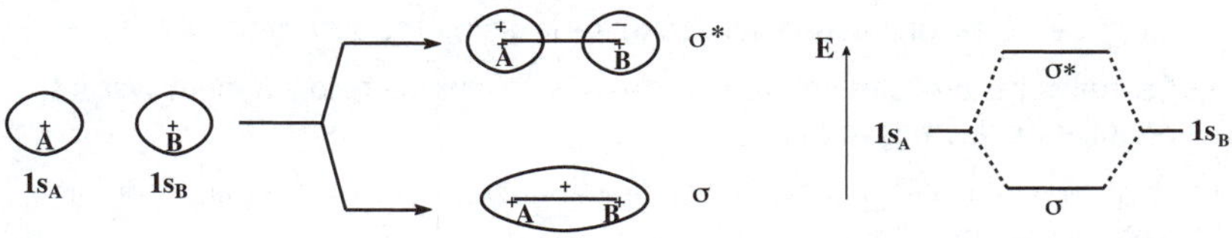

➤ **Recouvrement latéral**

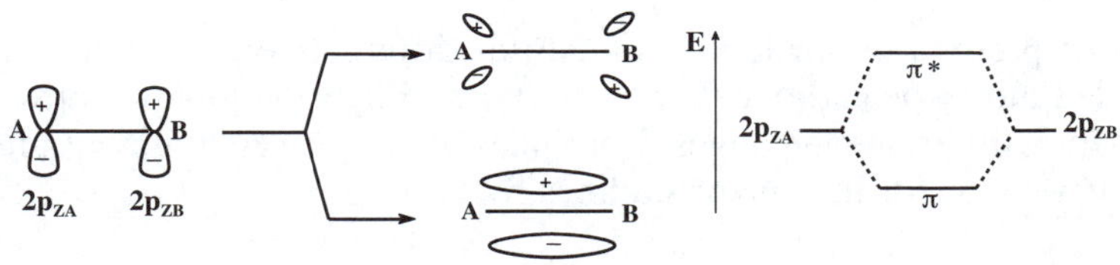

Figure 2.1 Exemples de recouvrements.

À ce niveau, plusieurs remarques sont à faire :

➤ dans une molécule donnée, la **liaison π** est toujours d'un niveau énergétique supérieur à la **liaison σ** liante ;

➤ l'existence d'une liaison π suppose la présence d'une liaison σ, c'est la raison pour laquelle on parle parfois de « **double liaison** » ;

➤ il peut y avoir simultanément deux liaisons π dans deux plans perpendiculaires ;

➤ la présence uniquement d'une liaison σ entre deux atomes permet la libre rotation, alors que la présence d'une liaison π l'empêche ;

➤ l'effet antiliant est plus important que l'effet liant, c'est-à-dire qu'en valeur absolue la perte d'énergie provoquée par l'orbitale antiliante est plus importante que le gain d'énergie provoqué par l'orbitale liante.

➤ Une orbitale π possède une **surface nodale** c'est-à-dire un plan où la probabilité de présence de l'électron est nulle.

d) Détermination de la géométrie d'une molécule — Hybridation des orbitales

Pour comprendre la géométrie d'une molécule, on se demande comment vont se réarranger les orbitales atomiques pour pouvoir former des liaisons. On parlera alors d'**hybridation** des orbitales atomiques et ce sont ces nouvelles orbitales hybrides qui vont intervenir pour former des liaisons.

Les orbitales hybrides sont construites selon les **règles de Pauling** :

- Toutes les orbitales atomiques de la couche de plus haute énergie sont mélangées.
- Ces nouvelles orbitales auront un caractère directionnel le plus prononcé possible et c'est cette orientation qui détermine la géométrie de la molécule.
- Ces nouvelles orbitales pourront former des liaisons par recouvrement avec les orbitales des atomes voisins.
- Le nombre d'hybrides formé et leur direction seront déterminés par le nombre d'atomes voisins.
- Le type d'hybridation est indépendant de la nature de l'atome, mais par contre un atome donné peut avoir différents types d'hybridation possibles.

Nous présentons sur le *tableau 2.3* les différents types d'hybridation de l'atome de carbone. Il y a trois types d'hybridation qui correspondent à différents mélanges d'orbitales atomiques et confèrent une géométrie tétraédrique, plane ou linéaire.

Dans le cas de l'azote, qui a pour configuration électronique $1s^2 2s^2 2p^3$, le principe sera exactement le même. Pour former les hybrides sp^3, l'orbitale 2s se mélange avec les trois orbitales 2p. À l'état neutre, il n'y aura que trois liaisons car une des orbitales hybrides est déjà saturée avec ses deux électrons. Une telle orbitale porte le nom de **doublet libre** ou **doublet n**, ou encore d'orbitale non liante. La molécule d'ammoniac constitue un exemple type (*fig. 2.2*).

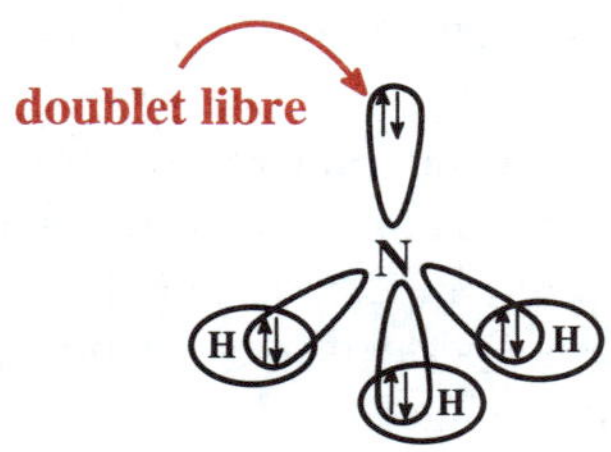

Figure 2. 2 La molécule d'ammoniac (seuls les grands lobes des orbitales hybrides sont représentés).

Il en est de même pour l'oxygène dans la molécule d'eau, mais cette fois-ci, il y aura deux doublets libres

Il existe une méthode simple pour déterminer dans le cas du carbone, de l'azote et de l'oxygène le degré d'hybridation d'un atome dans une molécule.

Tableau 2.3 Les différentes hybridations du carbone.

	tétragonale (sp^3)	**trigonale (sp^2)**	**digonale (sp)**
réarrangement	Les orbitales 2s se mélangent avec les trois orbitales 2p. 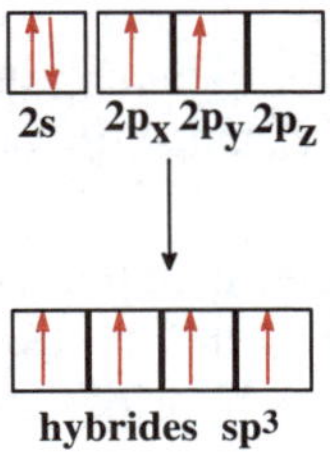	L'orbitale $2p_z$ ne s'hybride pas. L'orbitale 2s se mélange avec deux orbitales 2p. 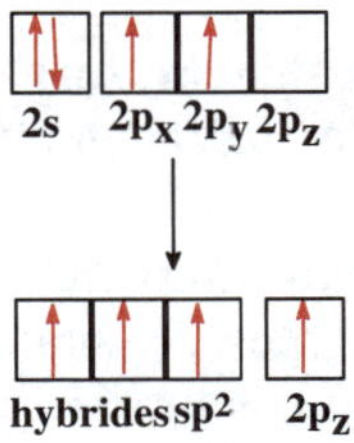	Les orbitales $2p_x$ et $2p_z$ ne s'hybrident pas. L'orbitale 2s se mélange avec une orbitale 2p. 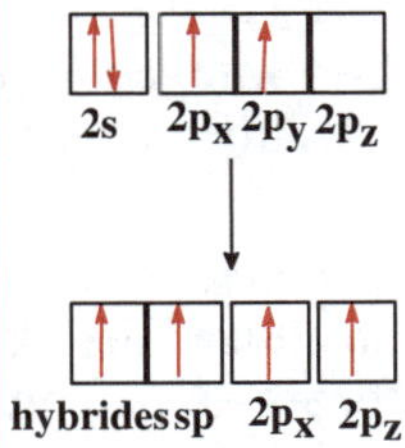
caractéristiques et forme	Environ 25 % de caractère s et 75 % de caractère p 	Environ 33 % de caractère s et 66 % de caractère p 	50 % de caractère s et 50 % de caractère p 
géométrie[a]	Tétraèdre régulier 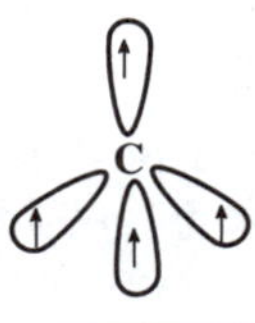	Plane, angles entre hybrides de l'ordre de 120° 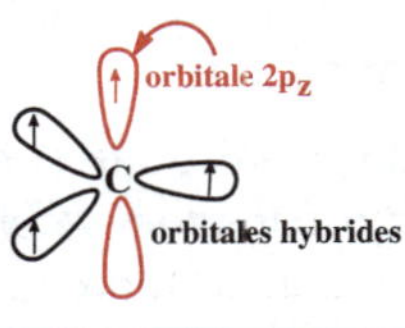	Linéaire 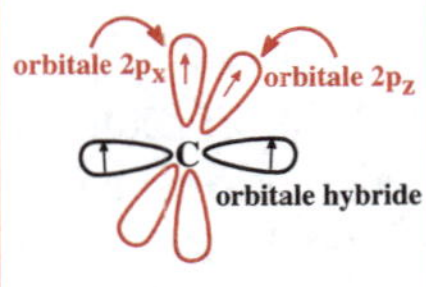
exemples[a]	Méthane 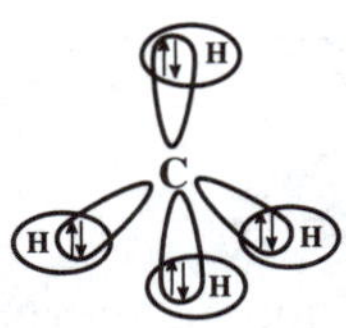	Éthène 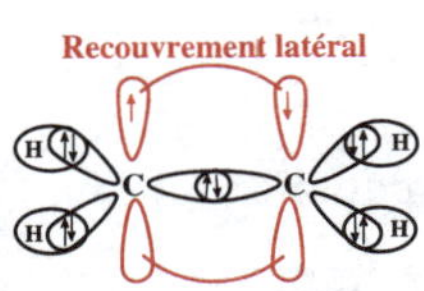	Éthyne 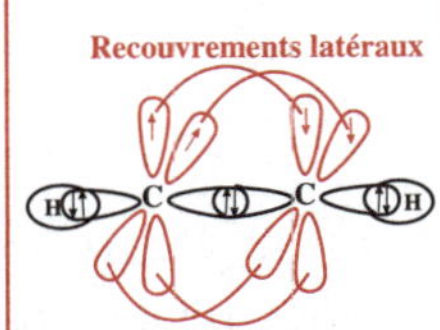

a. Seuls les grands lobes des orbitales hybrides ont été représentés.

En désignant par n le nombre de voisins de l'atome dont on cherche l'état d'hybridation et par p le nombre de doublets libres, la somme n + p va déterminer l'état d'hybridation selon la règle suivante :

$n + p = 4$ hybridation sp^3

$n + p = 3$ hybridation sp^2

$n + p = 2$ hybridation sp

e) Les molécules conjuguées

Les **molécules conjuguées** sont des molécules qui dans leur formulation classique présentent une alternance de liaisons σ et π.

Le **benzène** et le **but-1,3-diène** (appelé usuellement **butadiène**) constituent des prototypes classiques de telles molécules. Tous les atomes de carbone de ces molécules sont hybridés sp^2 ; cependant, sur le plan expérimental, il a été montré qu'une simple liaison σ carbone-carbone a pour longueur 1,53 Å alors qu'une liaison π est plus courte et mesure 1,34 Å. Pour le butadiène comme pour le benzène, on observe que toutes les liaisons ont des longueurs intermédiaires entre les liaisons σ et π. En outre, dans le cas du benzène, toutes les liaisons ont la même longueur.

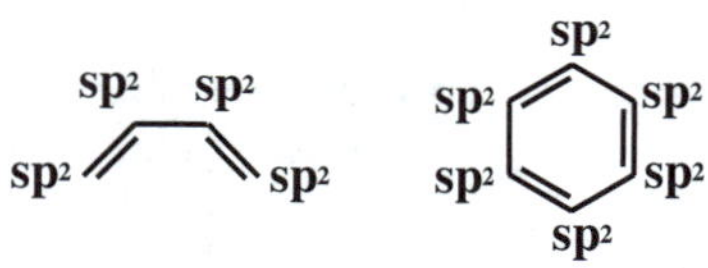

butadiène benzène

L'interprétation de ce résultat consiste à postuler que toutes les liaisons ont acquis un caractère π plus ou moins important lié à la délocalisation du nuage π sur toute la chaîne carbonée. C'est la raison pour laquelle on symbolise parfois la délocalisation du nuage π en représentant le butadiène et le benzène de la manière suivante :

butadiène benzène

Nous reviendrons largement sur ces notions de **conjugaisons** au chapitre 3 car l'importance du caractère π varie en fonction de la liaison et une conjugaison peut être obtenue par délocalisation d'un doublet n porté par un hétéroatome. Cette délocalisation est également favorable en énergie. Par rapport à des liaisons π localisées, on stabilise le butadiène de 13,8 $kJ \cdot mol^{-1}$ et le benzène de 150,5 $kJ \cdot mol^{-1}$. Ce gain d'énergie par rapport aux liaisons π localisées porte le nom d'**énergie de résonance**. Cette stabilisation augmente avec la longueur de la délocalisation, comme le montre la comparaison entre le butadiène et le benzène.

f) Les interactions de faibles énergies

À côté des liaisons entre atomes il existe des interactions de faibles énergies.

➤ Les **interactions de van der Waals** sont dues à des interactions entre des atomes ou des groupements d'atomes non liés. Elles sont légèrement attractives à longue distance (d > 2,8 Å) et surtout très répulsives à courte distance (d < 2,8 Å) en raison de l'impossibilité de recouvrement d'orbitales saturées en électrons. L'importance de cette répulsion est liée à la taille du groupement d'atomes ; on parle alors d'**encombrement stérique** ou de **gène stérique**.

➤ Les **liaisons hydrogène** sont dues à des interactions entre une zone de forte densité électronique (notée δ⊖) comme un doublet et un centre déficitaire en densité électronique (noté δ⊕) comme le montre l'exemple de la *figure 2.3*.

Figure 2.3 Liaison hydrogène entre l'ammoniac et le méthanol.

Ces liaisons hydrogène sont longues (entre 2,6 et 3,1 Å) et ont une géométrie bien déterminée. Elles sont de nature essentiellement électrostatique, mais leur caractère directionnel implique un **très léger caractère covalent**. Ces interactions **stabilisent** un système de 12 à 30 $kJ \cdot mol^{-1}$.

➤ Les **interactions dipolaires** sont des interactions également stabilisantes (environ 21 $kJ \cdot mol^{-1}$) d'origine purement électrostatique résultant de l'interaction des moments dipolaires de molécules dissymétriques (*fig. 2.4*).

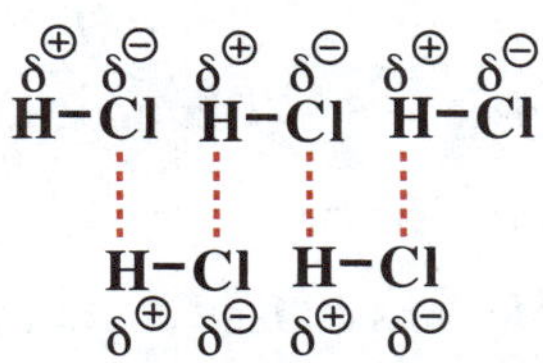

Figure 2.4 Interactions dipolaires du chlorure d'hydrogène.

2.2 QU'EST-CE QUE LA STÉRÉOCHIMIE ?

Précisons quelques compléments sur une notion qui doit être maintenant familière au lecteur à savoir l'isomérie. Il est d'usage de classer les isoméries en plusieurs types :

- L'**isomérie de constitution**, c'est le cas le plus général. Les fonctions et les enchaînements de chaînes carbonées sont différents comme dans le cas du **cyclohexanol** et de l'**hexanone**.
- L'**isomérie de squelette**, ce sont des isomères qui ont les mêmes fonctions, mais qui se différencient par un enchaînement différent des atomes de carbone ; c'est le cas par exemple du **pentan-1-ol** et du **2-méthylbutan-1-ol**.
- L'**isomérie de position** correspond au cas où les fonctions et le squelette carboné sont les mêmes mais où la fonction principale occupe des positions différentes sur cette chaîne carbonée. Ainsi, le **butan-1-ol** et le **butan-2-ol** sont des isomères de position.
- L'**isomérie stérique ;** dans ce cas les fonctions sont identiques, l'enchaînement des carbones est le même mais la disposition relative des atomes dans l'espace est différente ; c'est ce type d'isomérie qui constitue la stéréochimie et dont l'étude constitue la suite de ce chapitre.

2.3 CONFORMATION

a) Définition

> Une conformation est un arrangement possible obtenu par rotation autour d'une liaison simple σ.

Considérons, par exemple, l'**éthane** et faisons tourner les deux groupements méthyle par rapport à la liaison C–C (*fig. 2.5*).

Conformation éclipsée **Conformation décalée**

Figure 2.5 Conformations de l'éthane.

Si les hydrogènes sont les uns en face des autres, on dira que l'on a une **conformation éclipsée,** sinon, la conformation est dite décalée.

b) Représentation des conformations

➤ La **représentation en perspective** donnera une image de la molécule qui pourra être parlante. Il existe de nos jours de nombreux logiciels informatiques capables de représenter les différentes conformations. Cependant, pour appréhender plus facilement certaines propriétés moléculaires, il peut être utile d'avoir recours à des représentations plus simplifiées.

➤ La **représentation de Cram** (ou représentation projective) : ici les liaisons dans le plan, en arrière et en avant sont représentées respectivement par des traits continus, des pointillées et des triangles. Avec ces conventions les conformations éclipsées et décalées de l'éthane sont représentées sur la *figure 2.6*.

Conformation éclipsée **Conformation décalée**

Figure 2.6 Représentations de Cram des conformations de l'éthane.

➤ La **représentation de Newman** : cette représentation est particulièrement bien adaptée pour décrire sans ambiguïté les différentes conformations d'une molécule.

Une telle représentation s'obtient en regardant la molécule suivant l'axe C–C et en plaçant ce dernier perpendiculairement au plan de la feuille.

Pour se fixer les idées, nous donnons sur la *figure 2.7* les représentations éclipsées et décalées de l'éthane.

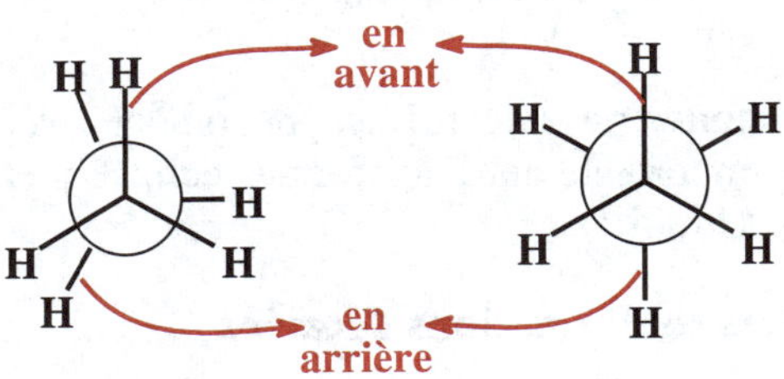

Conformation éclipsée **Conformation décalée**

Figure 2.7 Représentations de Newman des conformations de l'éthane.

c) Étude du point de vue énergétique

Cas de l'éthane et du propane

Sur la molécule d'éthane faisons tourner d'un angle θ (**angle de torsion**) un groupement méthyle par rapport à l'autre. En conformation éclipsée, les atomes d'hydrogène sont proches, on a des interactions répulsives de Van der Waals. Lorsque θ augmente les hydrogènes vont s'éloigner et l'énergie diminuer pour atteindre un minimum à θ = 60° (*fig. 2.8*) et ainsi de suite.

Les barrières d'énergie entre formes éclipsées et décalées étant faibles (12,5 kJ·mol^{-1} dans le cas de l'éthane) on a un équilibre rapide entre les différentes formes décalées.

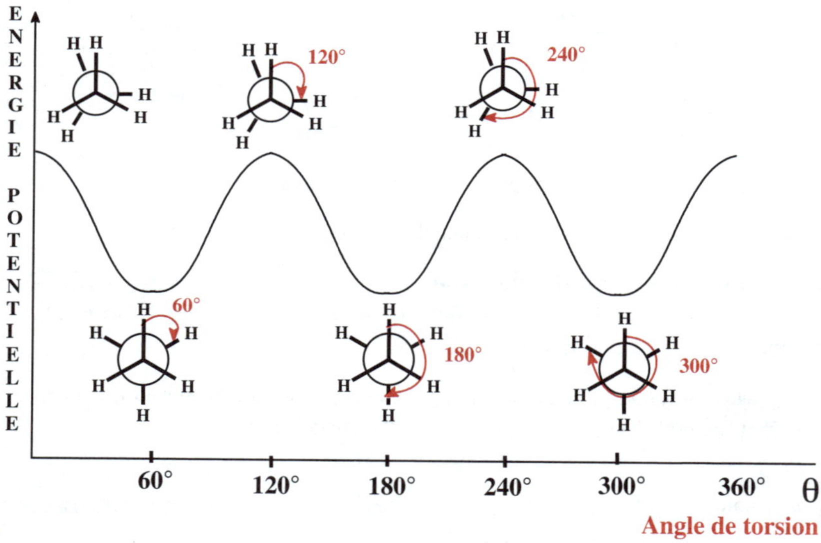

Figure 2.8 Diagramme d'énergie potentielle associée aux conformations de la molécule d'éthane.

Pour le **propane**, on a le même phénomène avec une barrière d'énergie plus importante entre les formes éclipsées et décalées plus importante (14 kJ·mol^{-1}).

Cas de plusieurs conformations décalées

Envisageons le cas du **butane** qui, rappelons-le, a pour formule semi-développée CH_3–CH_2–CH_2–CH_3. Nous montrons sur la *figure 2.9* les représentations de Newman des différentes conformations de cet alcane le long de la liaison C_2–C_3.

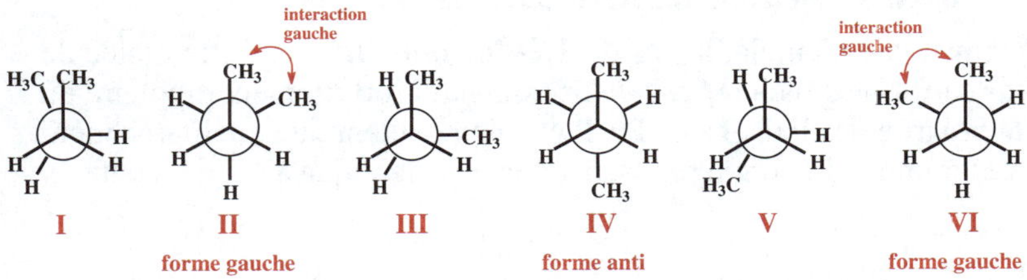

Figure 2.9 Représentations de Newman des différentes conformations du butane.

L'examen de ces différentes conformations montre qu'elles ne sont pas toutes identiques. Ainsi, si on envisage les conformations éclipsées I, III et V, on voit que I fait intervenir une interaction répulsive forte méthyle-méthyle en raison de la taille de ces groupements, alors que pour III et V, les interactions méthyle-hydrogène sont moins importantes ; on aura donc sur le diagramme d'énergie deux maxima d'intensité différente.

De même, en comparant les formes décalées IV avec II et VI, on voit que dans IV les deux groupements méthyles sont plus éloignés que dans II ou VI ; on aura donc un minimum relatif de plus basse énergie que pour II et VI (*fig. 2.10*). Dans ces deux derniers cas, les interactions entre les groupements méthyles portent le nom d'**interactions gauches**. Par définition, la forme IV porte le nom de **forme anti** et les formes II et VI le nom de **formes gauches**.

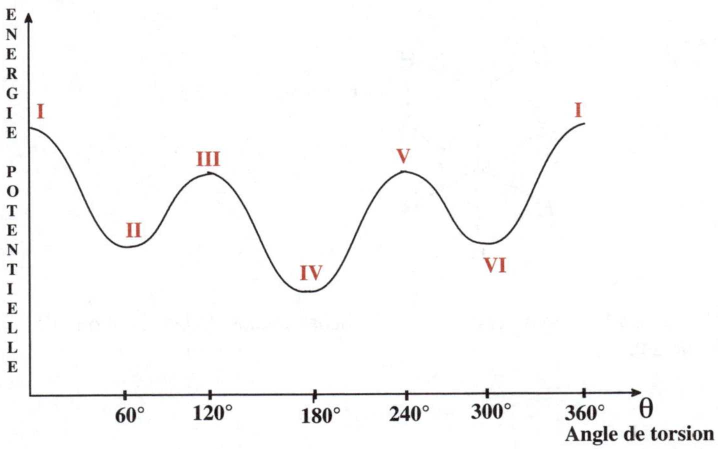

Figure 2.10 Diagramme d'énergie potentielle associée aux conformations de la molécule de butane.

Que se passe-t-il avec des hétéroatomes ?

Prenons, par exemple, le cas du **1,2-dibromoéthane**. Cette molécule dans sa forme gauche (*fig. 2.11*) possède un fort moment dipolaire dû à la polarité des liaisons C–Br. Il est bien évident que qualitativement le diagramme d'énergie sera sensiblement identique à celui du butane.

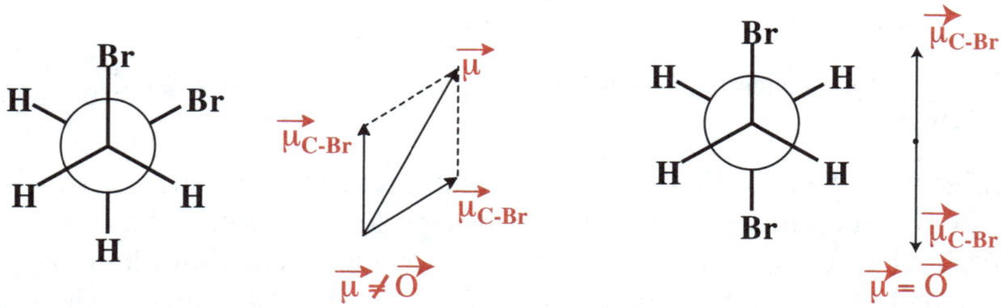

Figure 2.11 Conformations gauche et anti du 1,2-dibromoéthane.

Cependant, dans un solvant très polaire (c'est-à-dire à fort moment dipolaire) tel que l'**éthanol**, le **DMF** ou le **DMSO**[1] les formes gauches seront un peu plus favorisées en dépit des interactions répulsives de Van der Waals, en raison des interactions dipôles-dipôles entre le solvant et le soluté dans sa forme gauche.

Le phénomène sera différent avec un diol tel que l'éthane-1,2-diol (ou éthylène glycol). La forme gauche va dans ce cas prédominer en raison de l'effet stabilisant de la liaison hydrogène (*fig. 2.12*).

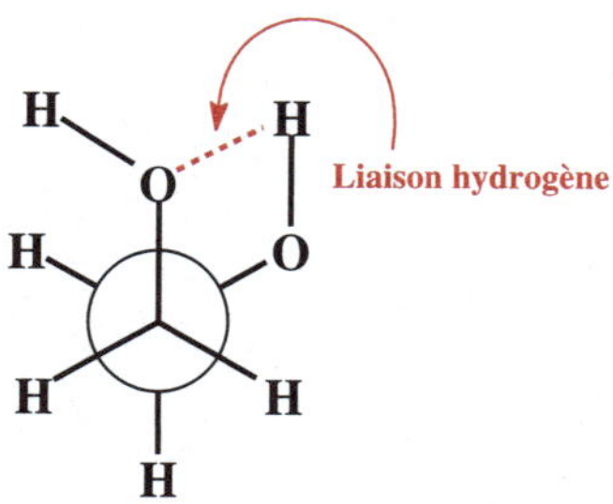

Figure 2.12 Forme gauche de l'éthane-1,2-diol (représentation de Newman).

1. DMF=diméthylformamide, DMSO=diméthylsulfoxyde

2.4 ISOMÉRIE OPTIQUE

a) Notions fondamentales

Lumière polarisée

Classiquement la lumière est considérée comme formée d'un champ électrique $\vec{E}$ et d'un champ magnétique $\vec{B}$ qui oscillent dans deux plans perpendiculaires (P) et (P'). Avec de la lumière monochromatique ordinaire, ces oscillations ont lieu dans toutes les directions, c'est-à-dire que (P) et (P') ne sont pas fixes (ils peuvent être dans toutes les directions de l'espace).

> Une lumière sera dite **polarisée** si on sélectionne, parmi tous ces plans, ceux qui sont dans une position déterminée par un polariseur.

Activité optique

Introduisons une substance donnée dans une cuve transparente de longueur l (*fig. 2.13*). Pour certaines molécules, lorsque l'on envoie un faisceau monochromatique de lumière polarisée, il y a rotation des plans de polarisation d'un angle α. On dira alors que la substance considérée est douée d'un **pouvoir rotatoire** ou encore qu'elle est **optiquement active**.

- Si, pour un observateur placé devant le faisceau lumineux, le plan de polarisation est dévié vers la droite, le composé sera dit **dextrogyre** ou encore (+), l'angle de déviation α du plan de polarisation sera alors conventionnellement positif.
- Dans le cas contraire (plan de polarisation dévié vers la gauche), α sera négatif et le composé sera dit **lévogyre** ou encore (–).
- Quantitativement, α vérifie la **loi de Biot :**

$$\alpha = \frac{[\alpha]_D \, l c}{100}$$

Dans cette relation, l est la longueur de la cuve (en dm), c la concentration (en gramme par 100 cm^3 de solvant) et $[\alpha]_D$ est une constante caractéristique d'une substance donnée en degrés qui porte le nom de **pouvoir rotatoire spécifique**. Les mesures se font à la longueur d'onde de la raie D du sodium (589 nm).

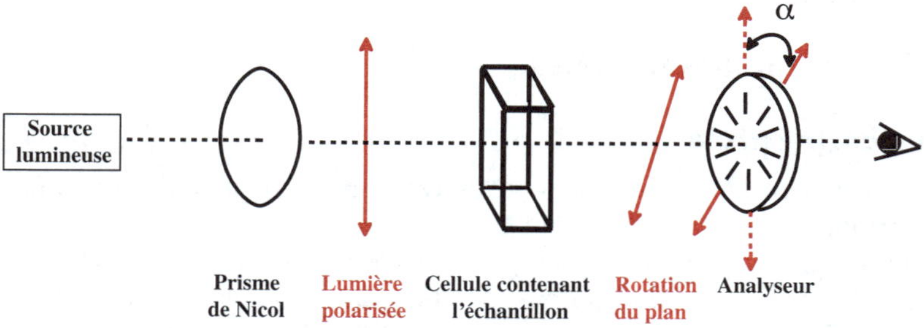

Figure 2.13 Déviation du plan de polarisation par une substance optiquement active.

Isomérie optique

Si deux isomères d'un composé dévient le plan de polarisation de la lumière polarisée l'un d'un angle $+\alpha$, l'autre d'un angle $-\alpha$, ces deux composés sont dits **inverses optiques** ou **isomères optiques** ou **antipodes optiques** ou encore **énantiomères**.

Un mélange équimoléculaire de deux énantiomères ne va pas dévier le plan de polarisation ($\alpha = 0$), on a alors un mélange **racémique**.

Conditions structurales pour avoir une isomérie optique

Ces conditions sont régies par le **principe de Pasteur**.

Deux molécules sont énantiomères si elles sont **chirales**, c'est-à-dire que leurs géométries sont images l'une de l'autre dans un miroir et qu'elles ne sont pas superposables.

Cette condition de chiralité peut être énoncée de manière tout à fait équivalente :

Un objet (ou une molécule) est **chiral** s'il ne présente ni plan ni centre de symétrie.

L'action des molécules chirales sur la lumière polarisée est qualitativement expliquée par une interaction spécifique entre le champ électrique lumineux et le champ électrique moléculaire.

Précisons que deux énantiomères ont exactement les mêmes propriétés chimiques et physiques à l'exception, bien évidemment, du pouvoir rotatoire.

b) Isomérie optique avec un seul carbone asymétrique

Définition — Notion de configuration

Un carbone asymétrique est un carbone sp^3 qui porte quatre substituants différents.

Considérons un atome de carbone dans une molécule (*fig. 2.14*) portant quatre substituants différents **a**, **b**, **c** et **d**. Représentons les deux images dans un miroir. On a donc deux énantiomères I et II. On voit sur ce schéma que I et II ne sont pas superposables ce qui est tout à fait équivalent au fait de dire qu'ils n'ont ni plan ni centre de symétrie. Dans la molécule I, inversons deux substituants (**a** et **b** par exemple), on obtient alors la molécule II. Il y a donc deux arrangements possibles autour du carbone asymétrique (noté parfois C*) ; chacun de ces arrangements porte le nom de **configuration**.

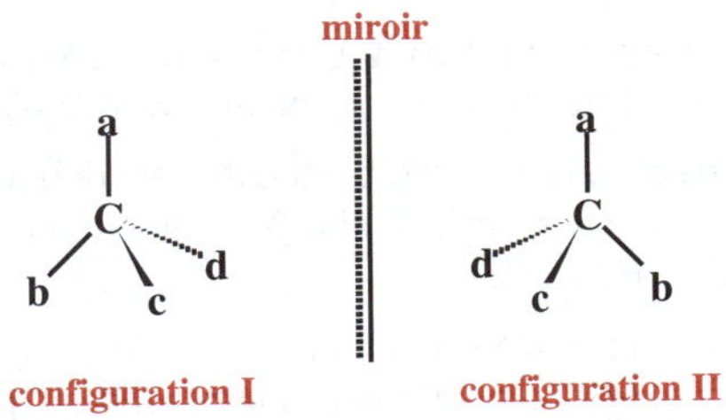

Figure 2.14 Les deux configurations possibles avec un seul carbone asymétrique.

Pour passer de la configuration I à la configuration II, il a fallu rompre des liaisons contrairement au passage d'une conformation à une autre qui ne nécessite qu'une simple rotation autour d'une liaison σ.

Plus généralement, à chaque fois qu'il y a passage d'un isomère stérique à un autre avec ruptures de liaisons, on dira que l'on a des **stéréoisomères**.

Configurations absolues — Règles de Cahn, Ingold et Prelog

Comme nous l'avons vu précédemment, une molécule possédant un carbone asymétrique mène à deux configurations. On va maintenant définir les règles de Cahn, Ingold et Prelog qui permettent de distinguer univoquement les configurations.

- On classe les quatre atomes directement liés au carbone asymétrique selon leurs poid atomique croissant en affectant le numéro 1 au plus lourd et le numéro 4 au plus léger.

- On place le substituant numéro 4 derrière et on regarde les trois autres. Si la séquence 1-2-3 va dans le sens des aiguilles d'une montre on dira que l'on a un composé **R** (Rectus), dans le cas contraire on a un composé **S** (Sinister) :

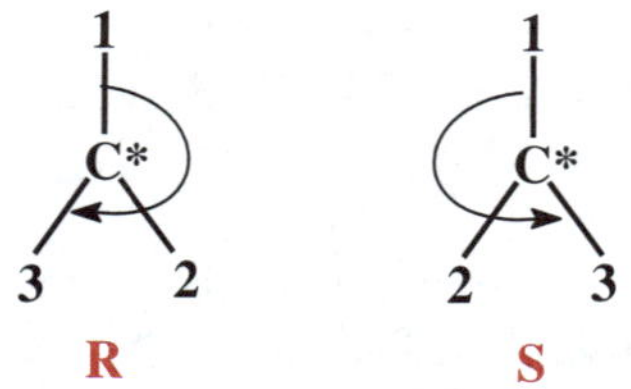

On a ainsi nommé les arrangements autour du carbone asymétrique et on a défini deux **configurations absolues**. Nous avons représenté quelques exemples sur la *figure 2.15*.

Dans le cas du **butan-2-ol** il y a équivoque car le carbone asymétrique a deux atomes directement liés identiques (des carbones dans le cas présent). Dans ce cas on applique dans l'ordre hiérarchique les règles suivantes :

- On regarde l'atome le plus lourd suivant. Ainsi, le groupement éthyle (CH_3CH_2–) sera prioritaire par rapport au groupement méthyle (CH_3–).
- Une double liaison équivaut à deux substituants, une triple liaison à trois substituants. Ainsi le groupement vinyle ($H_2C=CH$–) sera prioritaire par rapport au groupement éthyle (CH_3CH_2–).
- Une double liaison l'emportera par rapport à des simples liaisons. Ainsi le groupement vinyle ($H_2C=CH$–) sera prioritaire par rapport au groupement isopropyle ($(CH_3)_2CH$–).

Ces règles ne s'appliquent qu'en cas d'ambiguïté ; on n'appliquera la règle $n+1$ que si la règle n ne lève pas cette ambiguïté.

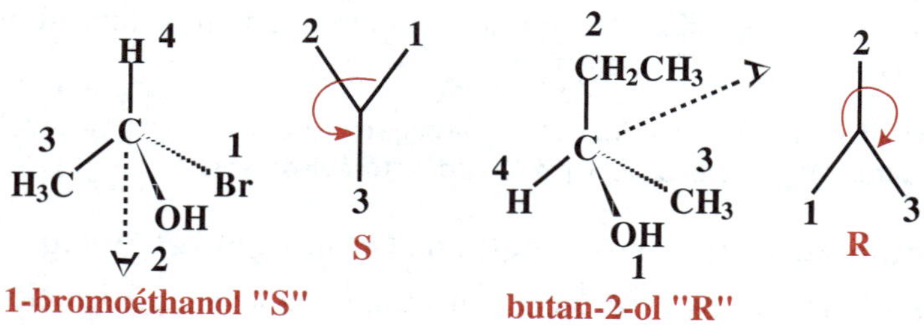

Figure 2.15 Exemples de configurations absolues.

Il n'y a pas de relation générale entre la configuration absolue et le pouvoir rotatoire. Cela signifie qu'en aucun cas on ne peut affecter *a priori* un pouvoir rotatoire à une molécule de configuration absolue donnée (R ou S).

Représentation de Fisher

Cette représentation est particulièrement adaptée aux cas de molécules possédant des carbones asymétriques. Le but est de représenter dans le plan le carbone tétraédrique. A cet effet nous allons appliquer **dans l'ordre** les règles suivantes :

- On place le carbone asymétrique au centre ; toutes les liaisons qui sont en avant du plan seront représentées horizontalement, toutes les liaisons en arrière du plan seront verticales.
- La chaîne carbonée la plus longue sera verticale.
- La fonction la plus oxygénée sera autant que possible vers le haut.

Nous avons indiqué deux exemples de telles représentations sur la *figure 2.16*.

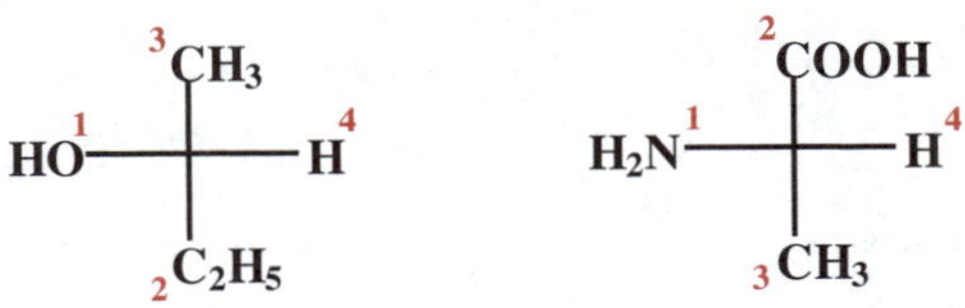

butan-2-ol "R"

alanine "S"
(alanine naturelle)

Figure 2.16 Représentation de Fisher du butan-2-ol et de l'alanine.

c) Isomérie optique avec deux carbones asymétriques

Énantiomérie et diastéréoisomérie

Considérons une molécule comprenant deux carbones asymétriques du type **abcC*–C*a'b'c'**. On a bien évidemment une molécule optiquement active car elle ne présente ni plan, ni centre de symétrie. On a représenté sur la *figure 2.17* les deux énantiomères **I** et **II** de cette molécule dans leur conformation éclipsée pour plus de clarté. **I** et **II**, images l'une de l'autre dans un miroir représentent deux arrangements possibles autour des deux carbones asymétriques.

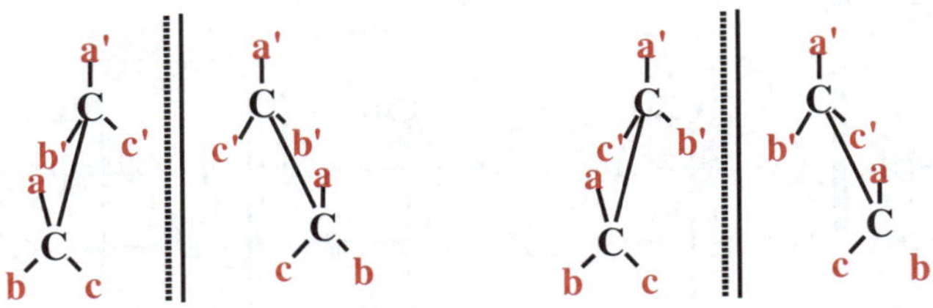

I II III IV

Figure 2.17 Stéréoisomères avec deux carbones asymétriques.

Dans **I,** par exemple, inversons la position des substituants **b'** et **c'** ; on a alors un composé **III** (*fig. 2.17*) qui possède un nouvel arrangement des six substituants **a**, **b**, **c**, **a'**, **b'** et **c'** autour des deux carbones asymétriques mais **III** n'est bien évidemment énantiomère ni de **I** ni de **II**. On dira que **III** est un **diastéréoisomère** de **I** et **II**. **III** n'ayant ni plan, ni centre de symétrie, il aura un énantiomère **IV**. La *figure 2.18a* résume les différentes relations de stéréoisomérie des composés **I**, **II**, **III** et **IV**.

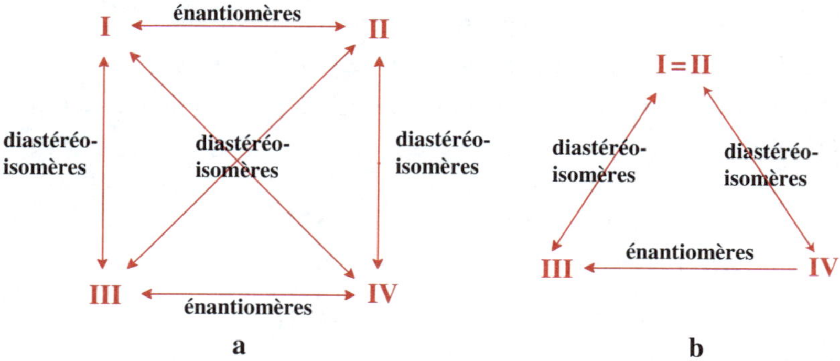

Figure 2.18 Différentes relations de stéréoisomérie des composés **I**, **II**, **III** et **IV**. **(a)** Cas général. **(b)** Cas où les substituants liés aux carbones asymétriques sont deux à deux identiques (a = a', b = b', c = c').

Il existe un cas particulier important. Si, dans les composés de la *figure 2.17* les substituants sont deux à deux identiques (**a = a'**, **b = b'**, **c = c'**), le composé **I** présente alors un plan de symétrie (le plan perpendiculaire en son milieu à la liaison C_1–C_2), **I** et **II** sont alors optiquement inactifs et identiques (ils seront alors dits **méso**) ; **III** et **IV** ne présentant ni plan ni centre de symétrie restent énantiomères. Les différentes relations de stéréoisomérie des composés sont sur la *figure 2.18b*.

Exemples

Intéressons-nous aux différents stéréoisomères des **aldotétroses** qui sont des glucides de formule générale $HOCH_2$–CHOH–CHOH–CHO. Sur la *figure 2.19*, nous donnons les représentations de Fisher des quatre stéréoisomères : **I** et **II** sont énantiomères, de même que **III** et **IV**.

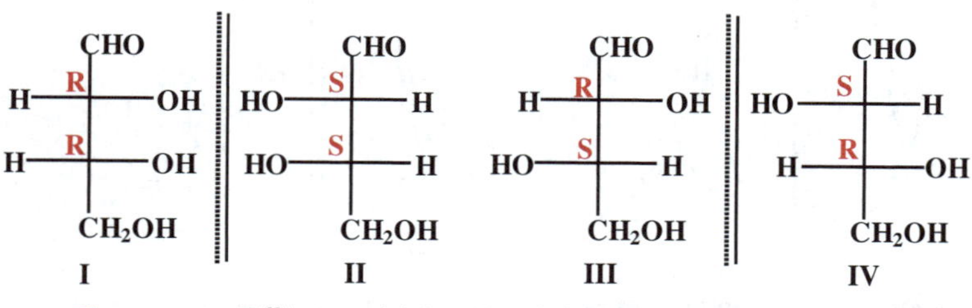

Figure 2.19 Différents stéréoisomères de l'aldose (représentations de Fisher).

Si on fait réagir de l'**acide nitrique** sur le mélange des quatre stéréoisomères, on oxyde en acide carboxylique simultanément les fonctions alcool primaire et aldéhyde. On obtient les trois stéréoisomères de l'**acide tartrique** (*figure 2.20*). **I** et **II** mènent chacun à l'isomère méso **I'** optiquement inactif et **III** et **IV** conduisent aux deux énantiomères **II'** et **III'**

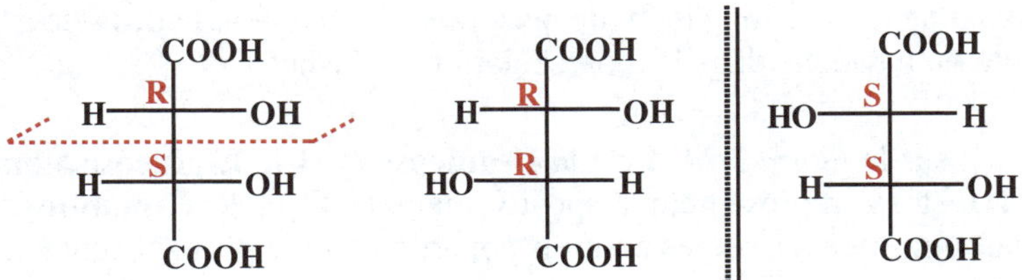

I' II' III'

Figure 2.20 Stéréoisomères de l'acide tartrique.

d) Isomérie optique avec plus de deux carbones asymétriques

Généralités et exemples

En étendant les raisonnements précédents à n carbones asymétriques on montre que l'on aura au maximum 2^n stéréoisomères soit 2^{n-1} couples d'énantiomères.

Prenons l'exemple des sucres en C_6 c'est-à-dire des composés de la forme $HOCH_2$–$(CHOH)_4$–CHO. Il y a quatre carbones asymétriques, on aura donc $2^4 = 16$ stéréoisomères soit 8 couples d'énantiomères. Sur la *figure 2.21* nous avons indiqué les représentations de Fisher des deux énantiomères du **glucose** et des deux énantiomères du **mannose** qui sont des sucres très répandus dans la nature. Notons que sur ce schéma seul l'énantiomère **I** du glucose et **III** du mannose sont naturels, **II** et **IV** ne sont accessibles que par synthèse. Entre ces différents sucres, il y aura des relations de diastéréoisomérie.

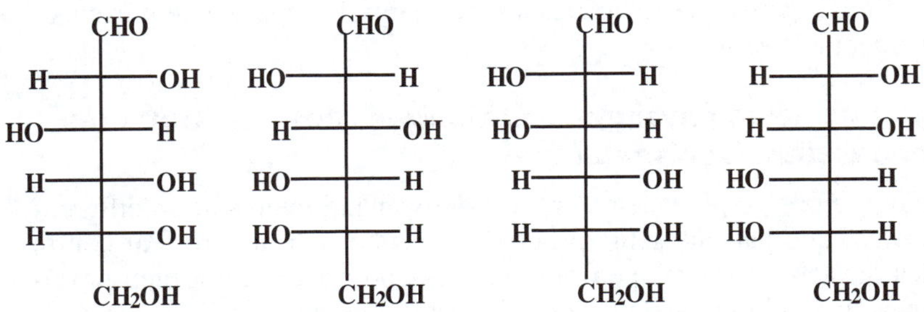

I II III IV

Glucose Mannose

Figure 2.21 Énantiomères du glucose (I et II) et du mannose (III et IV).

Notion de série D et L

Ce classement, ou plutôt cette nomenclature ne s'applique qu'aux sucres et aux acides aminés.

> Un **sucre** sera D ou L selon que son carbone asymétrique le plus éloigné de la fonction aldéhyde portera le groupement hydroxyle à droite ou à gauche dans la représentation de Fisher.

Ainsi sur la *figure 2.21*, **I** est le **D-glucose** et **II** le **L-glucose** alors que **III** et **IV** représentent respectivement le **D** et le **L-mannose**. Remarquons que les sucres naturels appartiennent le plus souvent à la série D.

Pour les acides aminés (fonction carboxyle et fonction amine primaire fixées sur un même carbone) on aura une règle analogue :

> Un **acide aminé** sera D ou L selon que le groupement NH_2 situé en α du groupement carboxyle sera à droite ou à gauche dans la représentation de Fisher.

Nous avons porté sur la *figure 2.22* les L et D-**thréonine**.

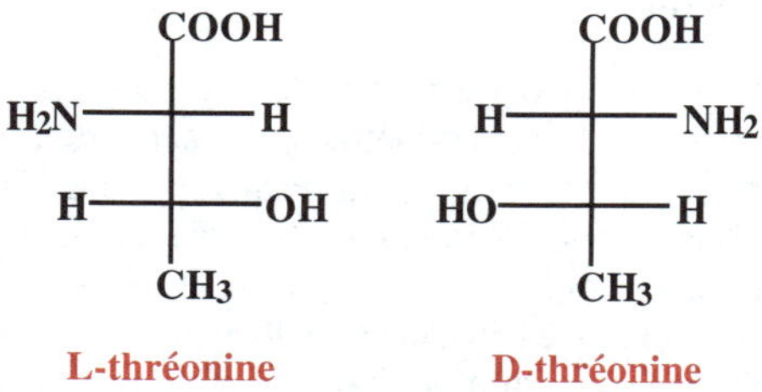

Figure 2.22 L et D-thréonine.

Remarquons que les acides aminés naturels appartiennent exclusivement à la série L.

e) Propriétés physiques et chimiques des énantiomères et des diastéréoisomères

Nous avons vu précédemment que deux énantiomères ne se différenciaient que par une seule propriété : le pouvoir rotatoire. Par contre les diastéréoisomères peuvent avoir des propriétés aussi bien physiques que chimiques tout à fait différentes, ce qui implique que deux diastéréoisomères pourront être séparés au laboratoire sans trop de problèmes.

f) Isomérie optique sans carbone asymétrique

Compte tenu des conditions nécessaires pour avoir une molécule chirale, il n'est nullement obligatoire d'avoir un carbone asymétrique pour qu'il y ait isomérie optique. On connaît quelques exemples de molécules ne présentant ni plan, ni centre de symétrie, dépourvues de carbone asymétrique et présentant une isomérie optique.

Isomérie allénique	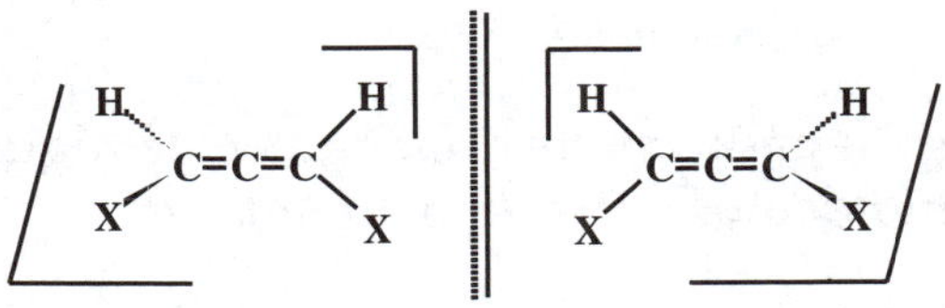 I II
Isomérie spiranique	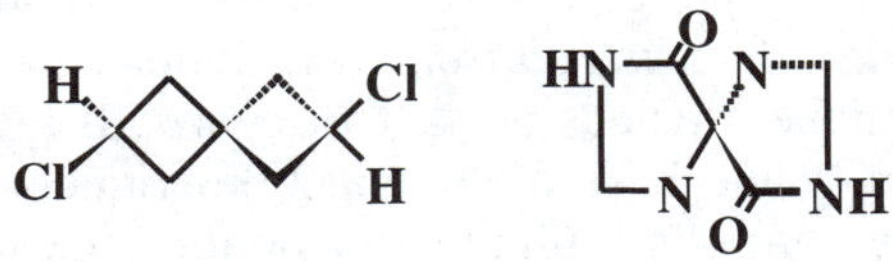
Chiralité conformationnelle[a] (atropoisomérie)	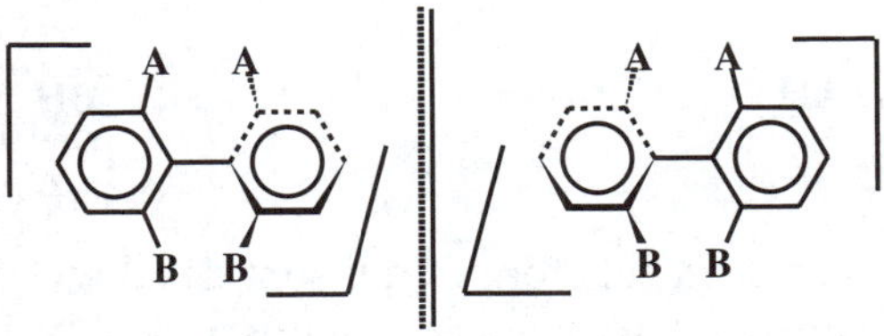

a. Si les substituants A et B sont suffisamment gros (NO_2, COOH,...) les deux groupements phényle se mettent dans deux plans perpendiculaires et on a une isomérie optique.

Cas des hétéroatomes

De nombreux atomes autres que le carbone peuvent être le siège d'un centre de chiralité. Dans le cadre de ce cours nous n'examinerons que le cas de l'azote qui introduit une notion nouvelle. L'azote sp^3 est pyramidal (par exemple dans les amines). *A priori*, un azote portant trois substituants différents devrait mener à une molécule chirale. Cependant, dans le cas général on ne peut isoler les antipodes optiques en raison de l'inversion rapide et réversible de l'azote (*fig. 2.23a*). En revanche, sous forme de sel d'ammonium quaternaire il n'y a plus de doublet et avec quatre substituants différents on aura un phénomène de chiralité (*fig. 2.23b*).

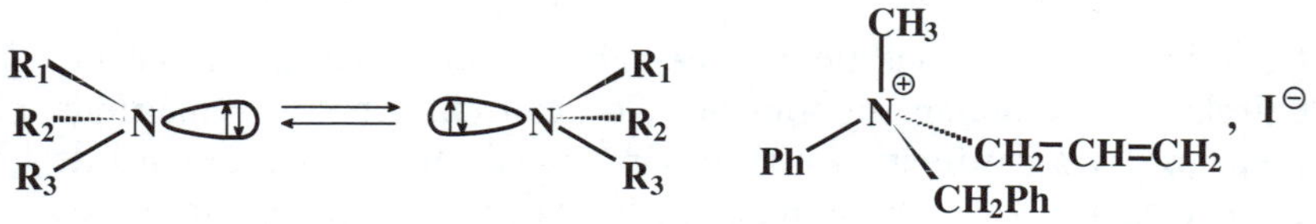

(a) (b)

Figure 2.23 **(a)** Phénomène d'inversion de l'azote. **(b)** Exemple de sel d'ammonium quaternaire chiral.

g) Séparation de mélanges racémiques et élaboration de molécules optiquement actives

Extraction d'énantiomères de mélanges racémiques

La première méthode est chimique et consiste à séparer deux énantiomères. Le principe est de *transformer un mélange racémique en mélange de diastéréoisomères*. Supposons que l'on ait un mélange racémique d'acides **(±) AH** à séparer. Il s'agit de faire réagir sur ce mélange une base **(+) B** énantiomériquement pure, en général une amine naturelle (quinine, cinchonine), de façon à former un sel qui sera constitué d'un mélange de diastéréoisomères :

$$(\pm)\,\mathbf{AH} + (+)\,\mathbf{B} \longrightarrow \underbrace{\left\{(+)\,\mathbf{A}^{\ominus},\ (+)\,\mathbf{BH}^{\oplus}\right\} + \left\{(-)\,\mathbf{A}^{\ominus},\ (+)\,\mathbf{BH}^{\oplus}\right\}}_{\textbf{diastéréoisomères}}$$

Les deux sels formés qui sont des diastéréoisomères pourront être séparés par exemple par cristallisation. Les deux énantiomères de **AH** pourront être ensuite régénérés par simple hydrolyse en présence d'un acide fort.

$$\left\{(+)\,\mathbf{A}^{\ominus},\ (+)\,\mathbf{BH}^{\oplus}\right\} + \mathbf{H_3O^{\oplus}} \longrightarrow (+)\,\mathbf{AH} + (+)\,\mathbf{BH}^{\oplus} + \mathbf{H_2O}$$

$$\left\{(-)\,\mathbf{A}^{\ominus},\ (+)\,\mathbf{BH}^{\oplus}\right\} + \mathbf{H_3O^{\oplus}} \longrightarrow (-)\,\mathbf{AH} + (+)\,\mathbf{BH}^{\oplus} + \mathbf{H_2O}$$

La seconde méthode est empruntée à la biochimie. Une enzyme ou une bactérie mise en présence d'un mélange racémique peut réagir sur un seul antipode optique. On pourra ainsi isoler l'autre énantiomère.

Synthèse de molécules optiquement actives

Les méthodes de synthèse de molécule optiquement actives, dont nous décrirons quelques exemples dans les chapitres ultérieurs reposent sur trois stratégies.

- La première consiste à modifier chimiquement des composés optiquement actifs naturels facilement accessibles (sucres, acides aminés…) en utilisant des réactions stéréospécifiques, c'est-à-dire qui modifient le substrat sans le racémiser.
- La deuxième stratégie vise à synthétiser des mélanges racémiques ou des mélanges de diastéréoisomères et à séparer les produits obtenus par une des méthodes décrites précédemment.
- Enfin un certain nombre de réactions peuvent induire un énantiomère bien déterminé si elles sont catalysées par des enzymes spécifiques.

2.5 ISOMÉRIE GÉOMÉTRIQUE

Considérons par exemple les deux alcènes suivants :

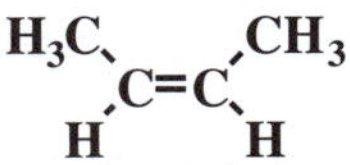

Cis

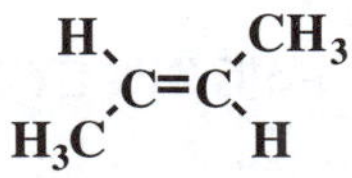

Trans

Dans but-2-ène *cis* les deux groupements méthyle se trouvent dans le même demi-plan limité par la double liaison ; par contre dans le but-2ène *trans*, les groupements méthyle se situent dans deux demi-plans différents par rapport à la double liaison. Enfin en raison des interactions éclipsées entre les groupements en position *cis*, *un composé trans sera généralement plus stable qu'un composé cis*. Ce type de diastéréoisomérie s'applique à de nombreux autres cas où nous sommes en présence d'une ou plusieurs doubles liaisons. Nous en avons donné quelques exemples sur la *figure 2.24*.

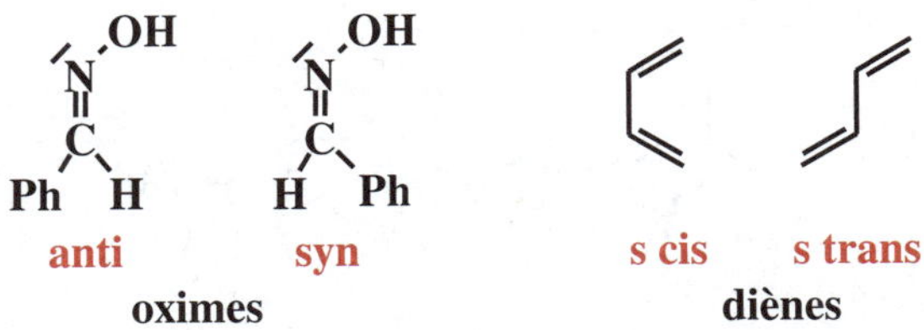

Figure 2.24 Exemples d'isomérie géométrique dans les oxymes et dans les diènes.

Les nomenclatures précédentes peuvent présenter certaines ambiguïtés comme sur la molécule ci-dessous :

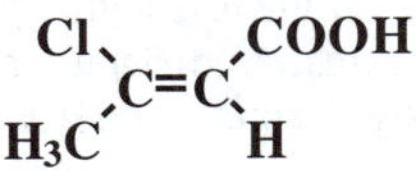

Pour lever cette indétermination utilisons la nomenclature Z et E. *Pour cela les substituants liés à chacun des carbones sp*^{2} *sont numérotés séparément selon les règles de priorités de Cahn, Ingold et Prelog* vues précédemment. Les deux cas suivants peuvent alors se présenter :

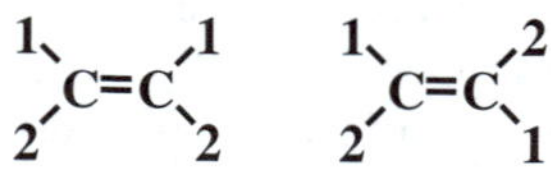

Z **E**

Si les deux groupements prioritaires sont dans le même demi-plan limité par la double liaison le diastéréoisomère sera dit **Z** (*zusammen*), dans le cas contraire il sera dit **E** (*entgegen*). Avec cette nomenclature la molécule précédente sera **Z**.

2.6 STÉRÉOCHIMIE DES CYCLES

Nous allons surtout nous intéresser aux carbures alicycliques c'est-à-dire aux cycles ne comprenant pas de doubles liaisons. Le comportement stéréochimique de ces composés a une grande importance car les mêmes motifs géométriques se retrouvent dans beaucoup d'autres fonctions. Compte tenu de l'angle d'environ 109° des liaisons formées par des carbones sp^3 ces composés ne sont en général pas plans. Nous commencerons par étudier le cyclohexane car il permet d'aborder plusieurs points importants relatifs à la géométrie des cycles.

a) Le cyclohexane et ses dérivés

Sur le papier le cyclohexane peut être très simplement écrit sous sa forme plane (*fig. 2.25a*).

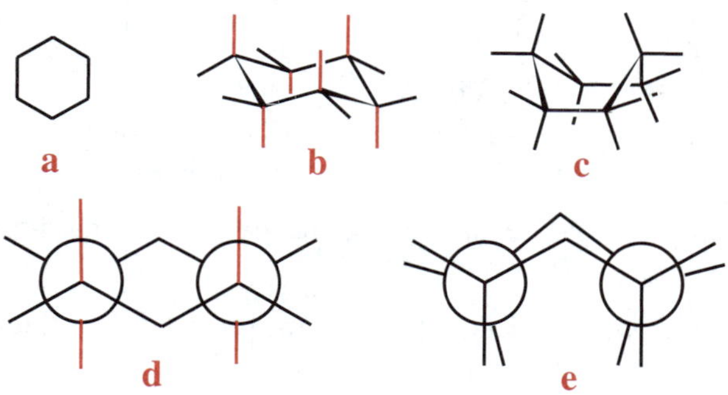

Figure 2.25 Le cyclohexane. **(a)** Représentation plane. **(b)** Conformation « chaise ». **(c)** Conformation « bateau ». **(d)** Représentation de Newman de la conformation « chaise ». **(e)** Représentation de Newman de la conformation « bateau ».

L'analyse structurale de ces cycles en tenant compte de l'angle de valence d'environ 109° fait apparaître une *infinité de conformations.*

- Celle qui est thermodynamiquement la plus stable porte le nom de conformation « **chaise** » (*fig. 2.25b*).
- Il existe également une conformation « **bateau** » moins stable en raison des **interactions éclipsées** entre les hydrogènes (*fig. 2.25c*).
- Sur la forme chaise, il existe deux types d'hydrogènes : les hydrogènes **axiaux** (représentés en rouge) qui sont perpendiculaires au plan moyen de la molécule et les hydrogènes **équatoriaux** (représentés en noir) qui sont dans le plan moyen de la molécule (*fig. 2.25b*). Il y a donc six liaisons équatoriales et six liaisons axiales. Ces différentes conformations peuvent être décrites par la représentation de Newman (*fig. 2.25d et 2.25e*).
- Il existe **deux formes chaises** (*fig. 2.26*) en équilibre dont les hydrogènes passent rapidement et alternativement de la position axiale à la position équatoriale.

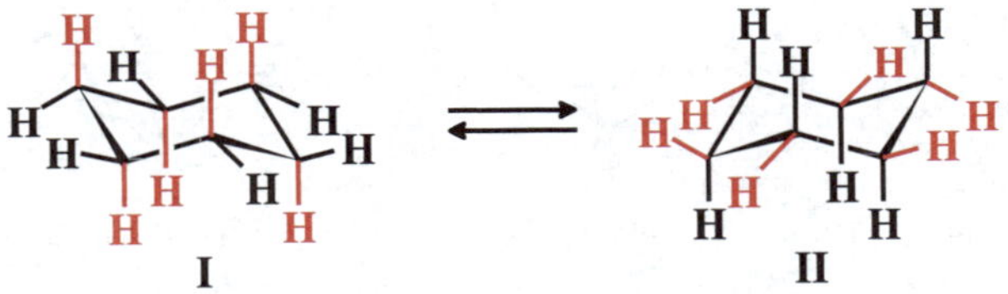

Figure 2.26 Équilibres conformationnels entre les deux formes chaises du cyclohexane.

Cette inversion des formes chaises se fait par passage à travers une infinité de formes flexibles dont la forme bateau est un élément particulier. Dans le cas du cyclohexane les deux formes chaises I et II sont équiprobables car elles ont la même stabilité. Il n'en est pas de même lorsque dans le cyclohexane un atome d'hydrogène est remplacé par un substituant R (*fig. 2.27*). Le substituant R pourra bien sûr être en position axiale ou équatoriale.

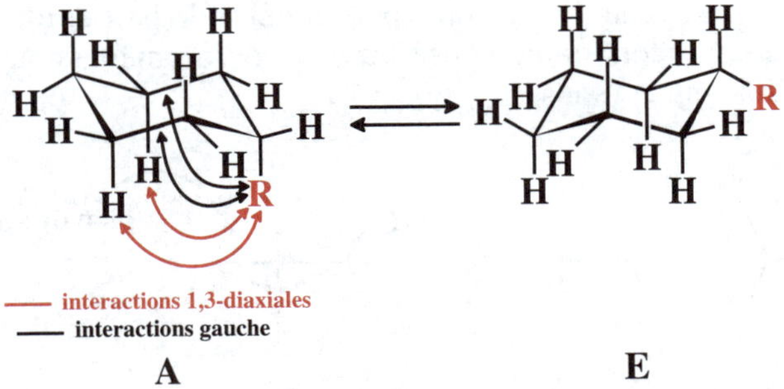

Figure 2.27 Équilibre **chaise ⇔ chaise** des cyclohexanes substitués.

Dans ce cas, le conformère portant le substituant **R** en **position équatoriale** (noté E sur la figure 2.27) *sera thermodynamiquement plus stable* que le conformère portant le substituant R en **position axiale** (noté A sur la figure 2.27). Pour le conformère A il y a un encombrement stérique entre le substituant R et les hydrogènes axiaux se trouvant dans le même demi-espace que R — cette interaction porte le nom d'**interaction 1,3-diaxiale**. Par ailleurs, les deux **interactions gauches** contribuent également à cette déstabilisation de la conformation axiale. Cette préférence équatoriale est d'autant plus accentuée que l'encombrement stérique du substituant R est important.

b) Quelques autres exemples de cyclanes

Il existe une multitude d'autres cycles simples ou accolés dont nous donnons quelques exemples ci-dessous.

cyclopropane

cyclobutane

cyclopentane

décaline

norbornane

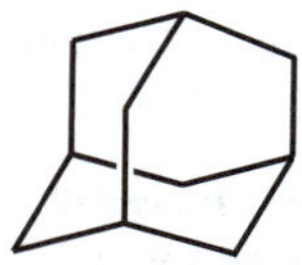

adamantane

c) Stéréoisomérie dans les cycles

Comme pour les composés acycliques, les composés cycliques substitués peuvent donner lieu à des stéréoisoméries. Prenons le cas du 1,2-dichlorocyclopropane. Les chlores peuvent être de part et d'autre du plan — on aura alors un composé *trans* — ou du même côté — on dira que l'on a un composé *cis*.

trans RR

trans SS

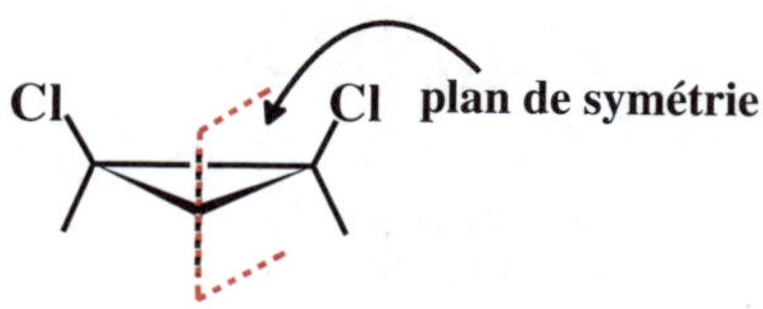

cis

Ce type d'isomérie peut impliquer un phénomène d'énantiomérie. Ainsi, dans l'exemple ci-dessus, les dérivés cyclopropaniques ont leurs deux carbones portant les chlores asymétriques. Le composé *cis*, qui est en fait un composé *méso* présente un plan de symétrie ; il est donc optiquement inactif. Par contre, le composé *trans* qui ne présente aucun plan de symétrie est optiquement actif et peut se dédoubler en ses deux énantiomères RR et SS.

Ce problème reste le même avec des cyclohexanes disubstitués. Par exemple (*fig. 2.28*) le 1,2-diméthylcyclohexane *trans* sera axial-axial ou équatorial-équatorial et le *cis* axial-équatorial ou équatorial-axial. Chacun possède deux carbones asymétriques et seul le *trans* est optiquement actif.

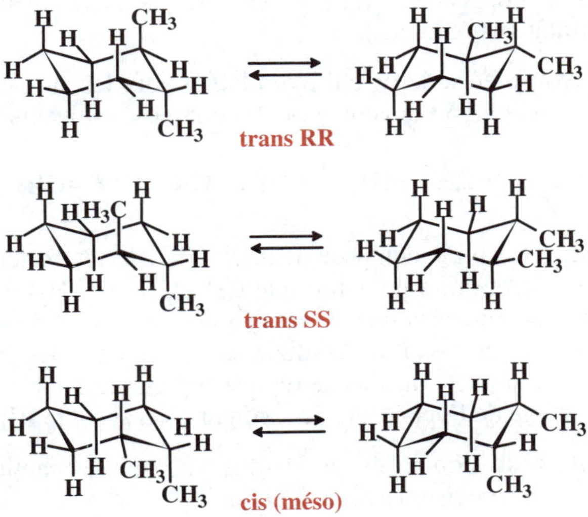

Figure 2.28 Cyclohexanes disubstitués-1,2.

Il est important de se souvenir que les isoméries optiques ou géométriques sont indépendantes des conformations.

POINTS-CLEFS

- La stéréochimie revêt une importance fondamentale en chimie organique.
- La stéréochimie comprend deux volets : les conformations et les stéréoisomères.
- Les stéréoisoméries déterminent des configurations qui peuvent mener au phénomène d'isomérie optique.

EXERCICES

2.1 En vous basant sur la théorie de l'hybridation indiquer si selon vous on peut raisonnablement envisager la synthèse des composés suivants :

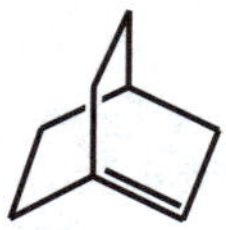 ,  , 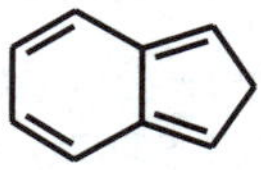 , 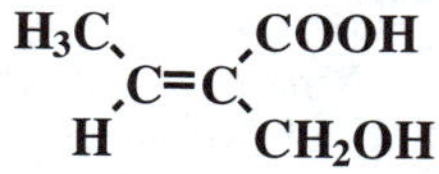

2.2 Indiquer le degré d'hybridation de tous les atomes de carbone de la molécule de propanediène (allène). On indiquera également sur un schéma l'arrangement du nuage π.

2.3 Après avoir précisé le type d'hybridation pour les atomes autres que l'hydrogène, prévoir la géométrie des composés suivants :

$$H_3C^{\oplus},\ (CH_3)_4N^{\oplus},\ BH_3,\ CO_2,\ H_2C{=}C{=}C{=}CH_2$$

2.4 L'éphédrine est un composé naturel qui accroît fortement la tension artérielle et qui a pour formule CH_3–CH($NHCH_3$)–CHOH–C_6H_5. Donner la représentation de Fischer de tous les stéréoisomères de ce composé en précisant les configurations absolues des carbones asymétriques. Indiquer ensuite la représentation de Newman d'un conformère stable de l'éphédrine de configuration absolue RR.

2.5 Les paires de composés ci-dessous sont-elles énantiomères, conformères, diastéréoisomères ou identiques ?

a) 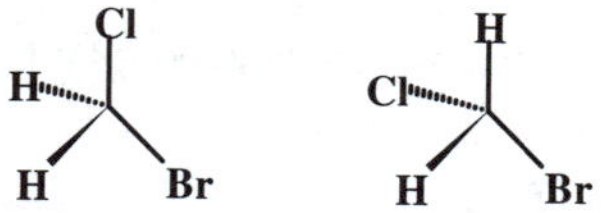

b) 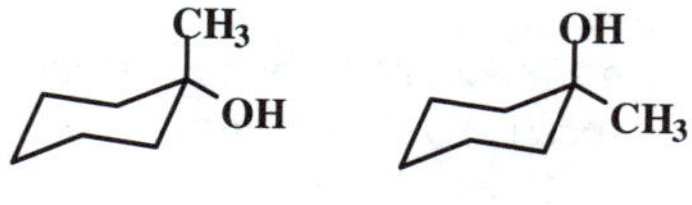

c) 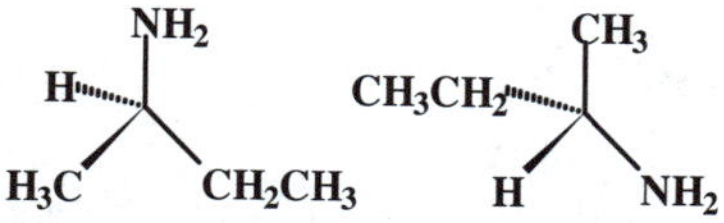

d) 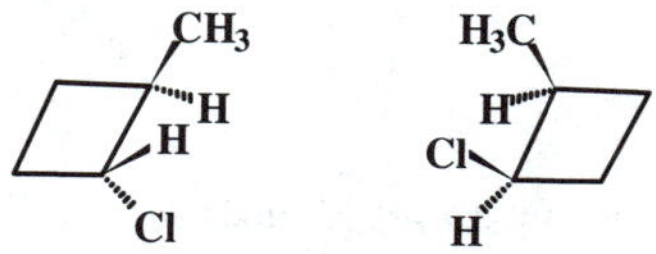

e) 

SOLUTIONS

2.1 Seuls les deux derniers composés de la liste peuvent être synthétisés. Les deux premiers ont des géométries qui ne correspondent pas au degré d'hybridation sp^2 ou sp.

2.2

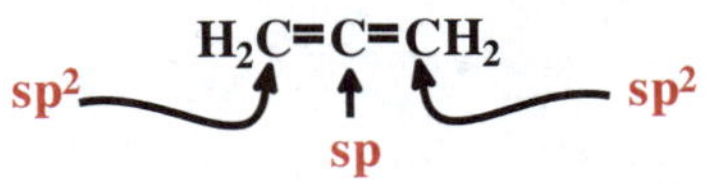

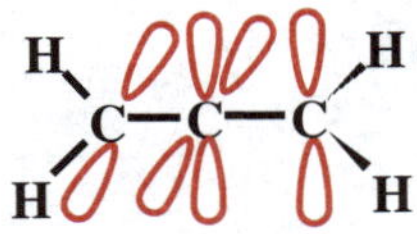

2.3 H_3O^+ : sp^3 tétraèdrique ;
$(CH_3)_4N^+$ azote sp^3 tétraédrique, carbone sp^3 tétraédrique ;
BH_3 sp^2 plan avec liaisons à 120° ;
CO_2 carbone sp, oxygène sp molécule linéaire ;

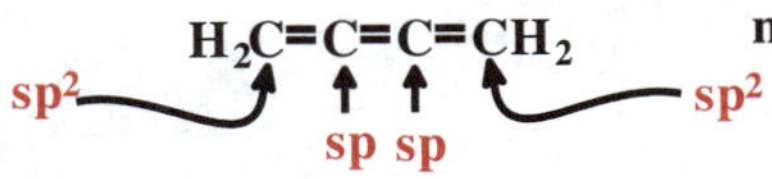

molécule linéaire et plane

2.4

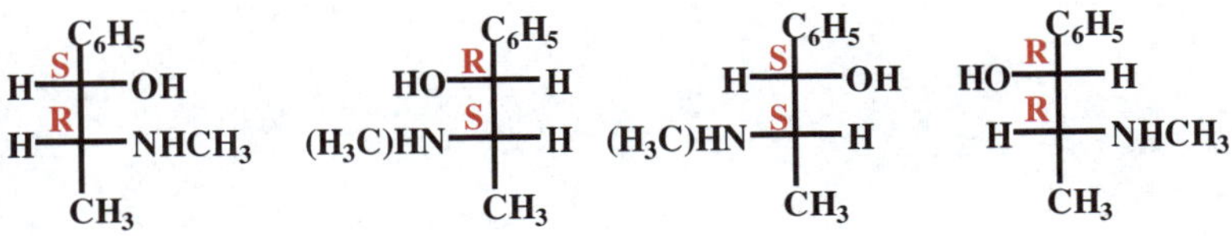

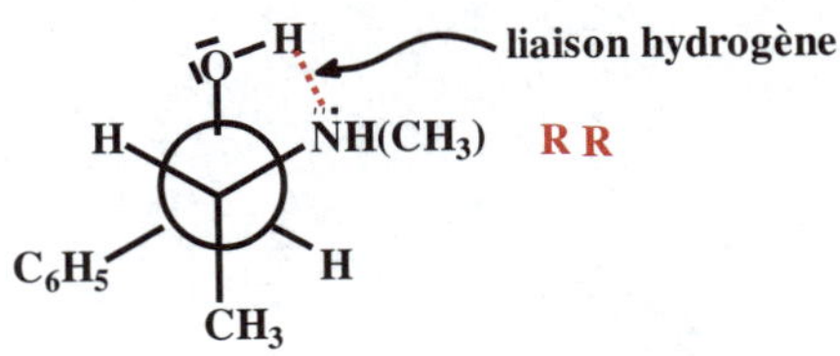

2.5 a) Identiques.

b) Conformères.

c) Énantiomères.

d) Diastéréoisomères.

e) Énantiomères.

CHAPITRE 3

Facteurs électroniques d'équilibre et de réactivité

PLAN

OBJECTIFS

- Assimiler des méthodes simples pour rendre compte qualitativement des déplacements électroniques et de l'apparition de charges partielles au niveau des atomes.
- Connaître quelques applications de ces concepts pour comprendre le comportement d'une molécule au cours d'une transformation chimique.

3.1 NOTION DE POLARISATION DES LIAISONS

Il est connu qu'une liaison peut aller de la covalence pure (symétrie de répartition des charges comme dans Cl–Cl) à une liaison purement ionique (transfert d'électron d'un atome sur un autre atome comme dans $Na^{+}Cl^{-}$). Entre ces deux extrêmes, tous les intermédiaires sont possibles. Il existe une dissymétrie de la répartition du nuage électronique, qui crée des charges partielles positives ($\delta^{\oplus}$) et négatives ($\delta^{\ominus}$) sur chacun des atomes. Les exemples du *tableau 3.1* illustrent ce phénomène. On observe en outre dans le chlorure de vinyle un très léger caractère π au niveau de la liaison C–Cl. Une telle liaison sera dite **polarisée**.

Tableau 3.1 Exemples de liaisons polarisées.

chlorométhane	chlorure de vinyle
$H_3\overset{\delta\oplus}{C}-\overset{\delta\ominus}{Cl}$	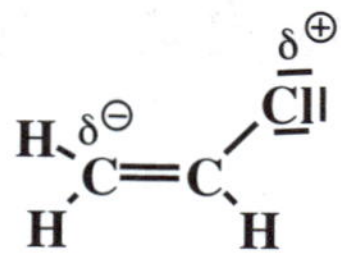

Il est important de connaître cette répartition des charges partielles pour comprendre le déroulement d'une réaction organique. Nous nous proposons dans ce chapitre de décrire des méthodes simples permettant de rendre compte de l'apparition de charges partielles et de la délocalisation du nuage électronique dans le cas des liaisons π et des doublets libres. Deux effets seront étudiés séparément : l'**effet inductif** qui s'applique aux liaisons σ et l'**effet mésomère** qui s'applique aux liaisons π et aux doublets libres en conjugaison avec ces dernières.

3.2 EFFETS INDUCTIFS (OU INDUCTEURS)

a) Principe

Cet effet va rendre compte du déplacement du nuage électronique à travers la liaison σ.

> L'atome le plus électronégatif va attirer une partie du nuage électronique de la liaison σ (effet attracteur, noté – I) et l'atome le plus électropositif va au contraire donner une partie du nuage électronique σ (effet donneur, noté + I).

Par exemple, dans le chlorométhane, le chlore, qui est plus électronégatif que le carbone, attire une partie du nuage électronique de la liaison C–Cl :

$$H_3\overset{\delta\oplus}{C}\rightarrow\overset{\delta\ominus}{Cl}$$

La flèche le long de la liaison représente le sens du déplacement électronique. En chimie organique, la détermination des caractères donneurs ou attracteurs des substituants, est basée sur une échelle d'électronégativité référencée par rapport à l'hydrogène (*tableau 3.2*).

Tableau 3.2 Table des effets inductifs (R désigne un substituant alkyle).

SUBSTITUANTS ATTRACTEURS (-I)	SUBSTITUANTS DONNEURS (+I)
$\rightarrow\overset{\oplus}{N}R_3 > \rightarrow\overset{\oplus}{P}R_3 > \rightarrow\overset{\oplus}{O}R_2 > \rightarrow\overset{\oplus}{S}R_2$ $\rightarrow\overset{\oplus}{O}R_2 > \rightarrow OH > \rightarrow OR$ $\rightarrow F > \rightarrow OR > \rightarrow NR_2$ $\rightarrow F > \rightarrow Cl > \rightarrow Br > \rightarrow I$ $\rightarrow C(=O)H > \rightarrow C(=O)R > \rightarrow C(=O)OR$ $\rightarrow OR > \rightarrow SR$ $\rightarrow C\equiv C-R > \rightarrow RC=CR_2$ $\rightarrow NO_2 > \rightarrow CN$	**Métal** $R_3C\rightarrow\ >\ R_2CH\rightarrow\ >\ R-CH_2\rightarrow\ >CH_3\rightarrow$

Exemples :

$$\overset{\delta\ominus}{H_3C}\leftarrow\overset{\delta\oplus}{MgBr}\quad ,\quad \overset{\delta\oplus}{H_3C}\rightarrow\overset{\delta\ominus}{OH}$$

b) Effet inductif et longueur de chaîne

L'effet inductif s'atténue avec la longueur de la chaîne **carbonée**.

Après le troisième atome de carbone, on considère qu'il n'y a plus d'effet inductif. Prenons l'exemple du 1-bromobutane :

$$H_3C-\overset{\delta'''\oplus}{C}H_2-\overset{\delta''\oplus}{C}H_2-\overset{\delta'\oplus}{C}H_2\rightarrow\overset{\delta\ominus}{Br}$$

D'après cette règle seules les charges partielles positives des carbones 1, 2 et 3 seront perturbées par l'effet attracteur du brome avec $\delta'''^{\oplus} < \delta''^{\oplus} < \delta'^{\oplus}$. Bien entendu le bilan global en charges est neutre.

3.3 EFFETS MÉSOMÈRES OU RÉSONANCE

Cet effet **s'applique aux liaisons π**, qu'elles soient localisées entre deux atomes ou délocalisées pour former des molécules conjuguées ainsi qu'aux doublets libres contigus à une double liaison. Bien que les deux termes « effet mésomère » et « résonance » soient synonymes, le premier désignera plutôt l'aspect structure électronique et le second l'aspect énergétique.

a) But de la méthode

Les formules classiques sont parfois insuffisantes pour représenter un composé. Prenons le cas du benzène. Nous avons vu au *chapitre 2* que, dans cette molécule, il y a six liaisons identiques dues à la délocalisation du nuage π, et que l'énergie π de ce composé est d'environ 150 kJ·mol^{-1} inférieure à l'énergie de trois liaisons π localisées. Pour représenter cette molécule, on peut matérialiser la conjugaison par un rond (*chapitre 2, § 1.4*) Prenons maintenant le cas du chlorure de vinyle :

$$H_2C{=}CH{-}\overline{\underline{Cl}}|$$

Un problème de représentation de sa structure électronique se pose car, comme nous l'avons mentionné plus haut, le léger caractère π observé de la liaison C–Cl montre une délocalisation d'un doublet n du chlore et du nuage π.

Le but de la méthode de la mésomérie est de rendre compte précisément de la délocalisation du nuage π ainsi que de l'apparition de charges partielles liées à cette délocalisation.

b) Principes de base

On énoncera tout d'abord les deux règles fondamentales de la mésomérie en rappelant que celle-ci ne concerne que les électrons π et les doublets libres (doublets n).

> **1.** Plusieurs formules classiques, appelées formes limites ou formes mésomères, sont écrites séparées par une double flèche ↔.
> **2.** On dira que ce composé a simultanément (peut-être à des degrés divers) les propriétés de toutes ces formes limites.

Ainsi, dans le cas du benzène, on écrira :

I II

On montre ainsi que le nuage π de la molécule est délocalisé sur tout le cycle. Dans ce cas, comme nous l'avons vu, il est possible d'écrire :

car les formes **I** et **II** sont totalement équivalentes. Cependant il n'est pas toujours possible d'avoir une telle simplification d'écriture car il n'y a pas nécessairement équivalence entre les liaisons π.

À cet effet, reprenons l'exemple du chlorure de vinyle. Nous pouvons écrire deux formes limites :

I **II**

La forme **II** présentant une liaison π entre le carbone et le chlore aura une probabilité d'exister bien inférieure à la forme **I**. Le chlorure de vinyle existe sous les deux formes **I** et **II** à la fois mais la forme **I** est hautement plus probable ; on dira qu'elle a un **poids statistique** plus important. On rend compte ainsi du caractère π extrêmement faible de la liaison C–Cl.

c) Règles pour écrire les formes limites

L'écriture des formes limites obéit à un certain nombre de règles :

1. La valence des atomes doit être respectée.

2. Le nombre d'électrons célibataires doit être le même dans toutes les formes limites.

3. Respecter l'effet donneur (+ M) et attracteur (– M) des substituants (*tableau 3.3*).

Sur le *tableau 3.3*, nous avons regroupé les différents **effets attracteurs** et **donneurs** des principaux groupements rencontrés en chimie organique en représentant par des flèches les déplacements électroniques.

TABLEAU 3.3 TABLE DES EFFETS MÉSOMÈRES (R DÉSIGNE UN SUBSTITUANT ALKYLE).

SUBSTITUANTS ATTRACTEURS (-M)

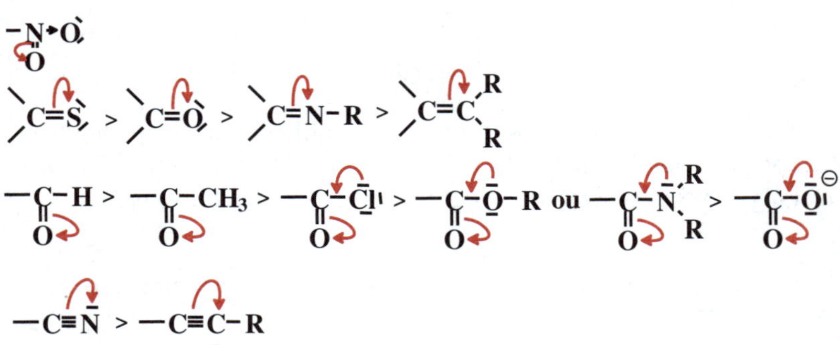

SUBSTITUANTS DONNEURS (+M)

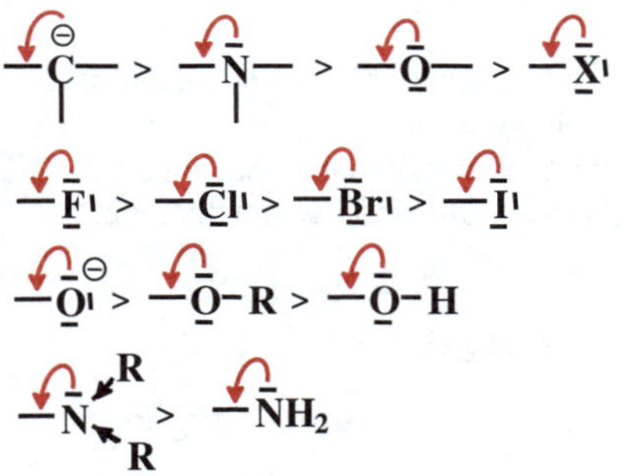

Reprenons l'exemple du chlorure de vinyle :

I II

Le chlore est donneur, c'est-à-dire qu'il céde son doublet à la liaison Cl–C. À ce stade, la tétravalence du carbone C1 n'est pas respectée (règle **1**). La liaison π va donc être repoussée sur l'un des carbones et impliquer ainsi une charge négative sur ce dernier et une charge positive sur le chlore dans la forme **II**. Cependant en aucun cas ce composé ne pourrait s'écrire sous la forme biradicalaire **$H_2C^{\bullet}$–CH=Cl$^{\bullet}$** car une telle écriture ne respecterait pas la règle **2**.

d) Poids statistique des formes limites

Déterminer le poids statistique d'une forme limite, c'est déterminer sa stabilité par rapport aux autres formes.

Nous allons énumérer une série de règles de stabilité qui nous permettra de déterminer la ou les formes limites qui ont le plus grand poids statistique.

1. La stabilité augmente avec le nombre de liaisons covalentes.
2. La stabilité augmente quand la séparation des charges augmente.
3. La charge négative doit être autant que possible sur l'atome le plus électronégatif et la charge positive sur l'atome le plus électropositif.
4. La stabilité est maximale pour les formules planes en raison du caractère π des liaisons impliquées.

Ainsi dans le chlorure de vinyle vu précédemment, la forme **II** aura un poids statistique très faible car elle implique une charge positive (règle **3**) sur le chlore qui, comme on le sait, est électronégatif. Ce résultat montre que le **caractère π de la liaison Cl–C est extrêmement faible** et que les charges, elles-mêmes très modestes, se **localisent sur le chlore et le carbone directement lié au chlore**.

e) Exemples fondamentaux

Dans ce qui suit, nous présentons quelques exemples fondamentaux.

Charge positive contiguë à une double liaison

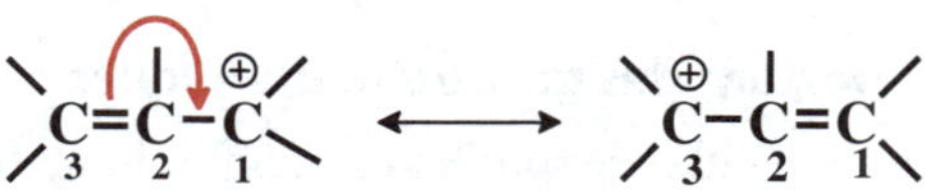

Ce résultat montre clairement que la charge positive se répartit sur les carbones 1 et 3 et que le nuage π est délocalisé sur les trois carbones.

Charge négative contiguë à une double liaison

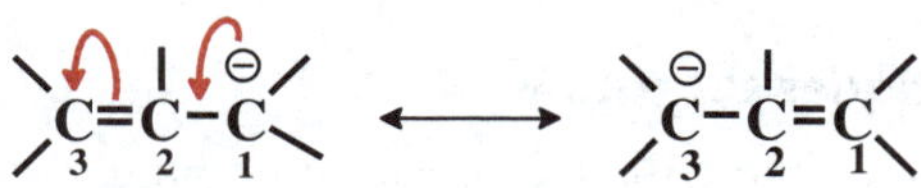

Cette fois-ci, c'est la charge négative qui est délocalisée sur les carbones 1 et 3 et comme précédemment le nuage π est délocalisé sur les trois carbones.

Électron célibataire contigu à une double liaison

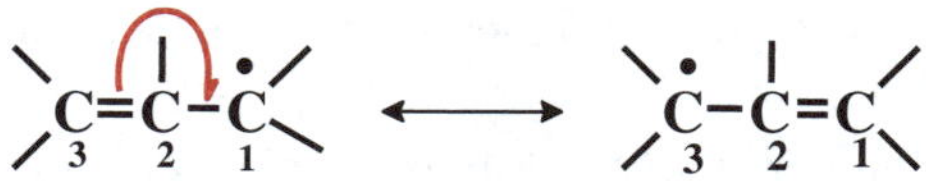

Remarquons que l'on écrit des **demi-flèches** car, contrairement aux cas précédents, on ne déplace qu'un seul électron à la fois. L'électron célibataire se répartit entre les carbones 1 et 3.

Atome muni d'un doublet contigu à une double liaison

Ce cas de figure généralise l'exemple du chlorure de vinyle vu précédemment. Il y a délocalisation du doublet sur la liaison C–A. Cette délocalisation est faible car dans la deuxième forme on a une charge positive sur un atome électronégatif (A).

Cas de deux doubles liaisons alternées

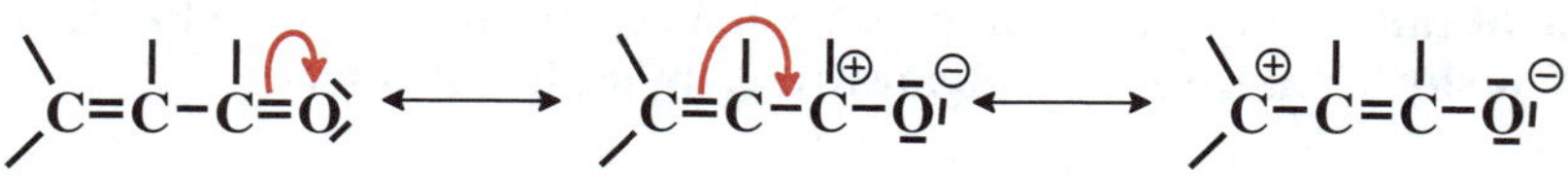

Nous avons trois formes limites. On montre bien la délocalisation du nuage π tout au long de la chaîne et une localisation de la charge négative sur l'oxygène alors que les charges positives sont réparties sur les carbones 1 et 3.

Double liaison portant des groupements alkyles

Considérons la molécule de propène. L'effet inductif donneur du groupement méthyle va se transmettre sur la double liaison (**hyperconjugaison**) et provoquer le déplacement du nuage π :

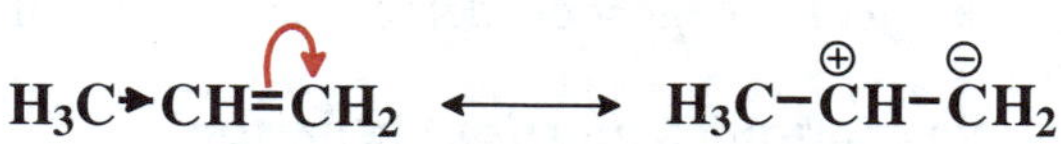

Cycles aromatiques substitués

Un cycle conjugué qui a $4n + 2$ (n est un nombre entier) électrons π en conjugaison est particulièrement stable (règle de Hückel) ; il sera dit **aromatique**. Le prototype de ces cycles aromatiques est le benzène avec ses six électrons π. Nous donnons ci-dessous quelques exemples de formes limites de benzènes substitués.

➤ *Phénol*

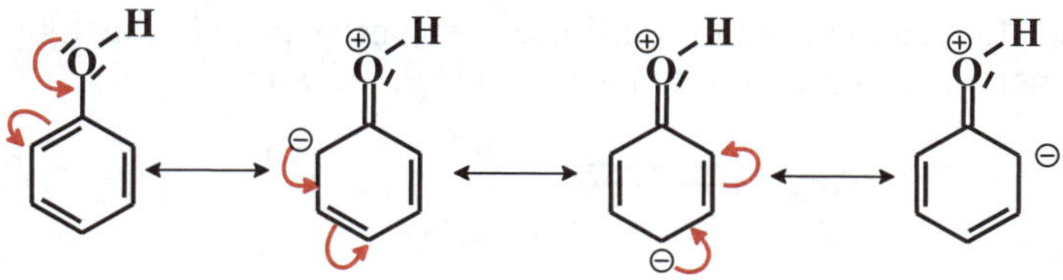

➤ *Benzaldéhyde*

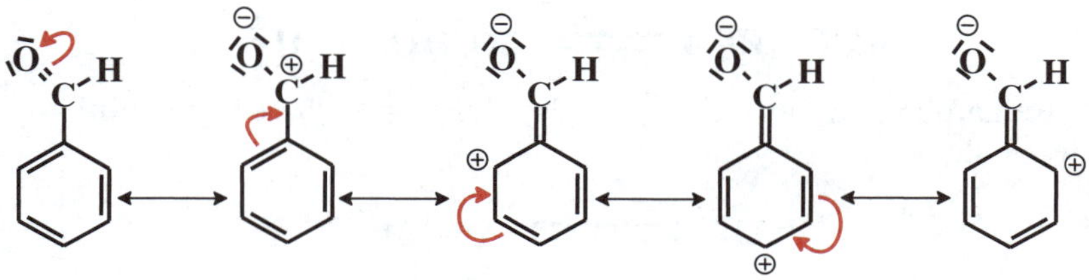

L'examen de ces formes limites montre qu'un **substituant électrodonneur** fixé sur un phényle (cas du phénol) induit des **charges partielles négatives en positions *ortho* et *para*** du substituant, alors qu'un **groupement électroattracteur** sur un phényle (cas du benzaldéhyde) va perturber les **positions *ortho* et *para*** en induisant des **charges partielles positives** sans modifier les positions *méta*.

f) Remarques d'ordre énergétique

1. Il n'y a résonance qu'entre formes limites d'énergie analogue.
2. Entre deux composés, toutes choses étant égales par ailleurs, le composé le plus stable est celui qui a le plus de formes limites.
3. L'effet mésomère l'emporte sur l'effet inducteur.

3.4 QUELQUES APPLICATIONS

a) Forces relatives des acides et des bases — Acides et bases de Bröensted

Principe général

Un **acide** est un composé qui peut céder un proton et une **base** un composé qui peut en gagner.

Quand un acide neutre s'ionise, il donne un anion et un proton H^+. On a donc formation d'une base que l'on appelle base conjuguée de l'acide. La réaction étant équilibrée, cet anion peut à son tour se combiner au proton pour redonner l'acide de départ :

$$\underset{\text{acide}}{AH} \rightleftharpoons \underset{\text{base conjuguée}}{A^{\ominus}} + H^{\oplus} \qquad (1)$$

Par exemple les acides carboxyliques s'ionisent de la manière suivante :

$$RCOOH \rightleftharpoons RCOO^{\ominus} + H^{\oplus}$$

Remarquons qu'un acide peut être lui-même chargé ; l'équilibre s'écrit alors :

$$AH^{\oplus} \rightleftharpoons A + H^{\oplus}$$

C'est le cas des ions ammonium :

$$NH_4^{\oplus} \rightleftharpoons NH_3 + H^{\oplus}$$

La force de l'acide faible est caractérisée par la constante Ka définie par l'équation générale de l'équilibre :

$$K_a = \frac{[A^{\ominus}][H^{\oplus}]}{[AH]}$$

On utilise généralement la grandeur : $\mathbf{pK_a = -\log K_a}$ pour quantifier la force des acides ; plus le pKa est élevé plus l'acide est faible. Avant d'appliquer ces résultats à des exemples de molécules organiques, plusieurs remarques s'imposent :

- D'après la formule (3), un acide **fort** aura une base conjuguée **faible** et, réciproquement, une base **forte** aura un acide conjugué **faible**.
- On écrit toujours l'équilibre dans le sens de l'**acide vers la base**.
- Pour écrire rigoureusement ces équilibres, il faudrait tenir compte du solvant. Par exemple l'équilibre dans l'eau devrait s'écrire :

$$AH + H_2O \rightleftharpoons A^{\ominus} + H_3O^{\oplus}$$

L'eau n'étant pas toujours le solvant, on remplace l'équation précédente par l'équation (1) ci-dessus.

➤ La force de l'acide est liée à la **stabilité de la base conjuguée** — en d'autres termes, plus la base conjuguée A^- est stable, plus l'acide correspondant est fort.

Exemples d'acides

Considérons tout d'abord l'acide éthanoïque (pKa = 4,76) et l'acide chloroéthanoïque (pKa = 2,86). Nous allons expliquer cette différence d'acidité à l'aide des effets inducteurs. On a bien évidemment les équilibres :

$$\underset{\text{acide éthanoïque}}{H_3C{\rightarrow}COOH} \rightleftharpoons \underset{\text{éthanoate}}{CH_3COO^{\ominus}} + H^{\oplus}$$

$$\underset{\text{acide chloroéthanoïque}}{Cl{\leftarrow}CH_2COOH} \rightleftharpoons \underset{\text{chloroéthanoate}}{ClCH_2COO^{\ominus}} + H^{\oplus}$$

La force de ces deux acides est liée à la stabilisation de leur base conjuguée CH_3–COO^- (ion éthanoate) et $ClCH_2$–COO^- (ion chloroéthanoate). Ce dernier sera le plus stable car l'effet attracteur du chlore diminue la densité de charge négative au niveau du groupement carboxyle stabilisant ainsi l'anion chloroéthanoate. Au contraire, dans le cas de l'acide éthanoïque, l'effet donneur du groupement méthyle augmentera la densité de charge de l'ion éthanoate au niveau du carboxyle en diminuant sa stabilité. On a ainsi donné une explication qualitative, simple, de la différence d'acidité entre les deux acides.

D'une manière plus générale, un **groupement électrodonneur diminue l'acidité d'un acide carboxylique**, alors qu'un **groupement électroattracteur aura tendance à l'augmenter**. Enfin, l'acide éthanoïque étant un acide faible, remarquons que sa base conjuguée qui est l'ion éthanoate est une base relativement forte, alors que l'ion chloroéthanoate est une base relativement faible. Dans l'exemple précédent, seuls intervenaient les effets inducteurs.

Comparons maintenant le phénol (pKa = 9) et l'éthanol qui a un caractère acide beaucoup plus faible (pKa = 18). Pour ces deux composés, les équilibres acido-basiques sont les suivants :

$$C_2H_5OH \rightleftharpoons C_2H_5O^{\ominus} + H^{\oplus}$$

$$PhOH \rightleftharpoons PhO^{\ominus} + H^{\oplus}$$

L'ion éthanolate $C_2H_5O^-$ n'a qu'une seule forme limite alors que l'ion phénate PhO^- en possède quatre :

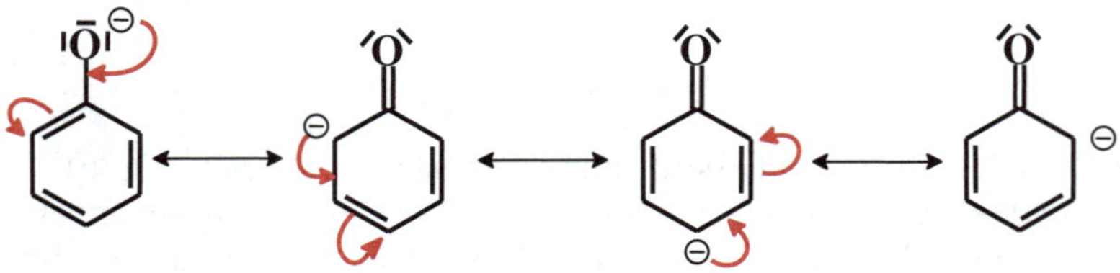

L'ion phénate présentant plus de formes limites que l'ion éthanolate, il est beaucoup plus stable ; par conséquent le phénol sera plus acide que l'éthanol et l'éthanolate plus basique que le phénate. De la même manière, en comptant le nombre de formes limites, on pourrait montrer que le 4-nitrophénol (pKa = 7,15) est plus acide que le phénol (pKa = 9).

Exemples de bases

Le caractère basique d'un composé provient comme nous l'avons mentionné plus haut de l'aptitude de ce composé à fixer un proton. Ce proton se fixera sur un doublet libre. Ainsi pour l'ammoniac on a l'équilibre :

$$\underset{\text{ammonium}}{NH_4^{\oplus}} \rightleftharpoons \underset{\text{ammoniac}}{\bar{N}H_3} + H^{\oplus}$$

L'ion ammonium NH_4^+ est l'acide conjugué de l'ammoniac[a]. Ce dernier en raison du doublet de l'azote, pourra fixer un proton et aura ainsi un caractère basique (pKa = 9,2). Prenons maintenant l'exemple de la diméthylamine $(CH_3)_2NH$. Celle-ci a un pKa de 10,8 ; elle est donc plus basique que l'ammoniac. On a l'équilibre :

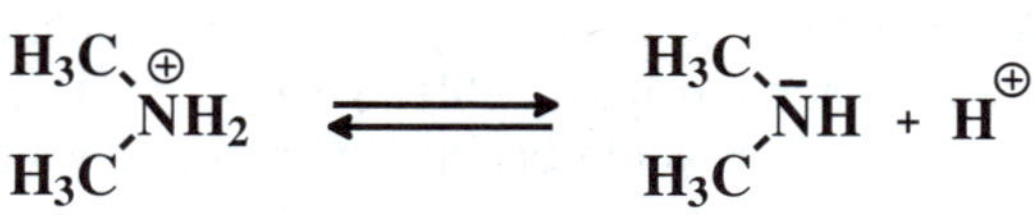

La densité de charge au niveau du doublet de l'azote de la diméthylamine est augmentée par rapport à celle de l'ammoniac en raison de l'effet donneur des groupements méthyles et la force de la base sera ainsi augmentée.

Les amines aromatiques, quant à elles, seront **sensiblement moins basiques** que les amines aliphatiques en raison de la délocalisation du doublet de l'azote sur le groupement phényle. Prenons l'exemple de l'aniline Ph–NH_2 dont le pKa a pour valeur 4,6. Pour cette amine on a l'équilibre habituel :

$$\text{Ph}-\overset{\oplus}{\text{N}}\text{H}_3 \rightleftharpoons \text{Ph}-\overline{\text{N}}\text{H}_2 + \text{H}^{\oplus}$$

L'écriture des formes limites de l'aniline conduit à :

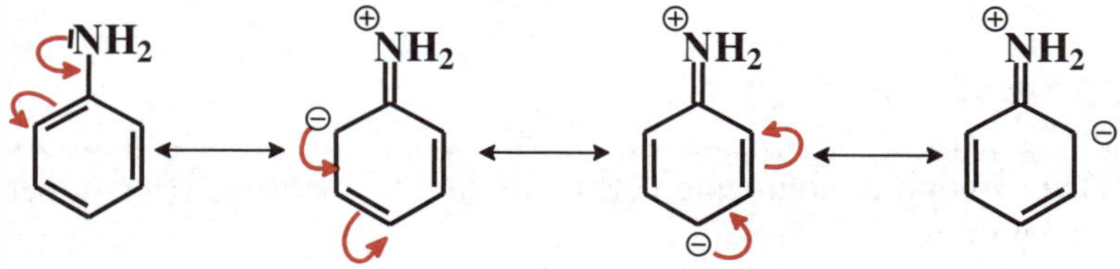

L'analyse de ces structures montre une délocalisation du doublet libre de l'azote donc une diminution de sa densité électronique impliquant un caractère basique plus faible.

Remarquons que les effets électroniques jouent un rôle primordial quant au pKa, d'autres facteurs peuvent intervenir tels que le **solvant**, l'**encombrement stérique** ou encore l'intervention de **liaisons hydrogène**.

a. Rappelons une fois encore que, conventionnellement, un équilibre acido-basique s'écrit avec la forme acide à gauche.

b) Forces relatives des acides et des bases — Acides et bases de Lewis

Lewis a généralisé le phénomène en donnant une définition plus étendue de la notion d'acide et de base de la manière suivante :

Un acide est un accepteur d'électrons alors qu'une base est un donneur d'électrons.

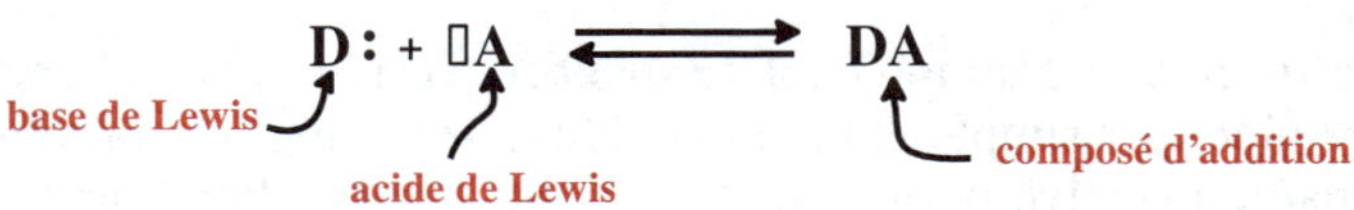

Parmi les acides de Lewis les plus courants, figurent le chlorure d'aluminium ($AlCl_3$), le chlorure de fer III ($FeCl_3$), le chlorure d'étain ($SnCl_4$), le chlorure de zinc ($ZnCl_2$) ou encore le fluorure de bore (BF_3). Les bases de Lewis sont les donneurs de doublets comme les amines (R_3N) ou les phosphines (R_3P).

Exemple :

c) Tautomérie

> Deux composés sont tautomères s'ils sont isomères de structure et en équilibre.

Quand une tautomérie résulte du déplacement d'un proton (ce qui est le cas le plus fréquent) on parle de **prototropie**. L'exemple le plus connu de tautomérie est l'**équilibre céto-énolique**. Dans le cas d'une cétone (ou d'un aldéhyde) possédant un atome d'hydrogène sur le carbone situé en position α par rapport au groupement carbonyle, différentes méthodes spectroscopiques ont montré que l'on pouvait observer l'équilibre :

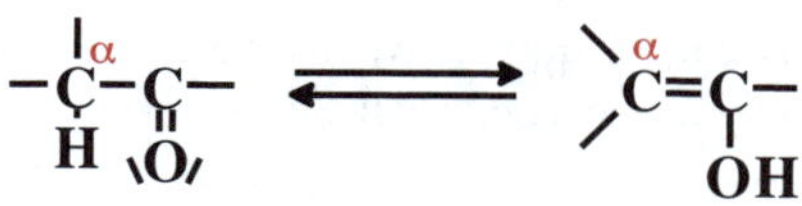

Ce phénomène peut s'expliquer simplement. En effet, le groupement cabonyle C=O étant attracteur, le proton Hα a un caractère acide :

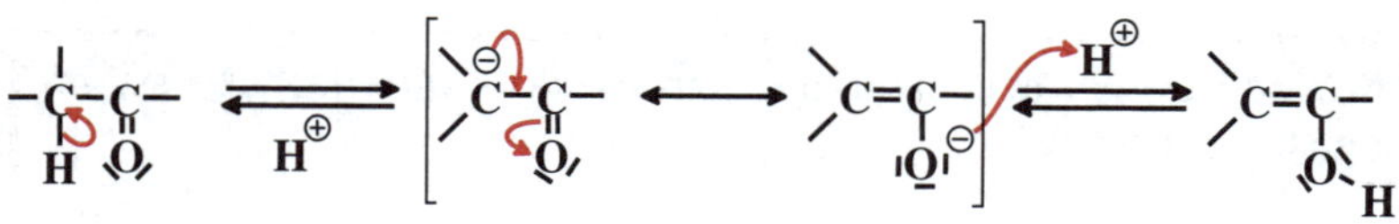

composé carbonylé énolate énol

On a formation d'un ion énolate stabilisé par résonance ; l'énol se formera alors par simple attraction coulombienne entre le proton H^+ et la charge négative portée par l'oxygène. Cet équilibre sur lequel nous reviendrons est extrêmement sensible à différents paramètres tels que le pH, la polarité du solvant ou encore la nature du composé carbonylé. Ainsi, en milieu neutre, un composé monocarbonylé aliphatique s'énolise très peu. Pour l'acétone on a environ 0,00025 % de forme énolique :

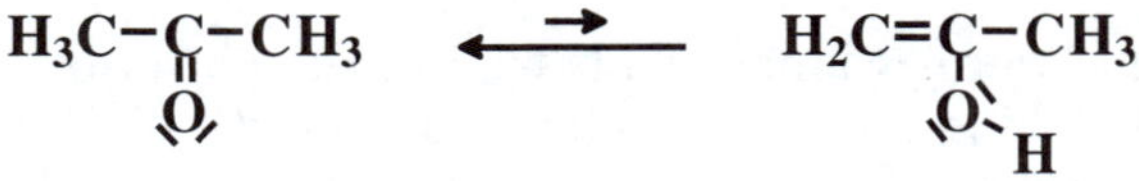

Par contre pour une dicétone telle que l'acétylacétone le taux de forme énolique peut être de l'ordre de 80 % en raison de l'apparition de liaisons hydrogène intramoléculaires qui stabilisent le système :

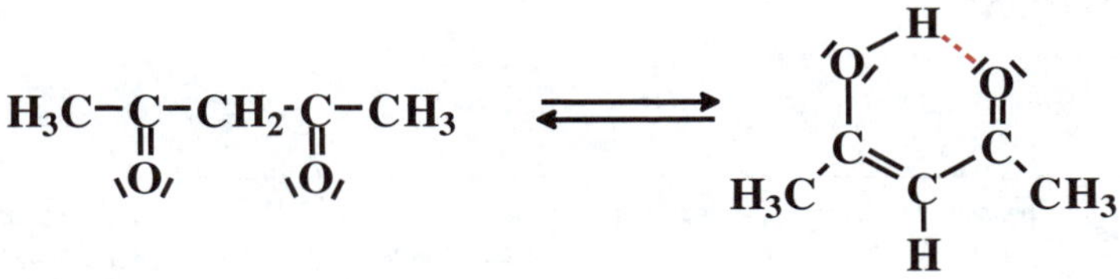

acétylacétone **forme énolique**

POINTS-CLEFS

- Deux effets servent à décrire la répartition des densités de charges : les effets inducteurs et les effets mésomères.
- L'effet inducteur s'applique aux liaisons σ.
- L'effet mésomère aux liaisons π, π conjugués et aux doublets.
- Ces effets nous permettent de comprendre les forces relatives de plusieurs acides ainsi que la tautomérie

EXERCICES

3.1 On donne les acides pentanoïque, méthylpropanoïque, éthanoïque, chloroéthanoïque, iodoéthanoïque, bromoéthanoïque, dichloroéthanoïque ainsi que les pKa : 4,86 ; 4,82 ; 4,76 ; 3,16 ; 2,90 ; 2,86 ; 1,29. En vous basant sur la théorie des effets électroniques, attribuez un pKa à chaque acide.

3.2 Classer en le justifiant les composés suivants par acidité croissante : phénol, 4-méthoxyphénol, phénylméthanol.

3.3 Soit la cétone Ph–CO–CH(CH_3)(C_2H_5) de configuration R. Mis en solution, ce composé finit par se racémiser. Pourquoi ?

3.4 Écrire les formes limites du but-1,3-diène. En se souvenant que l'acide chlorhydrique en solution forme des ions H^+ et Cl^- en déduire la structure des produits obtenus par action de l'acide chlorhydrique sur ce diène.

SOLUTIONS

3.1

acide	penta-noïque	Méthyl propanoïque	étha-noïque	chloro éthanoïque	iodo éthanoïque	bromo éthanoïque	dichloro éthanoïque
pKa	4,82	4,86	4,76	2,86	3,16	2,90	1,29

3.2 phénylméthanol < 4-méthoxyphénol < phénol.

3.3 La forme énol est plane donc symétrique, par conséquent le proton lors du retour à la forme cétone se fixera sur le Cα indifféremment sur l'une des deux faces de l'énol.

3.4

L'addition d'HCl mène aux deux composés : $H_2C{=}CH{-}CClH{-}CH_3$ et $H_2CCl{-}CH{=}CH{-}CH_3$.

CHAPITRE 4

Méthodes spectroscopiques d'analyse des structures

PLAN

OBJECTIFS

➤ Connaître les quatre méthodes spectroscopiques les plus couramment utilisées
- l'ultraviolet-visible (UV-Vis.)
- l'infrarouge (IR)
- la résonance magnétique nucléaire (RMN)
- la spectrométrie de masse (SM).

4.1 LE SPECTRE ÉLECTROMAGNÉTIQUE

Avant de présenter les méthodes spectroscopiques de détermination de structure, il est utile de faire un rappel succinct sur les notions d'énergie, d'onde et de lumière.

Rappelons qu'à une radiation correspond une fréquence ν liée à son énergie par la relation de Planck : $E = \mathrm{h}\nu$ où h est la constante de Planck ($\mathrm{h} = 6{,}624 \cdot 10^{-34}$ J·s^{-1}). Par ailleurs sachant qu'une onde qui se propage à la vitesse de la lumière c ($\mathrm{c} = 2{,}998 \cdot 10^{8}$ m·s^{-1}) voit sa longueur d'onde λ reliée à la fréquence par la relation $\lambda = \mathrm{c}/\nu$, on en déduit la relation : $E = \mathrm{hc}\bar{\nu}$ ($\bar{\nu} = 1/\lambda$ est appelé « **nombre d'onde** »). On voit clairement sur cette relation qu'aux **grandes longueurs d'ondes** correspondent de **faibles énergies** et réciproquement.

Le spectre électromagnétique décrit le type de radiation en fonction de l'énergie (ou de la longueur d'onde) (*fig. 4.1*).

	Rayon X	UV	Visible	Infra rouge		Micro-ondes	Ondes radio
λ (nm)	10	400	800	2500	10000		10^9
λ (μ)	0,01	0,4	0,8	2,5	10		10^6
$\bar{\nu}$ (cm^{-1})	10^6	25000	12500	4000	1000		0,01

Figure 4.1 Le spectre électromagnétique.

4.2 LA SPECTROSCOPIE ULTRAVIOLET-VISIBLE

a) Principe

Cette méthode consiste à étudier l'excitation d'une molécule soumise à un rayonnement UV-visible. L'organicien utilisera en général le domaine compris entre 175 nm et 800 nm c'est-à-dire le proche ultraviolet et le visible (énergies variant de 630 $kJ \cdot mol^{-1}$ à 2 520 $kJ \cdot mol^{-1}$). Considérons (*fig. 4.2*) deux niveaux d'énergie $\mathbf{E_1}$ et $\mathbf{E_2}$ d'une molécule (par exemple π et π*).

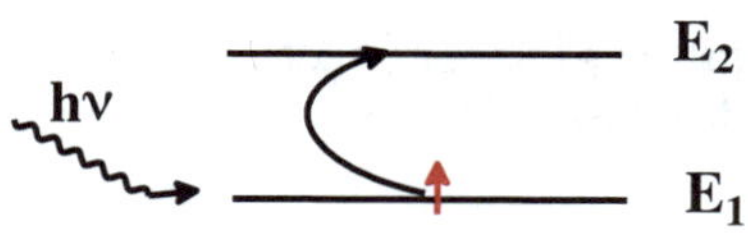

Figure 4.2 Principe de la spectroscopie UV-visible.

Supposons un électron dans son état fondamental c'est-à-dire occupant le niveau E_1 de plus basse énergie. Irradions cette molécule avec un rayonnement d'énergie $E = h\nu$. Pour une longueur d'onde donnée λ_{1-2} correspondant à une fréquence ν_{1-2} l'énergie envoyée sur cette molécule correspond exactement à la différence $\Delta E = E_2 - E_1$. L'électron passera alors du niveau E_1 au niveau E_2 par absorption d'un photon. On dira que l'on a une transition électronique. On a alors :

$$\Delta E = h\nu_{1-2} \text{ soit } \lambda_{1-2} = hc/\Delta E$$

La théorie montre que les principales transitions autorisées sont :

$$\sigma \longrightarrow \sigma^*$$
$$n \longrightarrow \sigma^*$$
$$\pi \longrightarrow \pi^*$$
$$n \longrightarrow \pi^*$$

En fait seules les deux dernières transitions seront observées avec les spectrophotomètres usuels.

b) Comment se présente un spectre UV-visible ?

Un spectre est une représentation de l'absorption en fonction de la longueur d'onde (ou du nombre d'onde ou de l'énergie).

D'après ce qui a été décrit précédemment, on s'attendrait à observer un simple signal à la longueur d'onde d'absorption. En fait un spectre UV ou visible dans sa forme la plus simple est une courbe proche d'une gaussienne (*fig. 4.3*).

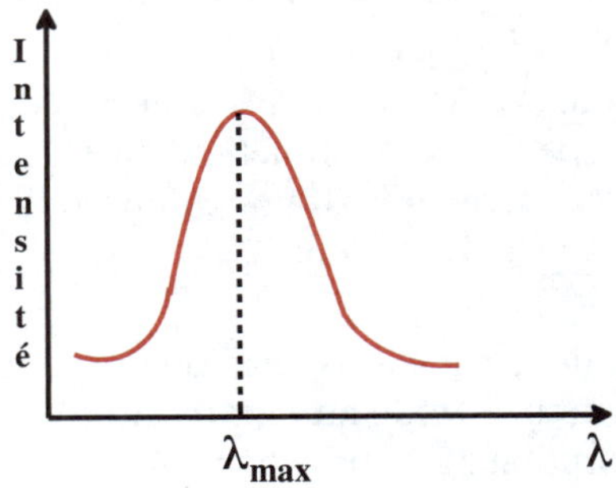

Figure 4.3 Spectre UV-visible typique.

Ce spectre présente donc un maximum d'absorption à la longueur d'onde considérée notée λ_{max} caractéristique d'une transition dans une molécule donnée. Ce phénomène est lié aux vibrations des liaisons de la molécule qui font que la valeur de la différence d'énergie ΔE (*fig. 4.2*) n'est pas fixe mais *oscille autour d'une valeur moyenne* de la longueur d'onde.

Reste à savoir *comment mesurer l'intensité de l'absorption.* À cet effet considérons (*fig. 4.4*) une cuve en quartz (donc transparente aux rayons ultraviolets) de longueur *l* traversée par un rayonnement de longueur d'onde λ et d'intensité I_o. Introduisons dans cette cuve un composé en solution. Soit *c* la valeur de sa concentration.

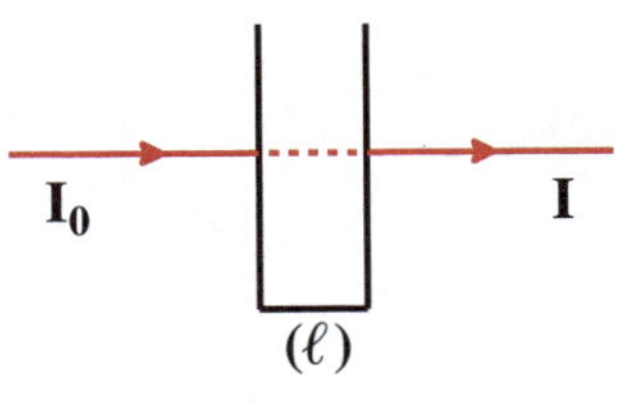

Figure 4.4 Principe de l'absorption d'un rayonnement UV ou visible.

S'il n'y a pas absorption à la longueur d'onde considérée, le rayon lumineux sortira de la cuve avec la même intensité. Si par contre il y a absorption, l'intensité du rayonnement transmis sera I avec $I < I_o$. On définit alors la **transmittance** par la relation : $T = I/I_0$ et l'**absorbance** (appelée encore **densité optique**) par la relation :

$$A = \log I_o/I = \log 1/T.$$

On a la loi de Beer-Lambert qui indique :

À une longueur d'onde donnée l'absorbance est proportionnelle à la longueur de la cuve et à la concentration en soluté.

$$\mathbf{A_\lambda = \varepsilon_\lambda} \boldsymbol{lc}$$

où l est la longueur le la cuve en cm, c la concentration en composé en $mol{\cdot}L^{-1}$ et ε_λ le coefficient d'extinction qui est un coefficient de proportionnalité caractéristique d'un composé à une longueur d'onde donnée dans un solvant donné.

Un composé sera donc caractérisé par deux valeurs de son spectre UV-visible ; sa **longueur d'onde au maximum d'absorption** λ_{max} et le **coefficient** d'absorption ε_{max} correspondant.

c) Application de la spectroscopie UV-visible en chimie organique

Comme nous l'avons mentionné, les transitions que l'on observe usuellement sont principalement les transitions $\pi \rightarrow \pi*$ et $n \rightarrow \pi*$. La spectroscopie UV-visible permettra donc de déceler des nuages π. Un nuage π responsable de l'absorption porte le nom de **chromophore**. Par ailleurs la conjugaison (donc le nombre de formes limites) diminue l'énergie de transition électronique donc toutes autres choses étant égales par ailleurs plus la molécule est conjuguée, plus les maxima d'absorption sont déplacés vers les grandes longueurs d'ondes. Ce phénomène porte le nom d'**effet bathochrome**. Nous indiquons quelques exemples sur le *tableau 4.1*.

Tableau 4.1 Exemples de transitions UV-Visible.

Chromophores	Exemples	Transitions	λ_{max} (nm)	ε_{max} ($mol^{-1}.L.cm^{-1}$)
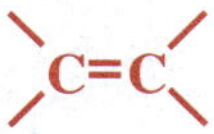	éthène	$\pi \rightarrow \pi^*$	165	10000
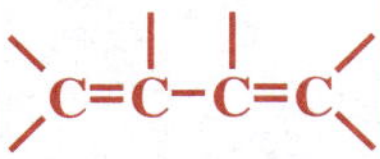	but-1,3-diène	$\pi \rightarrow \pi^*$	217	20900
	benzène	$\pi \rightarrow \pi^*$ $\pi \rightarrow \pi^*$	200 255	8000 215
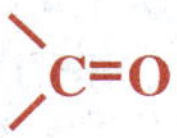	acétone	$\pi \rightarrow \pi^*$ $\pi \rightarrow \pi^*$	173 279	900 15
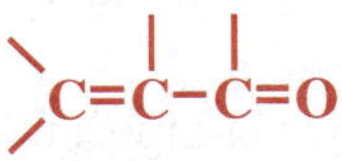	acroléine (prop-2-én-1-one)	$\pi \rightarrow \pi^*$ $\pi \rightarrow \pi^*$	210 315	25500 14
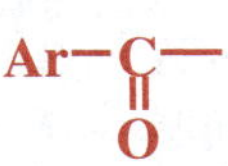	acétophénone (PhCOPh)	$\pi \rightarrow \pi^*$ $\pi \rightarrow \pi^*$ $\pi \rightarrow \pi^*$	240 278 319	13000 11000 50

Sur la *figure 4.5* nous avons représenté quelques spectres qui montrent clairement que l'effet bathochrome est lié à la conjugaison.

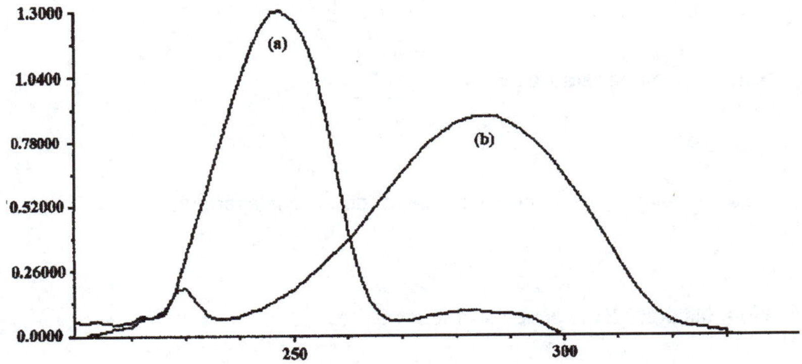

Figure 4.5 Exemples de spectres UV. **(a)** Benzaldéhyde (Ph-CHO), **(b)** Cinnamaldéhyde (Ph–CH=CH–CHO).

En outre, la spectroscopie UV-visible apporte une aide précieuse pour l'étude **cinétique des réactions** (étude de la disparition ou de l'apparition d'un composé en fonction du temps au cours d'une réaction). En effet l'absorbance étant proportionnelle à la concentration il est aisé en se plaçant à une longueur d'onde fixe de suivre son évolution en fonction du temps au cours d'une réaction même avec de très faibles concentrations en réactifs.

4.3 LA SPECTROSCOPIE INFRAROUGE (IR)

a) Principe

L'énergie infrarouge (produite, par exemple, par un filament incandescent) se situe pour les spectres utilisés habituellement par les organiciens entre 20 µm et 2,5 µm ou en mesurant en nombre d'onde entre 500 cm^{-1} et 4 000 cm^{-1} ce qui correspond à des énergies situées autour de 30 $kJ \cdot mol^{-1}$. Une telle énergie ne sera pas suffisante pour permettre une transition électronique comme en spectroscopie UV-visible, mais un balayage entre ces longueurs d'onde va agir sur la vibration et la rotation des molécules.

Les molécules ne sont pas rigides et les atomes qui les composent peuvent vibrer les uns par rapport aux autres en constituant des vibrateurs. L'image classique est un ressort qui relie les atomes A et B de masse respective m_A et m_B d'une molécule A–B. Si on appelle k la constante de rappel de ce « ressort », la fréquence ν est alors donnée par la loi classique de Hooke démontrée dans les cours de physique élémentaire :

$$\nu = \frac{1}{2\pi}\sqrt{\frac{k}{M}}$$

où *M* est la **masse réduite** telle que :

$$\frac{1}{M} = \frac{1}{m_A} + \frac{1}{m_B}$$

En se souvenant que le nombre d'onde est donné par la formule :

$$\bar{\nu} = \frac{1}{\lambda} = \frac{\nu}{c}$$

la formule précédente peut également s'écrire :

$$\bar{\nu} = \frac{1}{2\pi c}\sqrt{\frac{k}{M}}$$

Au niveau moléculaire, l'énergie de vibration est également quantifiée selon la relation :

$$E_n = (n+1/2)\,h\,\nu \qquad (n \text{ entier})$$

L'excitation des niveaux vibrationnels va consister à irradier une molécule par un rayonnement infrarouge. Pour certaines valeurs de ν (donc de ν* ou de λ) la différence d'énergie sera exactement égale à la valeur $E_n - E_{n+1}$, il y aura donc passage du niveau n au niveau $n + 1$ avec absorption d'un photon.

En spectroscopie infrarouge une longueur d'onde d'absorption va le plus souvent caractériser une fonction.

Il est cependant important de remarquer, et ceci est le résultat de la théorie, qu'une **liaison possédant un moment dipolaire nul ne donnera aucun signal en spectroscopie infrarouge.** Ainsi le dioxygène **O=O** n'aura pas de bandes actives en infrarouge, par contre l'éthène présentera des signaux dus aux liaisons **C–H** mais la double liaison **C=C** ne sera pas active son moment dipolaire étant nul en raison de la symétrie de la molécule.

b) Les types de vibration

Pour une molécule diatomique (CO, HCl...), la seule vibration possible est la **vibration de valence**, c'est-à-dire celle qui a lieu le long de la liaison. Le problème se compliquera dans le cas des molécules polyatomiques (*fig. 4.6*) car aux **vibrations de valence** déjà présentes dans les molécules diatomiques vont s'ajouter des **vibrations de déformation**.

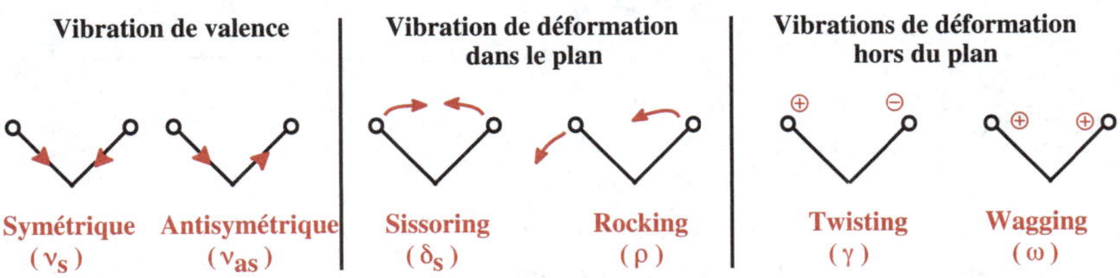

Figure 4.6 Différentes vibrations d'une molécule triatomique.

Les vibrations de déformation nécessitent moins d'énergie que les vibrations de valence.

c) Quelles informations va nous apporter un spectre infrarouge ?

Un spectre infrarouge s'obtient en plaçant l'échantillon dans une cuve généralement en NaCl ou en KBr. Le spectre IR indique en général la transmittance en fonction du nombre d'ondes entre 4 000 et 500 cm^{-1}. Dans la pratique on s'intéressera surtout aux vibrations de valence des liaisons CH, CC, OH, CO, CN ($\bar{\nu} > 1100$ cm^{-1}) qui permettront d'identifier certains groupes fonctionnels. Le domaine de longueur d'onde inférieur à 1100 cm^{-1} présentant un très grand nombre de bandes d'absorption (déformations, valence avec certains éléments) sera utile pour confirmer des résultats mais il sera hors de question d'identifier tous les signaux. C'est pourquoi cette zone porte le nom d'**empreinte digitale** du spectre. Le *tableau 4.2* montre quelques bandes IR représentant des vibrations de valence significatives.

TABLEAU 4.2 QUELQUES VIBRATIONS DE VALENCE IMPORTANTES.

Liaisons	Domaine de fréquence (cm^{-1})	Intensité[a]
—C—H (C tétravalent)	2850-2980	m-f
=C—H	3010-3040 ~3330	m f
—O—H	3550-3450 (OH libre) 3100-3550 (OH lié[c])	m-f
—N—H	3300-3500	m
—C—O—	1000-1260	m
—C—N<	1020-1360	m
>C=C<	1650-1675	fa-m
>C=O [b]	~1660 (amides) 1705-1725(cétone) 1720-1740 (aldéhyde) ~1750 (ester) ~1760 (acide carboxylique)	f f f f f
—C≡C—	2100-2260	fa-m
—C≡N	2200-2400	m

(a) fa = faible, m = moyen, f = forte

(b) les énergies (c'est-à-dire les nombres d'ondes) peuvent être abaissées avec des conjugaisons

(c) engagé dans une liaison hydrogène

Nous avons représenté sur la *figure 4.7* quelques spectres typiques. L'examen de ces spectres montre l'intérêt de la spectroscopie infrarouge pour l'identification des fonctions constitutives d'une molécule organique.

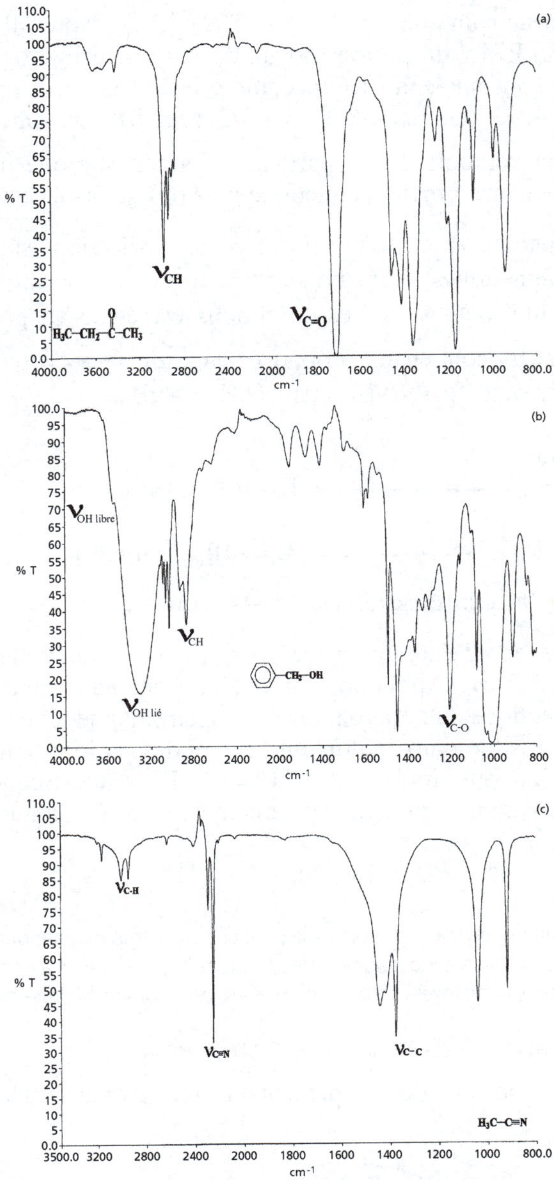

Figure 4.7 Exemples de spectres IR **(a)** d'une cétone, **(b)** d'un composé hydroxylé, **(c)** d'un nitrile.

4.4 RÉSONANCE MAGNÉTIQUE NUCLÉAIRE (RMN)

a) Principe de la RMN

Tout comme l'électron (*chapitre 1*) certains noyaux atomiques peuvent avoir un spin non nul (^1H, ^{13}C, ^{15}N, ^{31}P…). Nous allons nous intéresser à la RMN du proton (noyau de l'atome d'hydrogène). Ce dernier a un spin nucléaire I qui, comme l'électron peut prendre la valeur $I_1 = +1/2$ (état α) ou $I_2 = -1/2$ (état β). Le spin rendant compte de la rotation d'une particule chargée sur elle-même va induire un vecteur moment magnétique m. Appliquons à ce proton un champ magnétique $\vec{B}_0$ et soient $\vec{\mu}_1$ et $\vec{\mu}_2$ les projections sur B_{0*} des moments magnétiques correspondant à I_1 et I_2. On montre que l'énergie induite dans de telles conditions est égale au produit du moment $\vec{\mu}_1$ et $\vec{\mu}_2$ sont égaux et opposés on a $\vec{\mu}_1 = -\vec{\mu}_2 = \vec{\mu}$. On crée donc deux niveaux (fg. 4.8) $E_1 = \mu B_0$ et $E_2 = -\mu B_0$.

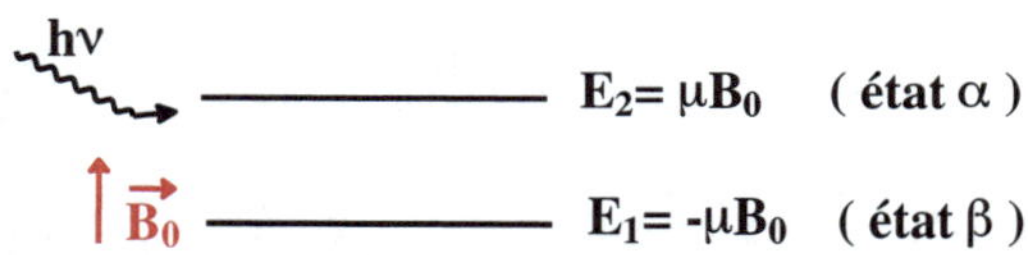

Figure 4.8 Niveaux d'énergie du proton dans un champ magnétique.

La différence d'énergie entre ces deux niveaux est donc $\Delta E = E_2 - E_1 = 2\mu B_o$. Appliquons alors à ce système plongé dans un champ magnétique un rayonnement électromagnétique dont la fréquence ν se situe dans le domaine des ondes radio ν (entre 60 et 700 MHz). L'énergie appliquée est $E = h\nu$. Pour une fréquence ν_o l'énergie du rayonnement sera exactement égale à ΔE on aura donc : $\Delta E = 2\mu B_o$ soit :

$$B_o = h\nu_o/2\mu \qquad (1)$$

Par conséquent pour certaines valeurs de la fréquence à champ magnétique constant ou certaines valeurs du champ magnétique à fréquence constante on a une transition qui se manifeste par une inversion du spin nucléaire de l'atome d'hydrogène.

b) Phénomène du déplacement chimique

Considérons une molécule présentant un atome d'hydrogène (ex. $HCCl_3$).

Appliquons comme précédemment un champ magnétique $\vec{B}_0$ et irradions avec une fréquence ν_0. Le proton H ne va pas ressentir exactement $\vec{B}_0$ mais un champ $\vec{B}$ inférieur à ce dernier en raison de l'écran créé par l'environnement électronique. Plus précisément le champ magnétique ressenti sera $\vec{B}_0$ diminué d'une certaine fraction de $\vec{B}_0$. Soit en valeur algébrique : $B = B_0 - \sigma B_0$ ou encore $B = B_0(1 - \sigma)$. La constante σ porte le nom de constante d'écran. Elle est liée à l'environnement électronique du proton donc à la structure moléculaire. Reste à savoir comment mesurer le phénomène. On utilisera une substance de référence. On prend généralement comme référence le tétraméthylsilane ou TMS de structure $(CH_3)_4Si$. Avec ce composé de référence on aura : $B_{réf} = B_0(1 - \sigma_{réf})$ et pour l'échantillon $B = B_0(1 - \sigma)$. En soustrayant membre à membre ces deux égalités on a :

$$B - B_{réf} = B_0(\sigma_{réf} - \sigma)$$

ce qui équivaut à écrire :

$$\sigma_{réf} - \sigma = \frac{B - B_{réf}}{B_0}$$

Par définition le déplacement chimique est le paramètre δ :

$$\delta = 10^6(\sigma_{réf} - \sigma) = 10^6\frac{B - B_{réf}}{B_0}$$

L'unité de mesure est le ppm ou partie par million. En appelant ν et $\nu_{réf}$ les fréquences de résonance respectives de l'échantillon et de la référence et compte tenu de l'*équation (1)* on peut écrire le déplacement chimique en fonction des fréquences :

$$\delta = 10^6\frac{\nu - \nu_{réf}}{\nu_0}$$

- En général les appareils récents ont une fréquence ν_0 (comprise entre 60 et 700 MHz selon les performances de l'appareil) fixe et c'est le champ magnétique $\vec{B}_0$ qui varie.
- Le déplacement chimique est parfois donné en Hertz (Hz). Le passage des ppm aux Hz se fait par la formule :

$$\delta_{(ppm)} = \frac{\nu_{(Hz)}}{\nu_{0\ (MHz)}}$$

c) Comment se présente un spectre de RMN ?

Nous avons représenté sur la *figure 4.9* le spectre de RMN de l'acide 3,3-diméthylbutanoïque.

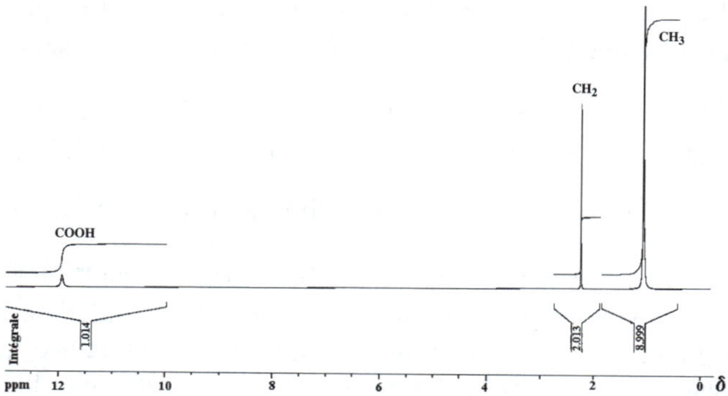

Figure 4.9 Spectre de RMN de l'acide 3,3-diméthylbutanoïque de structure $(CH_3)_3C\text{-}CH_2\text{-}COOH$.

L'examen de cet exemple fait apparaître les éléments suivants :

- en abscisse les déplacements chimiques sont gradués en ppm de droite à gauche ; en RMN du proton on observé une résonance entre – 3 et 13 ppm si on prend pour base le signal des protons du TMS ;
- chaque signal est caractéristique d'un type de proton ;
- les courbes « en escalier » correspondent à l'intégration des signaux précédents et leur hauteur est proportionnelle au nombre de protons.

Un déplacement chimique faible correspond à un champ fort alors qu'un déplacement chimique important correspond à un champ faible.

> Un proton qui résonne vers les champs forts sera dit « blindé » alors qu'un proton qui résonne vers les champs faibles sera dit « déblindé ».

Sur le plan pratique, les spectres seront toujours effectués dans des solvants ne présentant pas d'hydrogène : CCl_4, $CDCl_3$, CD_3OD, CD_2Cl_2…

d) Quels facteurs vont affecter les déplacements chimiques ?

Quelques exemples de déplacements chimiques usuels sont indiqués sur le *tableau 4.3*.

Toutes autres choses étant égales par ailleurs, un proton de type méthyle (CH_3) sera plus blindé qu'un proton méthylène (CH_2) lui-même plus blindé qu'un proton méthine (CH).

TABLEAU 4.3 DÉPLACEMENTS CHIMIQUES DES PRINCIPAUX PROTONS.

Protons	δ (ppm)	Protons	δ (ppm)
H_3C-R	0,8 – 1	$>C=C(H)-R$	4,5 – 6
$R_1-CH_2-R_2$	1,2 – 1,4	$>C=CH_2$	4,5 – 5
$R_1-CH(R_2)-R_3$	1,5 – 2,5	**Aromatiques**	6,0 – 9,0
$H_3C(R)C=C<$	1,5 – 2	$R-C(=O)H$	9,4 – 10
H_3C-Ar	2,1 – 2,5	$Ar-C(=O)H$	9,7 – 10,7
$H_3C-C(=O)-$	2,2 – 2,6	$-C\equiv C-H$	1,8 – 3,1
H_3C-O-R	3,3	$R-C(=O)OH$	10 – 13
$R-CH_2-X$	3,1 – 3,7		

Plusieurs facteurs vont affecter le déplacement chimique :

➤ Un effet électronique attracteur va diminuer les densités électroniques donc déblinder les protons, réciproquement un effet donneur provoque un blindage. Par exemple, les protons d'un groupement méthyle engagés dans un alcane (CH_3-R) résonnent vers 0,9 ppm alors que dans un éther (CH_3-OR) ces mêmes protons donnent un signal aux alentours de 3,3 ppm ;

➤ La présence de liaisons π crée un phénomène d'**anisotropie magnétique**, c'est-à-dire que le nuage π crée un cône fictif appelé **cône d'anisotropie** — les protons se trouvant à l'intérieur de ce cône (*fig. 4.10*) sont blindés (noté **+**) et ceux qui sont à l'extérieur sont déblindés (notés **–**) — ce phénomène explique par exemple qu'un proton arylique est nettement plus déblindé (6 à 8 ppm) qu'un proton alkyle (0,8 à 2,5 ppm) ;

➤ La présence de liaisons hydrogène intermoléculaires dont l'importance est largement fonction de la concentration en substrat implique que les protons engagés dans de telles interactions (–OH, $-NH_2$...) vont résonner sur une très large plage de déplacements chimiques (par exemple OH entre 0,5 et 7,7 ppm et NH_2 entre 1 et 5 ppm).

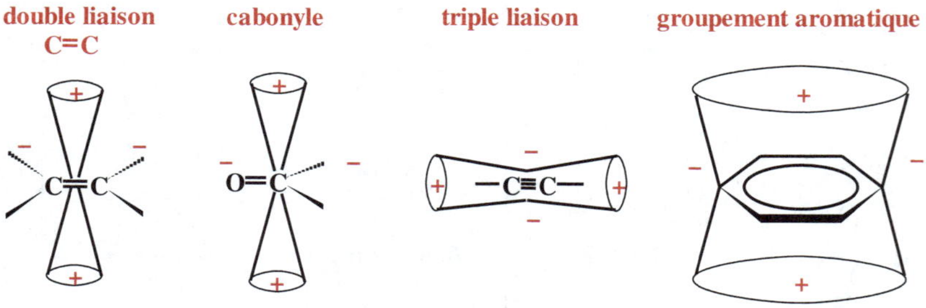

Figure 4.10 Cônes d'anisotropie de quelques nuages π.

e) Le couplage spin-spin

Supposons deux protons non équivalents H_X et H_Y sur deux atomes voisins (*fig. 4.11*) ou sur le même atome. On s'attendrait *a priori* à observer deux signaux. Chaque spin nucléaire se comporte comme un petit aimant induisant un champ magnétique $+\vec{b}$ ou $-\vec{b}$ suivant que le spin nucléaire est dans l'état α ou β. Avec la molécule représentée sur la *figure 4.11* le proton HX sera soumis au champ magnétique extérieur $\vec{B_0}$ diminué de l'effet d'écran σB_0 ainsi qu'aux champs $+\vec{b}$ et $-\vec{b}$ liés aux spins du proton H_Y. Il y aura donc un dédoublement du signal de H_X et il présentera une figure composée de deux raies.

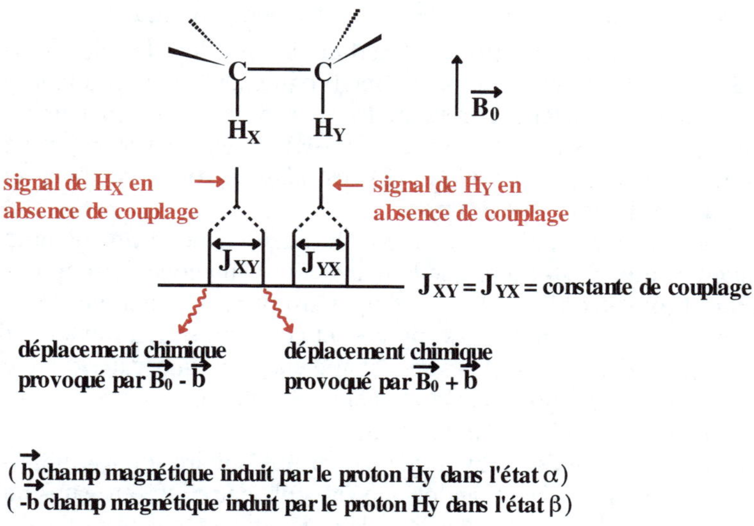

Figure 4.11 Schéma de principe du couplage spin-spin.

Pour les mêmes raisons le signal de H_Y sera dédoublé. La distance entre les deux raies porte le nom de **constante de couplage**. Cette dernière est notée J_{XY} et mesurée en ppm ou plus souvent en Hz. La valeur des constantes de couplage est très sensible à la géométrie relative des protons considérés comme le montre le *tableau 4.4*[1].

TABLEAU 4.4 EXEMPLES DE CONSTANTES DE COUPLAGES.

Protons	J (Hz)	Protons	J (Hz)
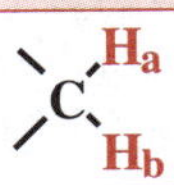	10 – 18	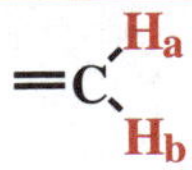	0 – 3,5
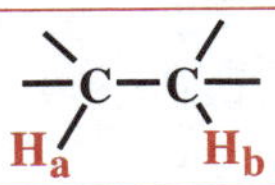	6 – 8	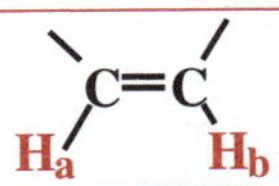	6 – 14
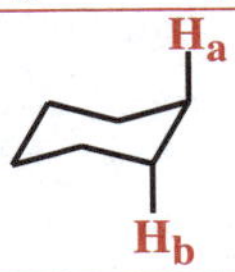	5 – 12	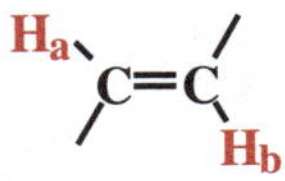	11 – 18
	1 – 5	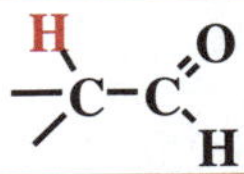	1 – 5
	1 – 5	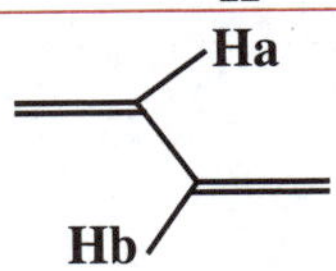	9 – 13

Ce tableau montre clairement que la constante de couplage permet d'appréhender des problèmes de conformations et de configuration. On pourra, par exemple, distinguer un alcène Z d'un alcène E ou déterminer la conformation préférentielle lors de la rotation autour d'une liaison σ. Remarquons que, sauf exception, les couplages usuels s'effectuent sur des protons portés par un même atome ou des atomes voisins.

1. Une discussion plus détaillée des constantes de couplage sera faite en second cycle.

Le problème deviendra sensiblement plus complexe lorsque plus de deux protons sont en interaction. Dans le cas précédent deux protons couplés non équivalents ont impliqué le dédoublement de chacun des signaux de RMN — on dit que l'on a formé des **doublets**. Dans les cas que nous allons examiner maintenant on peut observer des triplements de signaux (triplet) des quadruplements (quadruplet)[1] etc.

Pour se fixer les idées examinons le spectre de RMN du bromoéthane CH_3CH_2Br (*fig. 4.12*).

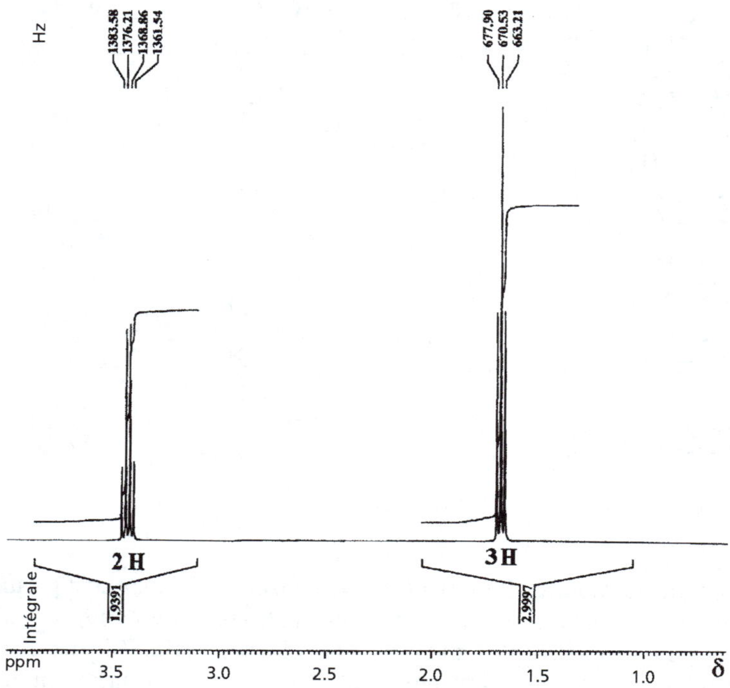

Figure 4.12 Spectre de RMN du bromoéthane (CH_3-CH_2-Br).

L'examen de ce spectre montre un triplet intégrant pour trois hydrogènes à 1,58 ppm ainsi qu'un quadruplet plus déblindé intégrant pour deux protons à 3,24 ppm. Bien évidemment l'intégration montre clairement que le triplet est le signal du groupement méthyle et le quadruplet le signal du méthylène CH_2. Dans ce cas de figure les trois protons équivalents du groupement méthyle vont être

1. Les abréviations conventionnellement utilisées sont **s** (singulet), **d** (doublet), **t** (triplet), **q** (quadruplet), **qui** (quintuplet), …

soumis outre au champ magnétique extérieur $\vec{B}$ aux champs créés par les deux protons du groupement méthylène qui peuvent être dans les états :

αα	(I = 1/2 + 1/2 = 1)
αβ, βα	(I = 1/2 – 1/2 = 0)
ββ	(I = – 1/2 – 1/2 = – 1)

On observera donc un **triplet** avec des intensités relatives de pic dans l'ordre 1, 2, 1.

De même les deux protons équivalents du groupement méthylène vont être soumis aux champs supplémentaires créés par les trois protons du groupement méthyle qui peuvent être dans les états :

ααα	(I = 3/2)
αβα, ααβ, βαα	(I = 1/2)
βαβ, ββα, αββ	(I = – 1/2)
βββ	(I = – 3/2)

Pour ces deux protons on observera un **quadruplet** avec des intensités relatives de pic de 1, 3, 3, 1. Cet exemple a surtout servi à montrer le principe de ces couplages complexes. On peut retrouver les multiplicités des signaux d'une manière simple dans le cas où une analyse au premier ordre est possible (signaux de chaque groupe de protons suffisamment séparés pour qu'il n'y ait pas imbrication).

Supposons que, sur l'atome voisin de droite de l'atome portant les protons dont on cherche la multiplicité du signal RMN, il y ait x protons équivalents et sur celui de gauche y protons équivalents. La multiplicité m est alors donnée par la formule :

$$m = (x + 1)\,(y + 1) \qquad (2)$$

Dans le cas particulier ou les protons x sont équivalents aux protons y la *formule (2)* s'écrira :

$$m = x + y + 1$$

Les hauteurs relatives des signaux de chaque groupe de protons équivalents sont proportionnelles aux coefficients du triangle de Pascal (coefficients du binôme de Newton $(x + y)^n$) :

1 1	doublet
1 2 1	triplet
1 3 3 1	quadruplet
1 4 6 4 1	quintuplet
. . . . . . etc.	

Avec ces règles on retrouve les figures des signaux du **bromoéthane** (*fig. 4 .12*) :

$H_3C—CH_2—Br$

↑ t (sous H_3C) ↑ q (sous CH_2)

ou du **2-chloropropane** (*fig. 4.13*) :

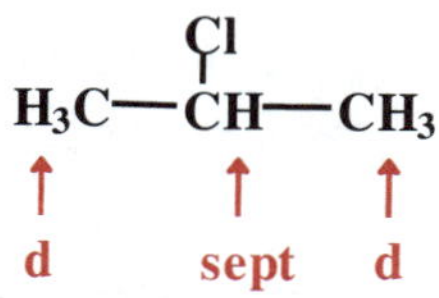

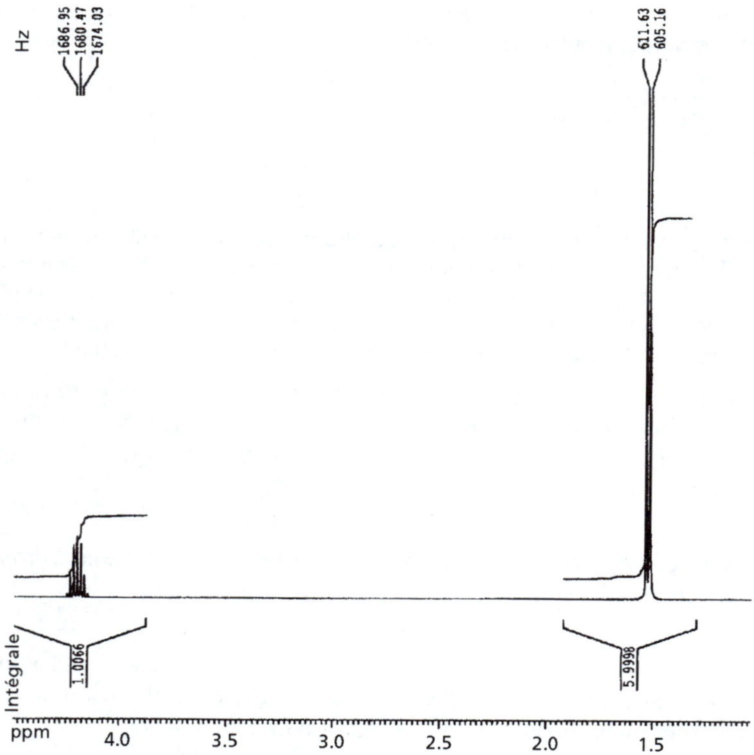

Figure 4.13 Spectre de RMN du 2-chloropropane (CH_3-CHCl-CH_3).

f) Notion de protons échangeables

Prenons le cas d'une molécule présentant un hydrogène à caractère acide. Comme nous l'avons vu précédemment le déplacement chimique de tels protons n'est pas toujours significatif en raison de la présence de liaisons hydrogène.

Nous avons représenté sur la *figure 4.14* le spectre de l'éthanol dans deux solvants différents, le chloroforme deutéré (a) ($CDCl_3$) et l'eau lourde (b) (D_2O).

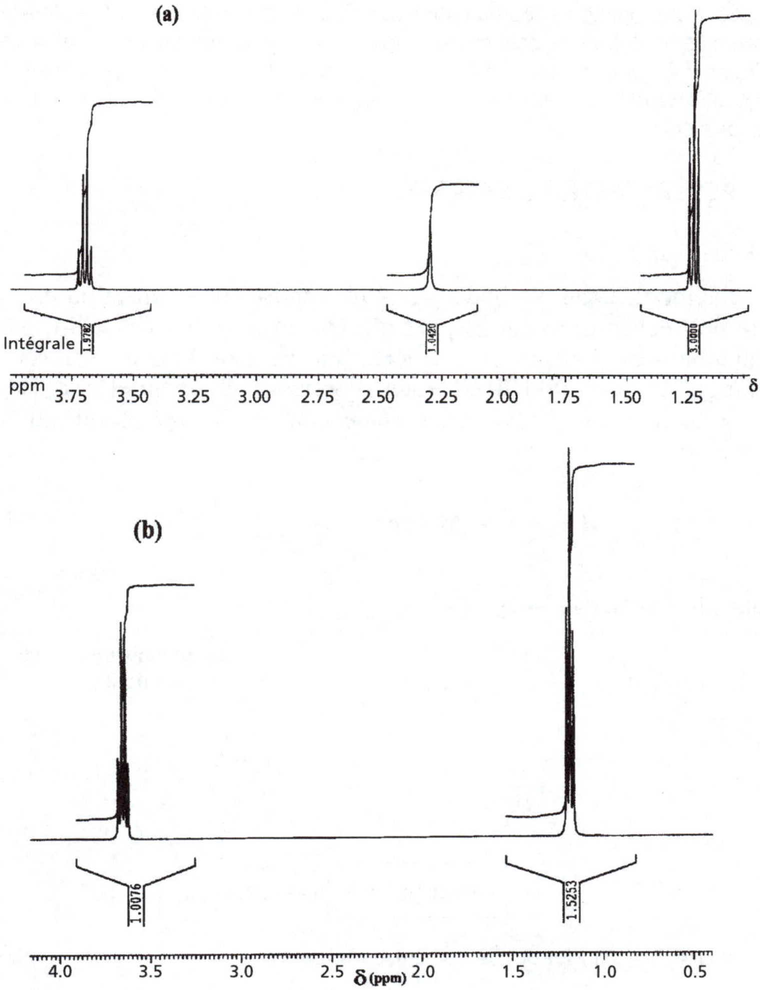

Figure 4.14 Spectre de l'éthanol (a) dans $CDCl_3$ et (b) dans D_2O.

L'étude de ces spectres appelle plusieurs remarques importantes :

- dans le chloroforme deutéré, le proton appartenant au groupe hydroxyle résonne à 2,30 ppm et n'est pas couplé et apparaît sous forme d'un singulet ;
- dans l'eau lourde ce même proton hydroxyle disparaît.

Ces deux faits sont liés au caractère faiblement acide de la fonction alcool :

$$CH_3-CH_2OH \rightleftharpoons CH_3-CH_2O^{\ominus} + H^{\oplus}$$

Même avec un acide faible tel que l'éthanol il y a un équilibre dynamique très rapide de protonation – déprotonation qui fait que dans le chloroforme deutéré le proton de l'hydroxyle ne peut pas se coupler avec les deux protons du CH_2 et de ce fait apparaît comme un singulet. Dans D_2O, compte tenu de l'excès de solvant le proton D^+ va remplacer le proton H^+ du groupement hydroxyle d'où la disparition de son signal.

4.5 SPECTROMÉTRIE DE MASSE

a) Principe

Le principe de cette méthode (*fig. 4.15*) repose sur l'ionisation préalable de l'échantillon par **impact électronique** (IE) c'est-à-dire par bombardement d'électrons accélérés sur l'échantillon à analyser[1]. L'énergie de l'ordre de 70 eV étant supérieure au potentiel d'ionisation de la molécule on aura *l'arrachement d'un électron* et ionisation du composé[2] :

$$\mathbf{M} \longrightarrow \mathbf{M}^{\oplus} + \mathbf{e}^{\ominus}$$

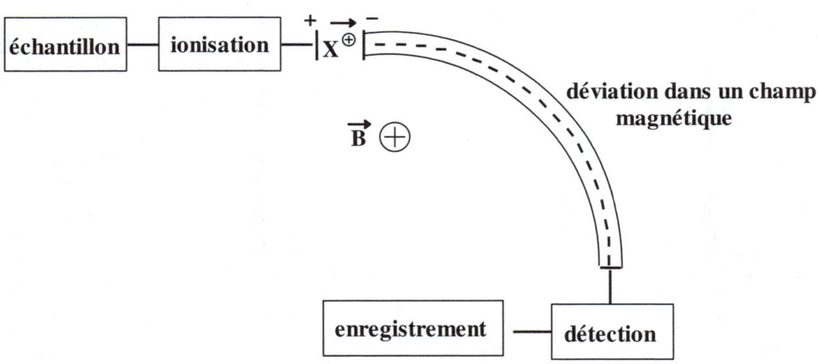

Figure 4.15 Principe du spectromètre de masse.

On a formation d'un radical cation qui peut lui-même se fragmenter en d'autres ions monochargés appelés **ions fragments**. Tous ces ions sont ensuite accélérés par un champ électrique (condensateur) puis déviés dans un champ magnétique. Il est connu (voir cours de physique élémentaire) que dans de telles conditions la particule chargée adopte un mouvement circulaire uniforme dont le rayon est

1. Notons que sur les appareils récents il existe d'autres modes d'ionisations tels que l'ionisation chimique (IE), le bombardement par des atomes rapides sur une matrice (FAB) ou la désorption par laser (MALDI).
2. Il existe également une possibilité d'analyse des ions négatifs créés.

proportionnel à $(m/z)^{1/2}$ où m est la masse de l'ion et z son nombre de charges. La déviation est donc proportionnelle au rapport m/z et c'est la mesure de cette déviation qui permet d'accéder aux masses.

b) Quelles informations obtenir d'un spectre de masse ?

Sur un spectre de masse classique on porte en abscisse les valeurs des rapports masse/charge (m/z) (z = 1 pour une entité monochargée). Et en ordonnée les **abondances relatives** des ions présents.

- On observera en général tout d'abord **la masse M de l'ion moléculaire**. L'examen du spectre montre également des pics de moindre intensité de masse M + 1, M + 2... Ces résultats sont liés à la contribution des isotopes naturels des atomes composant la molécule à analyser présents en plus ou moins grande abondance (^{13}C 1,11 % ; ^{2}H 0,015 % ; ^{18}O 0,20 % ; ^{15}N 0,37 % ; ^{37}Cl 32,5 %). Outre la détermination de la masse moléculaire exacte, la connaissance de ces signaux peut à l'aide de tables (tables de Beynon) permettre d'accéder aux formules brutes.
- La deuxième information accessible par cette méthode est la **masse des ions fragments.** Comme nous l'avons vu précédemment les ions moléculaires se fragmentent et la connaissance des masses des ions résultants permet d'obtenir d'importantes informations structurales. Il arrive même que l'intensité des ions fragments soit plus importante que celle des ions moléculaires. Dans le cadre de cet ouvrage nous n'allons pas indiquer la théorie de toutes les fragmentations. Nous indiquons uniquement sur quelques exemples les coupures les plus courantes. Notons que les ions les plus abondants sont les ions les plus stables (stabilisés par résonance par exemple).
- Chaînes carbonées (formation préférentielle de cations tertiaires)

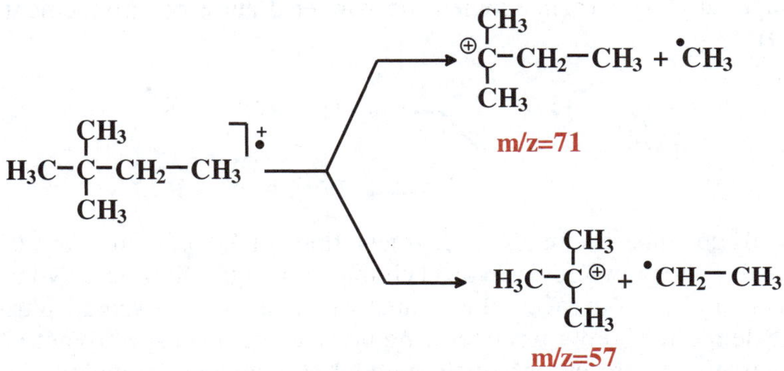

- Doubles liaisons (coupures de type allylique favorisées)

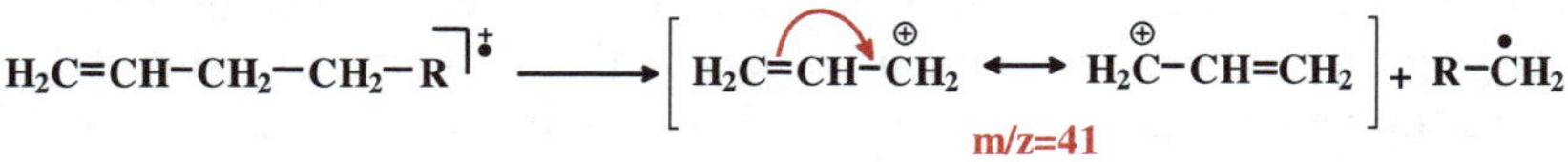

➤ Cycle aromatique à chaîne latérale (la rupture s'effectue préférentiellement sur la liaison située en α–β du cycle pour fournir un benzyle et sans doute un cation tropylium)

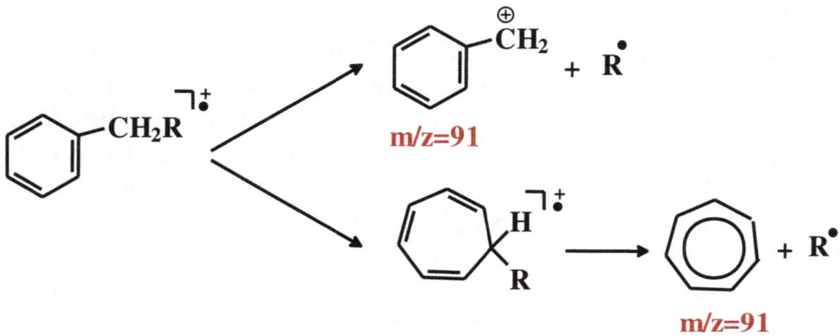

➤ Les liaisons situées en α–β d'un hétéroatome sont rompues fréquemment en laissant un fragment stabilisé par résonance.

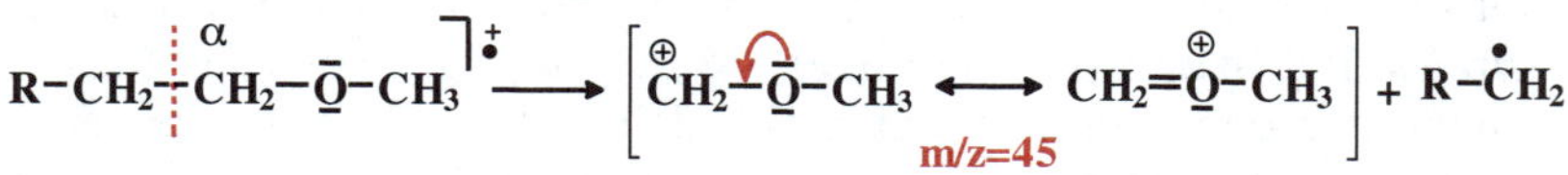

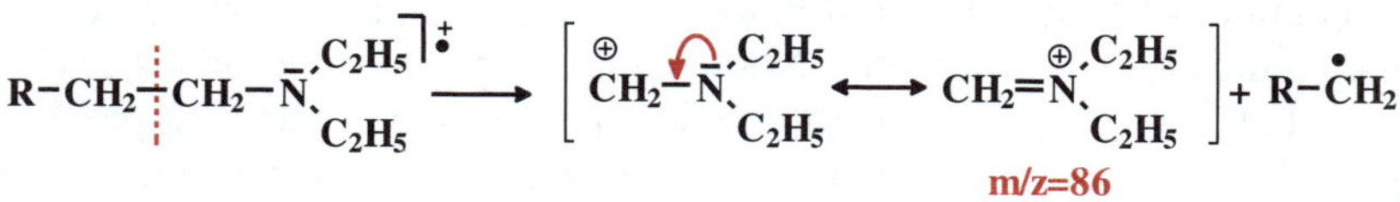

Groupe carbonyle (généralement de part et d'autre du groupement C=O)

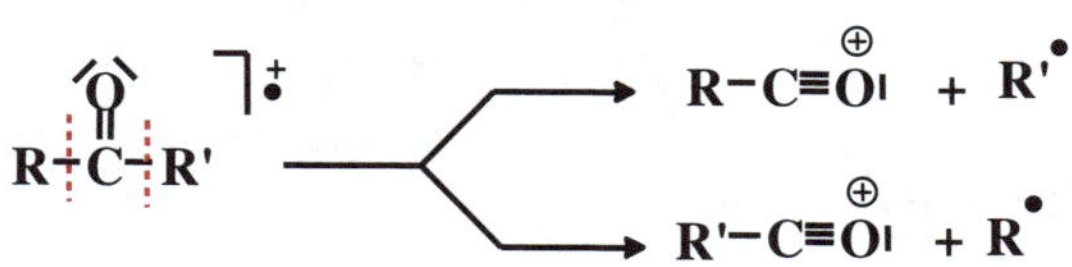

Seuls quelques exemples de fragmentation ont été présentés dans le cadre de cette première étude de la chimie organique. Nous renvoyons le lecteur à des ouvrages plus avancés pour avoir un éventail plus large de ruptures. Pour terminer cette brève étude de la spectrométrie de masse nous présentons sur la *figure 4.16* quelques exemples très simples de spectres afin de montrer la richesse de ce puissant moyen d'investigation des structures organiques.

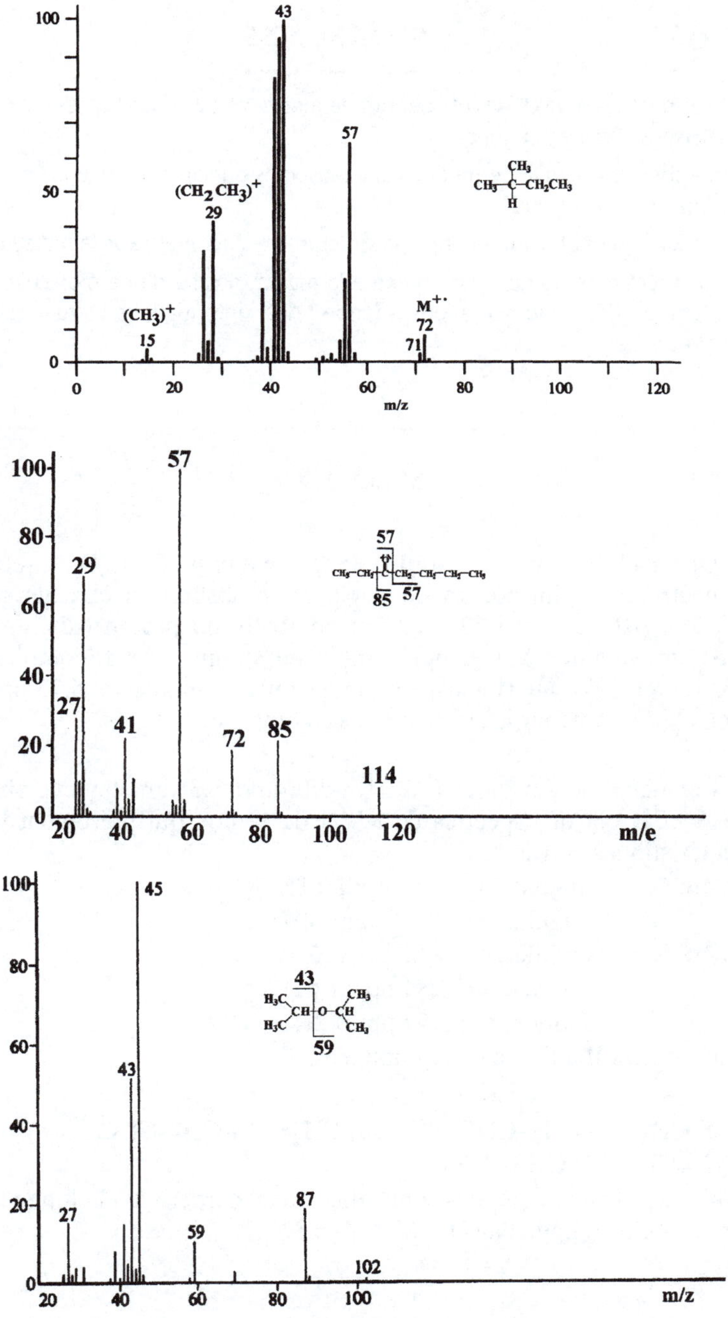

Figure 4.16 Exemples de spectres de masse.

POINTS-CLEFS

- La spectroscopie UV-visible permet de mettre en évidence la présence de liaisons π et π conjuguées.
- La spectroscopie IR permet de caractériser les principales fonctions d'une molécule organique.
- La RMN permet d'appréhender la structure et la géométrie de la molécule.
- La spectrométrie de masse mène à la masse molaire d'une molécule, et l'étude des fragmentations donne des informations structurales précieuses.

EXERCICES

4.1 Une cyclohexenone substituée de formule brute $C_7H_{10}O$ présente en spectroscopie infrarouge deux bandes d'absorption caractéristiques à 1 670 cm^{-1} et 1 620 cm^{-1} et en RMN du proton (référence TMS) un singulet à 1,95 ppm (intensité 3), un massif complexe entre 1,7 et 2,6 ppm (intensité 6) ainsi qu'un singulet à 5,75 ppm (intensité 1). Indiquer la structure de ce composé.

4.2 Les deux stéréoisomères du 1,3-dibromo 1,3 diméthylcyclobutane **A** et **B** ont des spectres de RMN du proton qui présentent les caractéristiques suivantes :

isomère **A** : singulet, $\delta = 2{,}13$ ppm (6H)
singulet, $\delta = 3{,}21$ ppm (4H)
isomère **B** : singulet, $\delta = 1{,}88$ ppm (6H)
doublet, $\delta = 2{,}84$ ppm (2H)
doublet, $\delta = 3{,}54$ ppm (2H)

Identifier **A** et **B** à l'aide de ces données.

4.3 **a)** CH_3–CH=CH–CHO **b)** CH_2=CH–CH_2–CHO
c) CH_2=CH–CH=CH_2–CHO
Parmi ces structures, quelles sont celles qui absorberont à la longueur d'onde la plus longue dans l'UV-visible ?

4.4 Donner la structure de la molécule correspondant au spectre de RMN du proton de la molécule ci-dessous, sachant en outre qu'elle possède en infrarouge une bande intense à 1 720 cm^{-1} et que sa formule brute est C_4H_8O.

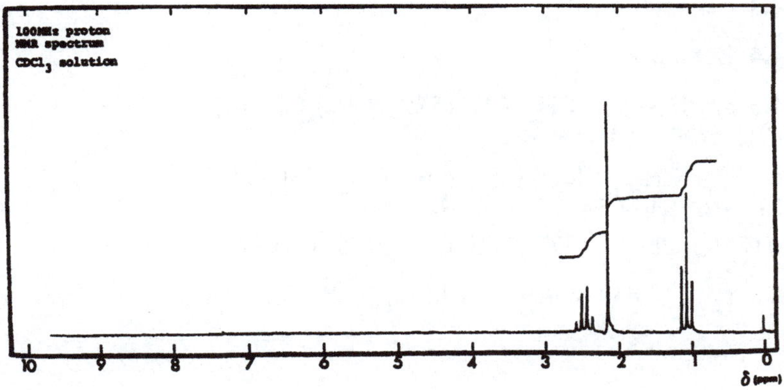

4.5 Attribuer les principales fragmentations des spectres de masse représentés sur la *figure 4.16.*

4.6 Le spectre ultraviolet d'une solution $2{\cdot}10^{-4}$ M de pent-3-ène-2-one présente une absorption à 224 nm correspondant à la transition $\pi \rightarrow \pi^*$ avec une absorbance de 0,97 et une autre bande à 314 nm correspondant à la transition $n \rightarrow \pi^*$ avec une absorbance de 0,004. Calculer les coefficients d'extinction de ces bandes.

SOLUTIONS

4.1 3-méthylcyclo-2-hex-1-one.

4.2 **A** : composé *trans* ; **B** : composé *cis*.

4.3 c > a > b.

4.4 Butanone.

4.5 **a)** $CH_3–CH^+–CH_2–CH_3$ (57) ; $(CH_3)_2CH^+$ (43)
$C_2H_5^+$ (29) ; CH_3^+ (15)
b) $CH_3–(CH_2)_3–C{\equiv}O^+$ (85) ; $CH_3–CH_2–C{\equiv}O^+$ (57) ;
$CH_3–(CH_2)_2–CH_2^+$ (57) ; $C_2H_5^+$ (29)
c) $(CH_3)_2CH–O^+$ (87) ; $(CH_3)_2CHO^+$ (59) ; $(CH_3)_2CH^+$ (43)

4.6 $\varepsilon_{224} = 4\,850\ mol^{-1}{\cdot}L{\cdot}cm^{-1}$; $\varepsilon_{314} = 20\ mol^{-1}{\cdot}L{\cdot}cm^{-1}$.

CHAPITRE 5

Les réactions organiques et les mécanismes réactionnels

OBJECTIFS

- Étudier la transformation d'une molécule par une cause extérieure telle que la température ou un autre réactif
- Expliquer le déroulement de celles-ci au niveau moléculaire.

5.1 GÉNÉRALITÉS SUR LE DÉROULEMENT DES RÉACTIONS ORGANIQUES

a) Définitions

Supposons une réaction hypothétique du type **A + B → C**. Les composées de départ (ici A et B) qui réagissent entre eux portent le nom de **réactifs**, le ou les composés obtenus (ici C) sont les **produits**.

La représentation du déroulement de la réaction entre l'état initial et l'état final du point de vue énergie porte le nom de **trajet réactionnel**.

Lors d'une réaction il arrive parfois que plusieurs produits puissent se former. Deux aspects sont alors à envisager :

- soit il se forme préférentiellement le produit le plus stable, la réaction sera alors dite « **sous contrôle thermodynamique** » ;
- soit la réaction évolue vers le produit apte à se former le plus rapidement, la réaction sera alors « **sous contrôle cinétique** ».

b) Réactions concertées et multi-étapes

Une réaction sera concertée si elle s'effectue en une seule étape entre l'état initial et l'état final.

Considérons comme précédemment la réaction **A + B → C**. Portons l'énergie en fonction de l'avancement de la réaction (*fig. 5.1a*). Le passage de l'état initial à l'état final se fait en passant par un maximum d'énergie appelé **état de transition ET**. La durée de vie de l'état de transition est extrêmement brève (< 10^{-12} secondes) ; on ne peut donc isoler un composé dans un tel état.

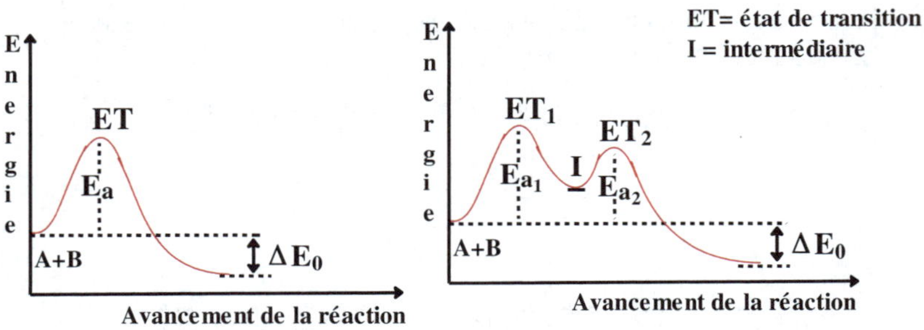

a) réaction concertée. **b) réaction multiétape.**

Figure 5.1 Trajet réactionnel d'une réaction concertée et d'une réaction en deux étapes.

La différence d'énergie ΔE_0 entre l'état initial et l'état final est une grandeur thermodynamique car elle ne dépend que des stabilités relatives des réactifs et des produits.

Pour qu'une réaction soit spontanée il faut que ΔE_0 soit négatif car un système physique a toujours tendance à abaisser son énergie.
E_a, qui représente l'énergie nécessaire pour parvenir à l'état de transition, porte le nom d'**énergie d'activation**.

C'est une grandeur cinétique donc liée à la constante de vitesse de la réaction k par la relation d'Arrhénius[1] $k = Ae^{-E_a/RT}$ (T est la température en kelvins et R la constante des gaz parfaits qui a pour valeur 8,3 $J \cdot K^{-1} \cdot mol^{-1}$). Il découle de cette formule que l'augmentation de l'énergie d'activation implique une diminution de la constante de vitesse. Il se peut que la réaction passe par un intermédiaire d'énergie

1. La cinétique chimique est étudiée dans les livres élémentaires de chimie générale.

supérieure ($\Delta E_0 > 0$) (*fig. 5.1b*). Celui-ci n'est pas stable et il peut évoluer soit vers le produit initial, soit vers le produit final avec un second état de transition. On a alors une **réaction multi-étape**. On a dans le cas de ce schéma deux étapes élémentaires donc deux états de transition. Bien évidemment il peut y avoir plus de deux étapes — pour *n* étapes élémentaires, on a n états de transition.

L'examen du trajet réactionnel de la *figure 5.1b* montre également un minimum relatif d'énergie. Celui-ci correspond à un composé généralement de durée de vie assez limité tout en étant observable voire même isolable ; il porte le nom d'**intermédiaire**. Il est particulièrement important de connaître avec le plus de précision possible sa structure et son énergie car c'est sa stabilité qui va déterminer la nature du (des) produit(s) formé(s) lorsqu'une réaction est sous contrôle cinétique. En d'autres termes :

Lorsque l'on a une réaction sous contrôle cinétique, si deux ou plusieurs intermédiaires peuvent se former, c'est l'intermédiaire le plus stable qui va mener au produit majoritaire[1].

Prenons le cas des réactions catalytiques. Rappelons qu'un **catalyseur** est un composé tel qu'un acide, une base, un complexe métallique ou un enzyme *que l'on ajoute en petite quantité au milieu réactionnel pour que la réaction ait lieu.* Un catalyseur a en général pour effet de diminuer l'énergie du ou des états de transition et donc d'augmenter considérablement la vitesse de la réaction, quitte à augmenter le nombre des étapes (*fig. 5.2*).

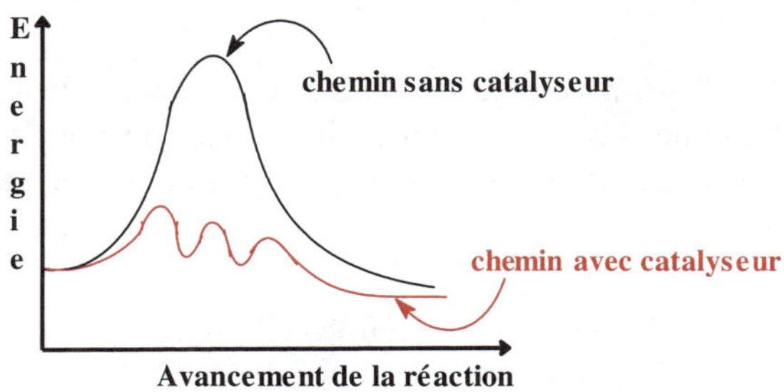

Figure 5.2 Modification du trajet réactionnel lié à la présence d'un catalyseur.

1. On a vu que la cinétique d'une réaction dépendait de son état de transition ; cependant il a été montré qu'au cours d'une réaction la structure de cet état de transition ressemblait fortement à la structure stable la plus proche en énergie (postulat de Hammond).

L'introduction du catalyseur implique plusieurs étapes élémentaires de moindre énergie pour mener aux produits. En conclusion :

Un **état de transition** correspond à un maximum d'énergie ; un **intermédiaire** correspond à un minimum d'énergie.

c) Mécanisme réactionnel

Comprendre une réaction nécessite en toute rigueur la connaissance de nombreux paramètres :

- est-ce une réaction concertée ou multi-étape ?
- quelle est la nature des liaisons rompues et formées ?
- quelles sont les structures des intermédiaires ?
- quel est éventuellement le rôle du catalyseur ?

L'étude d'une partie ou de la totalité de ces paramètres indispensables à la compréhension d'une réaction constitue précisément l'étude du **mécanisme réactionnel**.

5.2 QUELQUES EXEMPLES D'INTERMÉDIAIRES

Nous nous proposons de décrire les intermédiaires réactionnels que nous pourrons être amenés à rencontrer au cours de l'étude des fonctions.

a) Les carbocations

Les **carbocations** sont des intermédiaires possédant une charge positive au niveau d'un atome de carbone.

Le carbone chargé positivement est lié à ses voisins par trois liaisons σ et il comporte une orbitale $2p_z$ vide ; il est par conséquent hybridé sp^2 (*chapitre 2*) et sa structure est plane avec des angles de valence de 120° (*fig. 5.3*).

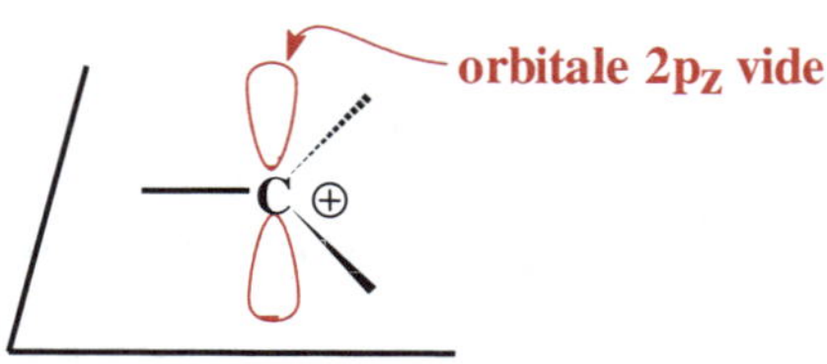

Figure 5.3 Structure du carbocation.

Pour se stabiliser, un carbocation devra combler partiellement son déficit électronique, par conséquent, un effet inductif électrodonneur de ses substituants va le stabiliser et augmenter sa durée de vie. L'ordre de stabilité est donc le suivant :

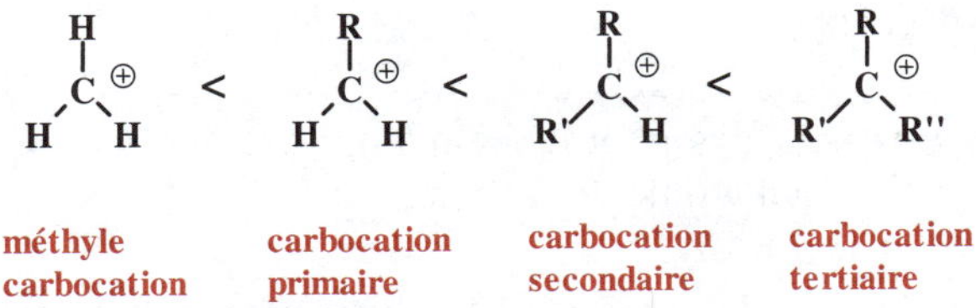

L'effet mésomère l'emportant sur l'effet inducteur (*chapitre 3*) une stabilisation plus importante pourra être obtenue par résonance comme dans le cas du cation allyle :

Il arrive que les carbocations évoluent vers des carbocations plus stables en se réarrangeant :

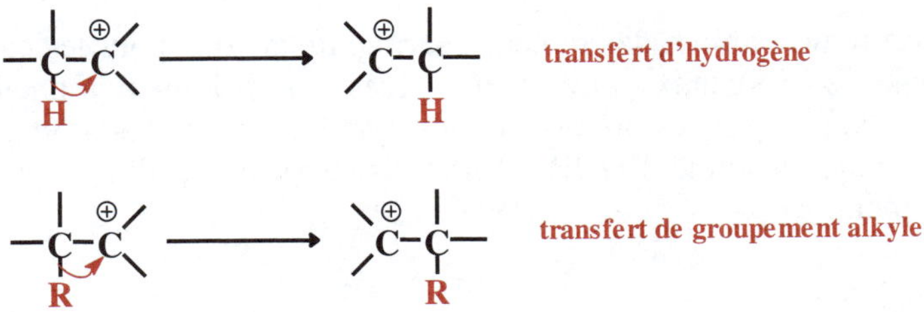

Comme nous le verrons par la suite les carbocations peuvent être créés au cours des réactions de différentes façons. Par exemple, par réaction d'un acide de Lewis sur un dérivé halogéné :

Ou encore par l'intervention d'un solvant protique, c'est-à-dire un solvant contenant dans sa structure un hydrogène mobile comme par exemple les alcools :

Du point de vue réactivité, les carbocations étant des centres déficients en électrons, ils ne pourront réagir que sur des sites à forte densité électronique. On dira qu'un carbocation est un **réactif électrophile**.

b) Les radicaux

Les **radicaux** sont des intermédiaires qui ont un électron célibataire au niveau d'un atome de carbone.

Avec l'orbitale $2p_z$ à demi saturée le carbone portant l'électron célibataire est proche de l'hybridation sp^2 et sa géométrie est quasiment plane (*fig. 5.4*).

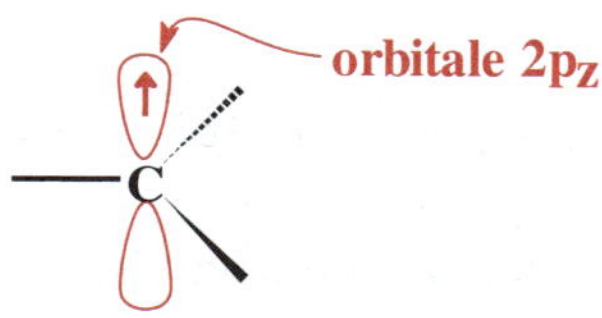

Figure 5.4 Structure du radical.

L'ordre de stabilité des radicaux sera le même que pour les carbocations. Ces radicaux peuvent être créés soit par un rayonnement lumineux, soit par des promoteurs tels que les **peroxydes** (composés de formule générale ROOR). Enfin ils peuvent se dimériser très facilement :

$$2\,R^{\bullet} \longrightarrow R_2$$

c) Les carbanions

Les **carbanions** sont des intermédiaires qui possèdent une charge négative au niveau d'un atome de carbone.

Le carbone portant la charge négative a trois voisins et un doublet n. Il est donc hybridé sp^3 et a une structure **tétraédrique** (*fig. 5.5*).

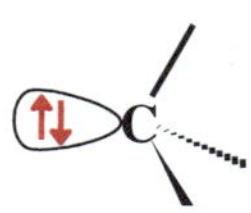

Figure 5.5 Structure du carbanion.

Leur stabilité est particulièrement favorisée par des *effets attracteurs* et comme pour les carbocations une stabilisation plus importante pourra être obtenue par résonance. De tels intermédiaires peuvent se former, par exemple, en introduisant un organolithien (RLi) dans un solvant de type éther tel que le THF[1] :

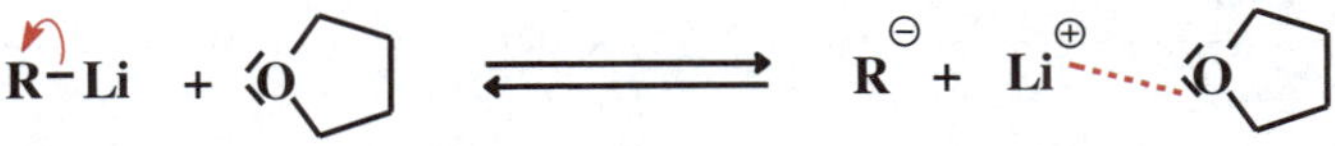

5.3 LES GRANDS TYPES DE RÉACTIONS ORGANIQUES

Pour éviter que la chimie organique ne se réduise à une suite de réactions sans lien les unes avec les autres il a été nécessaire d'effectuer un classement afin de pouvoir appréhender les analogies de comportement. Deux classifications sont classiquement et souvent conjointement utilisées. La première (*tableau 5.1*) est basée sur la *comparaison entre réactifs et produits*, la seconde est basée sur le mécanisme et fait intervenir (*tableau 5.2*) la *nature des ruptures de liaisons.*

TABLEAU 5.1 CLASSIFICATION DES RÉACTIONS BASÉES SUR LA COMPARAISON ENTRE RÉACTIFS ET PRODUITS.

nom	définition	exemples
addition	Une molécule se fixe sur une autre molécule	$H_3C{-}CH{=}CH_2 + Br_2 \rightarrow H_3C{-}CHBr{=}CH_2Br$
substitution	Remplacement d'un atome ou d'un groupement d'atomes par un autre atome ou groupement d'atomes	$CH_4 + Cl_2 \rightarrow CH_3Cl + HCl$ $CH_3I + C_2H_5O^- \rightarrow H_3C{-}O{-}C_2H_5 + I^-$
élimination	Perte de deux atomes ou groupements d'atomes	$H_3C{-}CH_2{-}Br \rightarrow H_2C{=}CH_2 + HBr$
Réarrangement ou transposition	Modification de l'enchaînement des atomes de la chaîne carbonée.	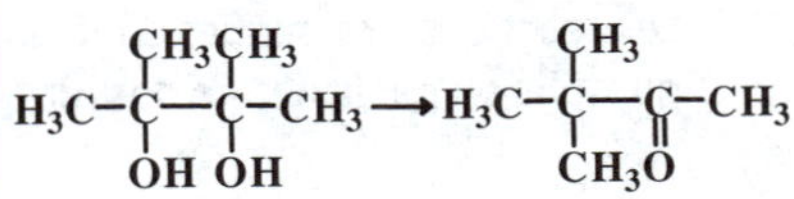

1. THF est l'abréviation de tétrahydrofurane.

TABLEAU 5.2 CLASSIFICATION DES RÉACTIONS BASÉES SUR LE MÉCANISME.

nom	définition	exemples
réaction homolytique ou radicalaire	Réactions où interviennent des radicaux	$CH_4 + Cl_2 \rightarrow CH_3Cl + HCl$
réactions polaires ou ioniques	Réactions où interviennent des carbocations ou des carbanions	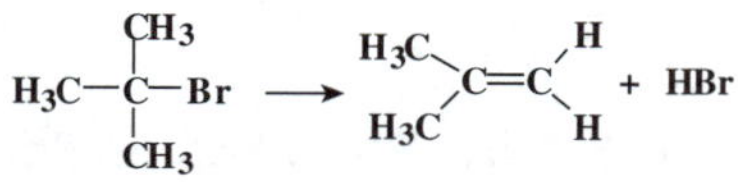 (fait intervenir un carbocation)
réactions isopolaires	Réactions qui font intervenir des entités ni polaires ni radicalaires (en général concertées)	

Ces différentes réactions seront étudiées dans le détail lorsque nous aborderons les fonctions. D'autres éléments de caractérisation des réactions organiques seront donnés dans les chapitres ultérieurs.

POINTS-CLEFS

- On distingue les réactions concertées en une seule étape et les réactions multi-étapes.
- Ces dernières font intervenir des intermédiaires dont la stabilité donne des indications précieuses quant à la direction de la réaction.
- Les principaux intermédiaires sont les carbocations, les radicaux et les carbanions.
- Les réactions organiques sont classées par comparaison entre réactifs et produits ou par la nature des ruptures de liaisons.

EXERCICES

5.1 Comparer la stabilité des carbocations obtenus au cours de la réaction :

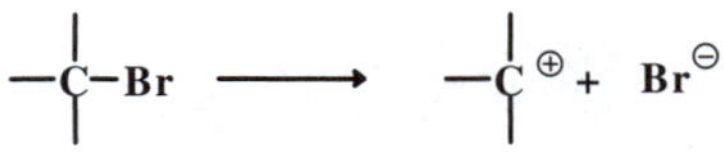

pour les quatre composés suivants :
(a) 2-bromo 2-méthylpropane, **(b)** 3-bromo 1-chloro 3-méthylbutane, **(c)** 2-bromo 3-chloro 2-méthylbutane, **(d)** 3-bromo 3-méthylbut-1-ène.

5.2 Classer les carbanions suivants par ordre de stabilité décroissante :

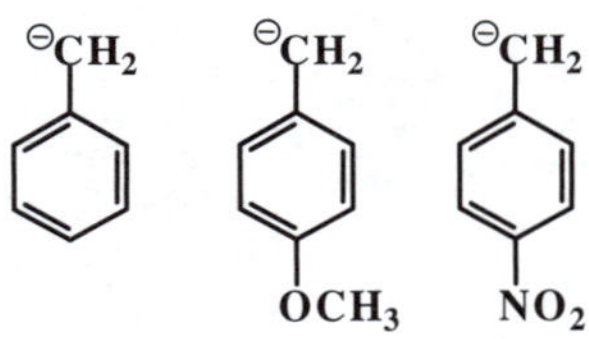

a b c

5.3 Indiquer si les réactions suivantes sont des substitutions, des éliminations, des additions ou des réarrangements :

(a) (b) (c) (d)

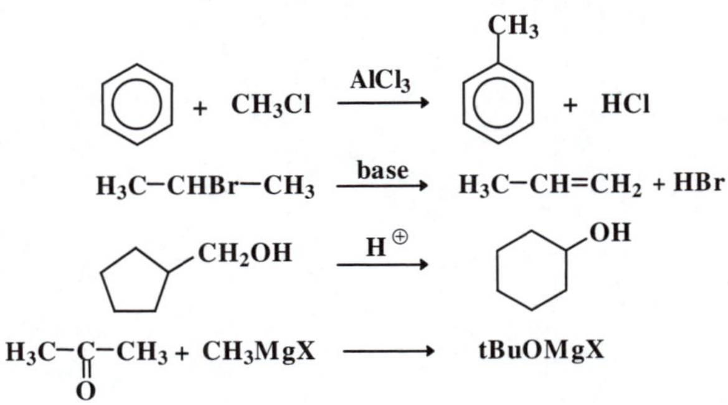

SOLUTIONS

5.1 d > a > b > c

5.2 c > a > b

5.3 **a)** substitution

b) élimination

c) réarrangement

d) addition.

CHAPITRE 6

Les alcanes

PLAN

OBJECTIFS

- ➤ Connaître les réactions de substitution radicalaire
- ➤ Aborder les notions de régiosélectivité et de réaction stéréospécifiques.

6.1 STRUCTURE

Les **alcanes acycliques** sont également nommés **hydrocarbures saturés acycliques**. Leur formule brute est de la forme C_nH_{2n+2}. Ils peuvent être linéaires, comme dans le cas de l'hexane, ou ramifiés, comme dans le cas du 2-méthylbutane ou du 2,2-diméthylpropane.

Dans un alcane, un carbone portant trois atomes d'hydrogène (CH_3) est dit **primaire**, avec deux (CH_2) ou un (CH) hydrogène, il est dit respectivement **secondaire** ou **tertiaire** et s'il ne porte aucun atome d'hydrogène il est dit **quaternaire**. Les hydrocarbures cycliques portent le nom de cyclanes.

Les alcanes existent dans les gaz naturels ou dans le pétrole. Il faut mentionner la formation de gaz de type alcane dans les mines de charbon (grisou).

6.2 PROPRIÉTÉS PHYSIQUES ET SPECTROSCOPIQUES

Le méthane, l'éthane, le propane et le butane sont gazeux. À partir du pentane, les alcanes sont liquides. Pour les termes les plus élevés, on a des huiles appelées **huile de vaseline**. À partir de 16 atomes de carbone les alcanes sont des solides qui constituent la **paraffine**.

Les alcanes sont des molécules très peu polaires et insolubles dans l'eau (on dira qu'un alcane est hydrophobe). Les molécules solubles dans les alcanes sont dites **lipophiles**. Les faibles interactions moléculaires impliquent de faibles valeurs de la densité (0,85 au maximum).

Les bandes d'absorption caractéristiques des alcanes en spectroscopie infrarouge correspondent aux vibrations de valence des liaisons C–H se situent entre 2 850 et 3 000 cm^{-1}.

En RMN rappelons que le déplacement chimique des protons du groupement méthyle se situe aux alentours de 0,9 ppm alors que les protons des groupements méthylène (CH_2) et méthine (CH) sont plus déblindés et résonnent respectivement autour de 1,25 et 2 ppm.

6.3 PROPRIÉTÉS CHIMIQUES

a) Généralités

Les liaisons dans les alcanes sont très peu polaires car il y a une très faible différence d'électronégativité entre le carbone et l'hydrogène. Les alcanes sont donc très stables (à l'exception des petits cycles) et, étant donné la faible polarité des liaisons, les ruptures seront principalement homolytiques avec formation de radicaux :

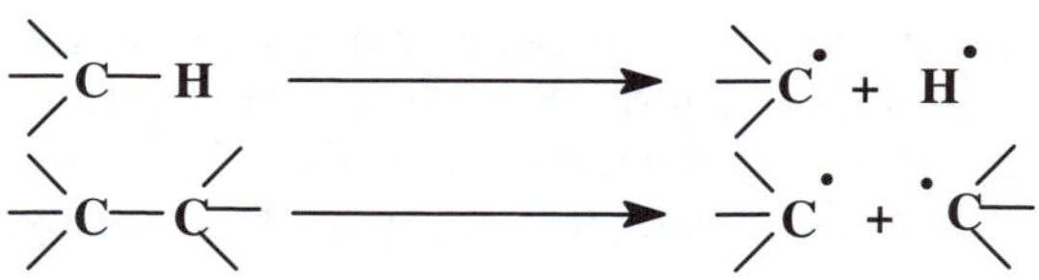

b) Halogénation des alcanes

Un dihalogène X_2 tel que le dichlore ou le dibrome et un alcane (**RH**) mis en présence de lumière ou d'un inducteur de radicaux mènent à une substitution radicalaire (S_R) dont le bilan est :

$$RH + X_2 \longrightarrow RX + HX$$

On observe en fait des réactions successives menant à des mélanges de dérivés mono et polyhalogénés. Ainsi, avec le méthane, on observe un mélange de monochlorométhane, de dichlorométhane (chlorure de méthylène), de trichlorométhane (chloroforme) et de tétrachlorométhane (tétrachlorure de carbone) ainsi qu'un dégagement de chlorure d'hydrogène :

$$CH_4 + Cl_2 \longrightarrow CH_3Cl + HCl$$
$$CH_3Cl + Cl_2 \longrightarrow CH_2Cl_2 + HCl$$
$$CH_2Cl_2 + Cl_2 \longrightarrow CHCl_3 + HCl$$
$$CHCl_3 + Cl_2 \longrightarrow CCl_4 + HCl$$

Comme lors de nombreuses réactions radicalaires, ce processus comprend trois phases : l'initiation, la propagation et la terminaison.

Phase d'initiation

Il y a création d'un premier radical libre par rupture homolytique d'une liaison. Dans le cas présent, il y aura rupture de la liaison σ entre les deux halogènes, celle-ci ayant une enthalpie plus faible que l'enthalpie de rupture de la liaison C–H (243 kJ·mol^{-1} pour Cl_2 et 192 kJ·mol^{-1} pour Br_2).

Le premier mode d'initiation des radicaux consiste à irradier le milieu par de la lumière (induction photochimique). Les halogènes étant colorés, la transition $\sigma \rightarrow \sigma^*$ se fera facilement avec de la lumière visible. Le bilan énergétique de la liaison étant antiliant, sa rupture se fera alors facilement pour mener aux radicaux :

$$X_2 \xrightarrow{h\nu} 2\,X^{\bullet} \quad (X{=}Cl, Br)$$

L'initiation est aussi possible thermiquement en présence d'initiateurs de radicaux comme les peroxydes de formule générale ROOR.

Phase de propagation

Cette phase correspond à l'action du radical $\mathbf{X}^{\bullet}$ formé précédemment sur l'alcane RH.

$$R\text{-}H + X^{\bullet} \longrightarrow R^{\bullet} + HX$$
$$R^{\bullet} + X_2 \longrightarrow RX + X^{\bullet}$$

À la fin du processus, le radical X est régénéré et réagit à nouveau sur l'alcane.

Phase de terminaison ou de rupture

Celle-ci se fait par épuisement des réactifs ou par une ou plusieurs des réactions suivantes :

$$R^{\bullet} + Cl^{\bullet} \longrightarrow RCl$$

$$2\,R^{\bullet} \longrightarrow R_2$$

$$R^{\bullet} + Cl^{\bullet} + \text{inhibiteur de radicaux } (O_2)$$

Le mécanisme étant décrit, il reste à déterminer les différents paramètres réactionnels de cette réaction. Tout d'abord, il est utile d'analyser **l'influence de la nature de l'halogène**. Le difluor $\mathbf{F_2}$ donne des réactions beaucoup trop violentes et mène à des réarrangements, voire même à une dégradation totale ou partielle de l'alcane de départ. Le diode $\mathbf{I_2}$, quant à lui, a une réactivité beaucoup trop faible pour mener à une conversion significative. Dans la pratique, on effectue surtout des chlorations ou des bromations. L'analyse des enthalpies de réaction montre que **le dichlore est plus réactif que le dibrome**, par contre ce dernier, en réagissant sur un alcane, confère à la réaction une plus grande **régiosélectivité**.

Considérons la monochloration du 2-méthylpropane.

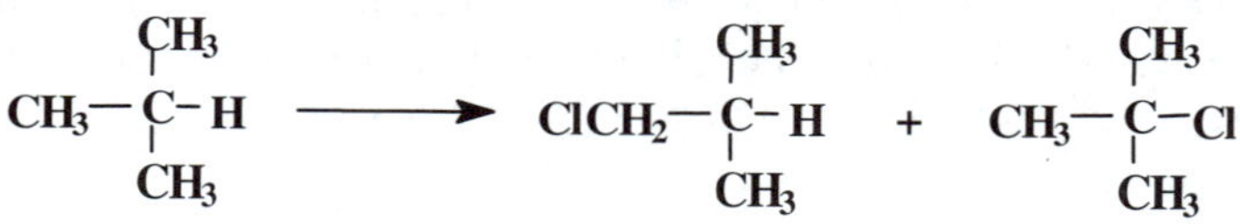

I II

A priori deux composés peuvent se former, le 1-chloro-2-méthylpropane (I) et le 2-chloro-2-methylpropane (II). Sur le produit de départ il y a 9 sites primaires et 1 site tertiaire. Statistiquement on devrait donc avoir 90 % de composé I et 10 % de composé II, or à température ambiante, le rapport [I]/[II] a pour valeur 1,78. Il y a donc une plus grande quantité d'halogénure tertiaire par rapport à la valeur statistique. La réaction est donc **régiosélective,** c'est-à-dire que le composé tertiaire se forme préférentiellement[1]. L'étude de la phase de propagation montre que le composé I est issu du radical primaire de type isobutyle ; alors que II est issu du radical tertiaire de type tertiobutyle.

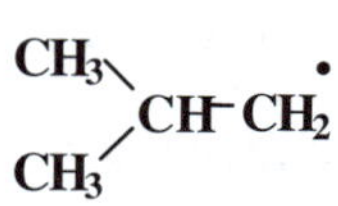

isobutyle

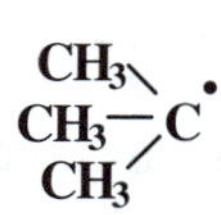

tertiobutyle

1. D'une manière générale, une réaction qui s'effectue sur un seul site alors que plusieurs réactions sont possibles est dite **régiosélective**.

Ce dernier radical étant le plus stable (*voir chapitre 3*) le composé II se formera plus rapidement ($v_{II}/v_I = 1\ 250$). En faisant agir le brome sur le même substrat on observe presque exclusivement la formation du composé tertiaire.

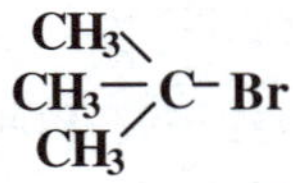

On dira que le brome implique une plus grande **régiosélectivité** que le chlore.

Le dernier point que nous nous proposons d'aborder est l'étude de la **stéréochimie** de cette réaction. Considérons un alcane portant un carbone asymétrique :

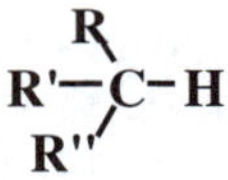

$(R^1 \neq R' \neq R'' \neq H)$

Expérimentalement, la réaction du chlore ou du brome sur un tel alcane conduit à la formation d'un mélange racémique. Comme nous l'avons vu précédemment l'étape déterminante de la propagation est la formation d'un radical présentant une géométrie plane (*chapitre 3*).

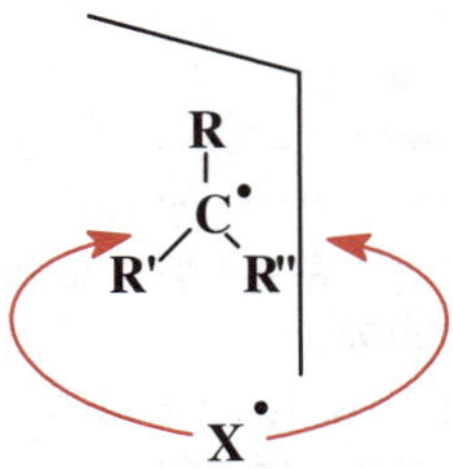

Le radical halogène X pourra donc se fixer d'une manière équiprobable d'un côté ou de l'autre du radical alkyle. En partant d'un alcane optiquement actif on obtiendra donc un mélange racémique de composés monohalogénés. La réaction n'est pas **stéréospécifique**.

c) Oxydation des alcanes

Comme tout composé organique un alcane peut se dégrader en présence d'oxygène. Dans ce cas, la réaction est fortement exothermique. La combustion des alcanes est la réaction de base des moteurs à explosion :

$$2C_nH_{2n+2} + (3n+1)O_2 \rightarrow 2nCO_2 + 2(n+1)H_2O$$

Avec un défaut d'oxygène (*chapitre 1*) il y a formation d'oxyde de carbone :

$$2C_nH_{2n+2} + nO_2 \rightarrow 2nCO + 2(n+1)H_2$$

En milieu radicalaire par contre un alcane **RH** pourra former des radicaux du type $R^{\bullet}$ qui réagiront avec le dioxygène par une réaction en chaîne radicalaire :

$$R^{\bullet} + {}^{\bullet}O{-}O^{\bullet} \rightarrow ROO^{\bullet}$$

$$ROO^{\bullet} + RH \rightarrow ROOH + R^{\bullet}$$

L'hydropéroxyde formé **ROOH** est instable mais ces composés constituent souvent des agents d'oxydation irremplaçables.

Enfin mentionnons que de nombreux **enzymes** tels que les **oxygénases** sont capables d'oxyder à des degrés divers les alcanes.

d) Décomposition thermique des alcanes

En absence d'air la décomposition des alcanes ou **pyrolyse** a lieu à température élevée (> 700 °C) en raison de la stabilité des liaisons carbone-carbone et carbone-hydrogène. Ces coupures sont en général homolytiques. Il en résulte la formation d'un mélange complexe d'alcanes plus légers ramifiés (**crackage**) et/ou d'alcènes (**reformage**).

POINTS-CLEFS

- Les alcanes sont des composés naturels gazeux liquides ou solides extraits de gaz naturels ou de pétrole.
- Ces composés sont le siège de réaction de substitutions radicalaires par les halogènes, d'oxydation et de dégradation.

EXERCICES

6.1 Par monobromation un seul isomère du butane mène à un composé optiquement actif. Lequel ?

6.2 La monochloration du propane mène à deux composés dont on donnera les noms et les proportions sachant que les réactivités des CH_3 et des CH_2 sont dans le rapport cinétique 1/3. Comment distinguer ces composés par RMN ?

6.3 Quel est l'alcane le plus simple qui présente une isomérie optique ? Indiquer son nom et sa structure.

SOLUTIONS

6.1 n-Butane.

6.2 Le chloropropane (a) et 2-chloropropane (b) sont obtenus dans le rapport 3/2. La RMN du proton montre à l'intégration un groupement méthyle pour (a) et deux groupements méthyle pour (b) avec pour figures respectivement un triplet et un doublet.

6.3 Méthylhexane $CH_3–(CH_2)_2–CH(CH_3)CH_2CH_3$.

CHAPITRE 7

Dérivés halogénés et analogues

PLAN

OBJECTIFS

- Introduction des mécanismes de substitution nucléophile et d'élimination.
- Importance des paramètres de structure et de milieu pour l'appréhension de ces mécanismes.
- Formation d'organométalliques.

7.1 STRUCTURE ET PROPRIÉTÉS PHYSIQUES DES DÉRIVÉS MONOHALOGÉNÉS ALIPHATIQUES

a) Structure

Un dérivé monohalogéné aliphatique est un composé qui présente un halogène lié à un carbone sp^3. On classe ces composés en dérivés primaires (RCH_2X), secondaires (R_1R_2CHX), et tertiaires ($R_1R_2R_3CX$).

La liaison carbone-halogène, notée **C–X**, est **fortement polarisée** ; en raison d'un **effet inductif attracteur de l'halogène** :

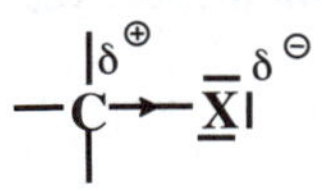

La polarisation de la liaison **C–X croît** lorsque la **taille de l'halogène augmente** :

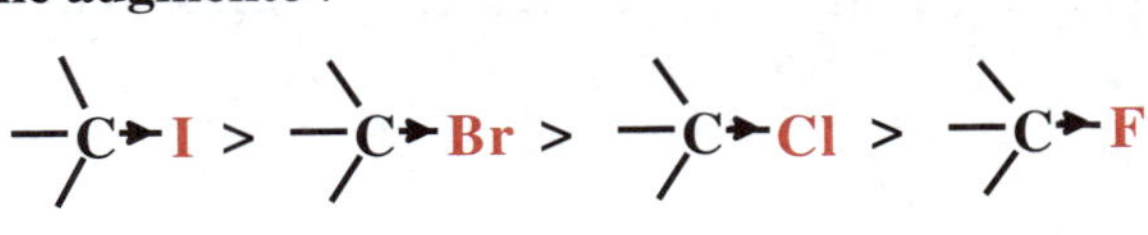

Par ailleurs, l'énergie de liaison diminue quand la longueur de celle-ci augmente car la présence de couches internes, dans le cas de gros halogènes, diminue la capacité de recouvrement de l'orbitale atomique np de l'halogène.

b) Propriétés physiques

Les halogénoalcanes ont des températures d'ébullition supérieures à celles des alcanes correspondants en raison de leur poids moléculaire plus important et de la présence d'associations intermoléculaires dipôle-dipôle assurant une plus grande cohésion au système.

Les températures d'ébullition augmentent également avec la taille de l'halogène X car les interactions attractives de Van der Waals sont plus importantes avec des halogènes volumineux.

7.2 LES RÉACTIONS DE SUBSTITUTION NUCLÉOPHILE (SN)

a) Définition

Un réactif nucléophile est un réactif qui présente une zone de forte densité électronique ; il est soit chargé négativement comme **$Cl^{\ominus}$**, **$PhSO_3^{\ominus}$**, **$OH^{\ominus}$**, **$CN^{\ominus}$** soit neutre. Dans ce dernier cas, il possède au moins un doublet libre comme **Et_3N**, **H_2O**.

Les dérivés halogénés donnent lieu à des réactions de **substitution nucléophile** avec des réactifs chargés ou neutres selon les schémas suivants :

$$Y^{\ominus} + \overset{\delta\oplus}{R}-\overset{\delta\ominus}{X} \longrightarrow RY + X^{\ominus}$$

$Y^{\ominus}$ = **nucléophile**

$X^{\ominus}$ = **groupe partant ou nucléofuge**

$$Y| + R-X \longrightarrow [R-Y]^{\oplus} + X^{\ominus}$$

Les exemples, ci-dessous, illustrent ces deux cas de figure :

$$CH_3-I + Na^{\oplus}OH^{\ominus} \longrightarrow CH_3OH + Na^{\oplus}I^{\ominus}$$

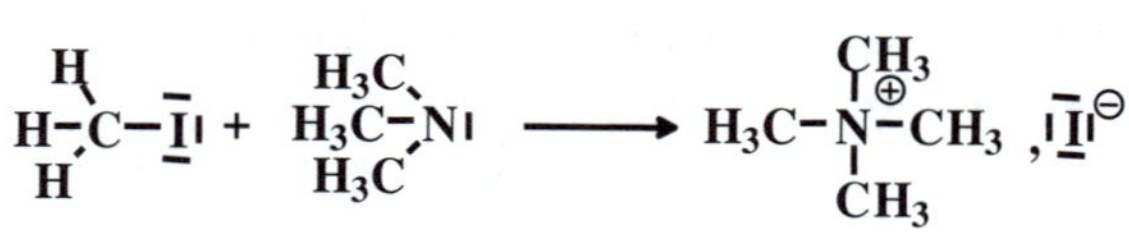

Le mécanisme a été proposé sur des bases principalement cinétiques. Suivant les conditions on observe :

- soit un second ordre cinétique (substitution nucléophile du deuxième ordre notée SN2) ;
- soit un premier ordre cinétique (substitution nucléophile du premier ordre notée SN1).

Nous étudierons séparément ces deux mécanismes assez différents.

b) Réaction de substitution nucléophile du deuxième ordre (SN2)

Mécanisme

Pour rendre compte du second ordre cinétique (**v = k[RX][Y$^-$]**), Ingold a proposé un mécanisme bimoléculaire concerté.

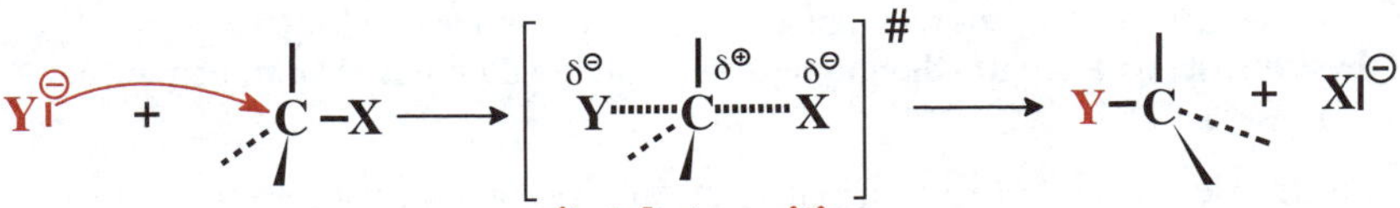

état de transition

L'attaque par le nucléophile Y⊖ se fait par le côté opposé à l'halogène, selon un processus de déplacement concerté (en une seule étape). L'état de transition est un état de « dispersion de charges » qui met en jeu à la fois le nucléophile et le substrat.

Stéréochimie

Le mécanisme ci-dessus montre que le nucléophile **Y⊖** doit se placer du **côté opposé** au groupe partant **X**, plus précisément **Y⊖** se placera en position antiparallèle par rapport à la liaison **C–X.** Si le carbone est asymétrique, la réaction se fait donc avec **inversion de configuration**. C'est une réaction **stéréospécifique**.

Exemple :

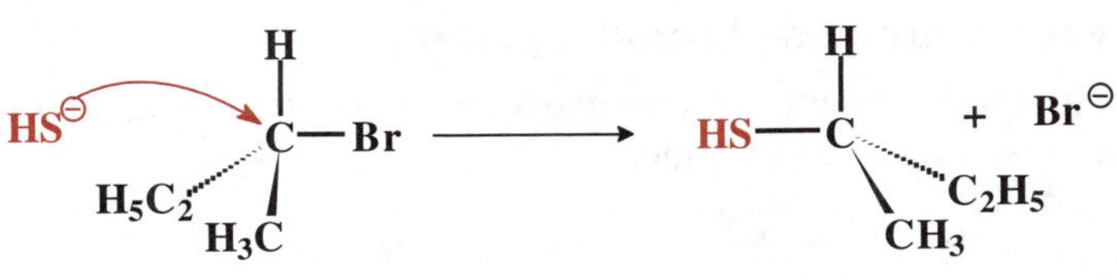

2-bromobutane "*R*" **butane-2-thiol "*S*"**

Remarquons que l'inversion de configuration n'implique pas obligatoirement un passage **R** → **S** (ou inversement). En effet, les caractères **R** ou **S** dépendent uniquement des règles de priorité.

Exemple :

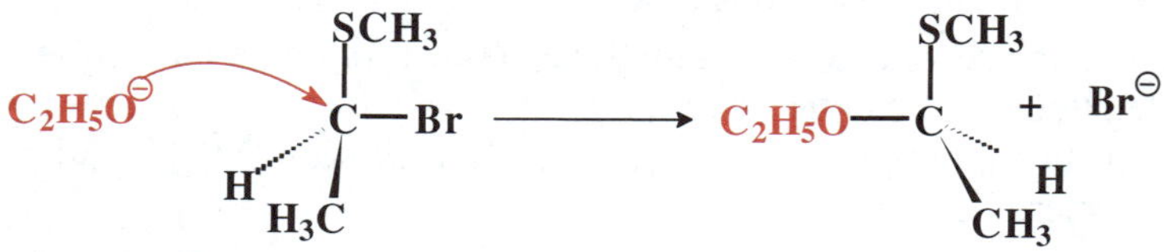

sulfure de méthyle et de (1-bromoéthyle) "*S*" → sulfure de méthyle et de (1-éthoxyéthyle) "*S*"

Ces inversions de configuration portent le nom d'**inversion de Walden**.

Influence du nucléophile

La force du nucléophile **Y⊖** ou **nucléophilicité** est définie comme son aptitude à effectuer des substitutions nucléophiles. C'est un **paramètre cinétique** alors que la **basicité est un paramètre thermodynamique.** Il n'est donc **pas obligatoirement** lié à la basicité.

L'ordre des nucléophilicité, par exemple, pour les groupes oxygénés est le suivant : $RO^{\ominus} > OH^{\ominus} > RCOO^{\ominus} > ROH^{\ominus} > H_2O$; un nucléophile chargé négativement sera toujours plus fort que son acide conjugué ($OH^{\ominus} > H_2O$). En outre, pour les halogènes la nucléophilie décroît du plus gros au plus petit ($I^{\ominus} > Br^{\ominus} > Cl^{\ominus} > F^{\ominus}$ qui est l'ordre inverse de la basicité.)

La **concentration** du nucléophile **Y**⊖ intervenant dans la cinétique, celui-ci va avoir une grande influence sur la vitesse de la substitution nucléophile d'ordre 2 (**SN2**).

Les **nucléophiles encombrés** sont de **mauvais réactifs.** Ainsi, l'action du méthylate ($MeO^{\ominus}$) sur l'iodure de méthyle sera environ 10^6 fois plus rapide que l'action du tertiobutylate ($t{-}BuO^{\ominus}$) sur ce même dérivé.

Influence de la nature du groupe partant

Un bon groupe partant **X** ou **nucléofuge** doit conduire à un anion **X**⊖ stable c'est-à-dire peu basique.

$$\mathbf{R{-}X} + \mathbf{Y}^{\ominus} \longrightarrow \mathbf{R{-}Y} + \mathbf{X}^{\ominus}$$

X ↑ **bon groupe partant** — X⊖ ↑ **anion stable**

Parmi les halogènes le caractère nucléofuge varie dans le même sens que la nucléophilicité.

Influence du solvant

Les réactions SN2 seront favorisées dans des **solvants aprotiques polaires**, c'est-à-dire des solvants à fort moment dipolaire et à faible caractère acide comme le diméthylsulfoxyde ou DMSO ($(CH_3)_2S{=}O$), le diméthylformamide ou DMF ($H(CO)N(CH_3)_2$, l'acétone ou encore l'acétonitrile ($CH_3C{\equiv}N$). En effet, ces solvants solvatent les cations en libérant ainsi l'anion. Prenons l'exemple de l'iodure de sodium NaI dans le DMSO :

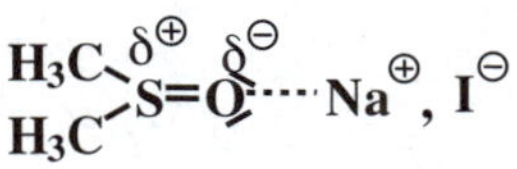

la nucléophilicité de $I^{\ominus}$ va augmenter

Influence de l'encombrement stérique du substrat

L'examen du mécanisme montre que les réactions SN2 sont très sensibles à l'encombrement stérique du dérivé halogéné. En effet, une gêne stérique importante au niveau du carbone portant l'halogène empêche le nucléophile $Y^{\ominus}$ de s'approcher antiparallèlement à la liaison C–X.

L'ordre des réactivités (c'est-à-dire des vitesses) est donc le suivant :

primaire > secondaire > tertiaire

c) Réaction de substitution nucléophile du premier ordre (SN1)

Mécanisme

Les réactions de substitution nucléophile du premier ordre ont une vitesse qui obéit à la loi de vitesse : **v = k[RX]**. La réaction est monomoléculaire, elle se fait en deux étapes avec un **carbocation** comme entité intermédiaire :

$$RX \rightleftharpoons R^{\oplus} + X^{\ominus} \quad \text{étape lente déterminant la vitesse}$$

$$R^{\oplus} + Y^{\ominus} \longrightarrow RY \quad \text{étape rapide}$$

Exemple :

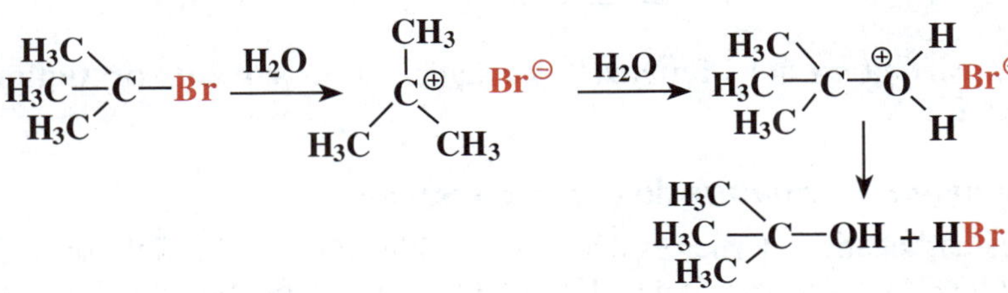

Si l'eau est à la fois réactif et solvant, il s'agit d'une **solvolyse** ; cette définition s'applique à tous les solvants.

Stéréochimie

Si la réaction est appliquée à des halogénures optiquement actifs, elle entraîne une racémisation : le carbocation intermédiaire étant plan, l'attaque du nucléophile peut se faire d'un côté ou de l'autre du plan.

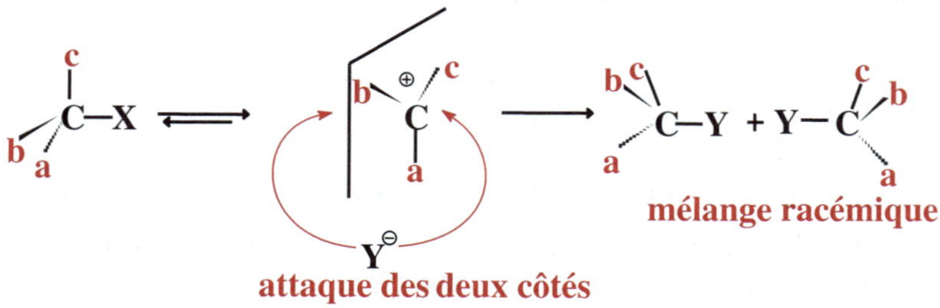

Influence de la nature du nucléophile

Le nucléophile **Y**⊖ n'intervenant pas dans l'équation cinétique, il n'a généralement pas d'influence quant à l'évolution de la réaction SN1.

Influence de la nature du groupe partant

L'étape lente de ce processus étant la formation du carbocation induit par le départ de l'halogène, la vitesse de la réaction augmente avec le pouvoir nucléofuge du groupe partant **X**⊖ comme cela a déjà été observé pour les réactions SN2.

Influence du solvant

L'étape déterminant la vitesse de la réaction conduit à la formation de deux ions chargés. En présence d'un solvant **protique polaire** (solvant présentant un proton labile tel qu'un alcool), l'anion **X**⊖ du groupe partant est **solvaté,** favorisant ainsi la formation du carbocation.

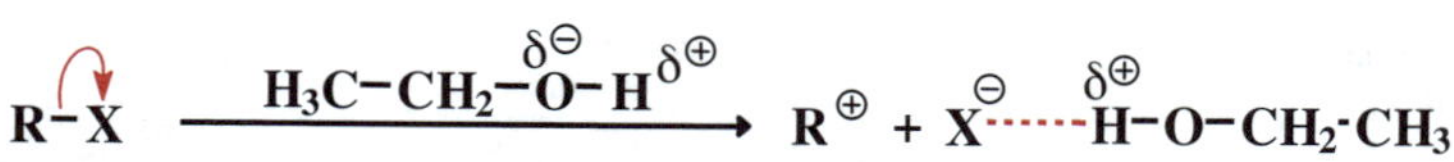

La réaction est donc fortement accélérée par les **solvants protiques polaires**.

Influence de la nature du dérivé halogéné

Les carbocations tertiaires étant plus stables, la réaction SN1 se fera préférentiellement avec des **dérivés tertiaires**. Comme nous l'avons déjà décrit (*chapitre 3*), les substituants du carbocation stabiliseront la charge positive du carbone sp^2 par leurs effets inductifs donneurs.

L'ordre des réactivités pour le processus SN1 est donc :

tertiaire > secondaire > primaire

Cette réaction se fera encore plus facilement avec des composés **allyliques** ou **benzyliques** car les carbocations formés sont stabilisés par résonance.

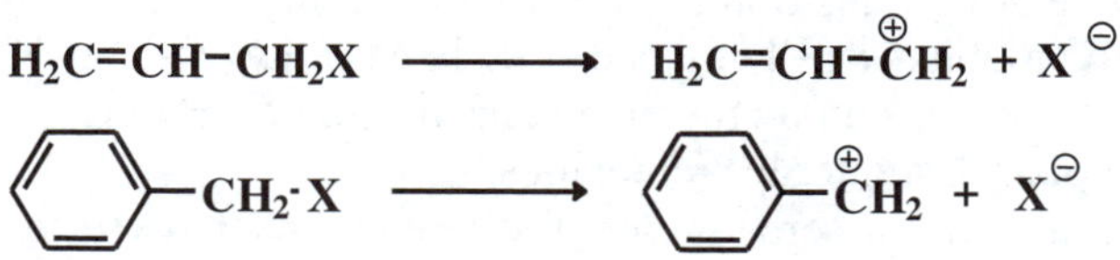

7.3 LES RÉACTIONS D'ÉLIMINATION (E)

a) Définition

C'est une réaction de déshydrohalogénation selon le schéma :

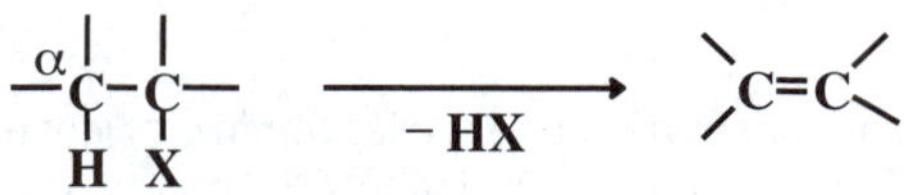

Cette réaction a lieu, sauf exception, s'il y a un hydrogène sur le carbone **Cα** (carbone voisin du carbone portant l'halogène). Cette réaction constitue une excellente méthode de préparation des alcènes.

b) Réaction d'élimination du deuxième ordre (E2)

Mécanisme

L'élimination a lieu lorsqu'un dérivé halogéné possédant un hydrogène sur le carbone α est mis en présence d'une base forte (notée B⊖).Elle est du second ordre cinétique (**v = k[RX][B⊖]**)

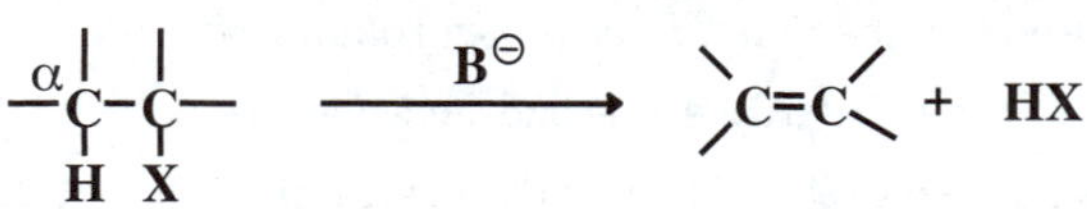

Comme pour la réaction de substitution nucléophile d'ordre deux (SN2), le mécanisme proposé est concerté. Il y a passage par un état de transition « *anti* » dans lequel les liaisons C–H et C–Y sont antiparallèles et ne sont pas totalement rompues lors de l'approche de la base.

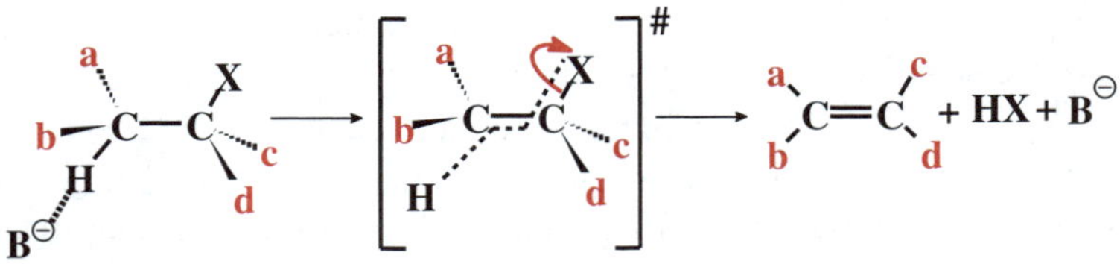

Dans l'état de transition il y a formation d'une légère conjugaison π due aux doublets de l'halogène et de la base. Les atomes H, C, C et X seront donc dans un même plan et les liaisons C–H et C–X en position *anti* pour diminuer les répulsions.

Le mécanisme E2 sera toujours favorisé par une base forte quel que soit le dérivé halogéné, mais avec les dérivés halogénés primaires et secondaires il peut y avoir concurrence avec la réaction **SN2**.

Exemple :

$$H_3C-CH_2-Cl \xrightarrow{OH^{\ominus}} \underset{(SN2)}{CH_3-CH_2-OH} + \underset{(E2)}{CH_3=CH_2}$$

Les réactifs peu basiques et très nucléophiles comme les iodures (I^-) ou les éthanoates (CH_3COO^-) favoriseront la réaction SN2. Enfin, pour des raisons cinétiques, un halogénure tertiaire ne conduira, en milieu basique, qu'à une élimination E2.

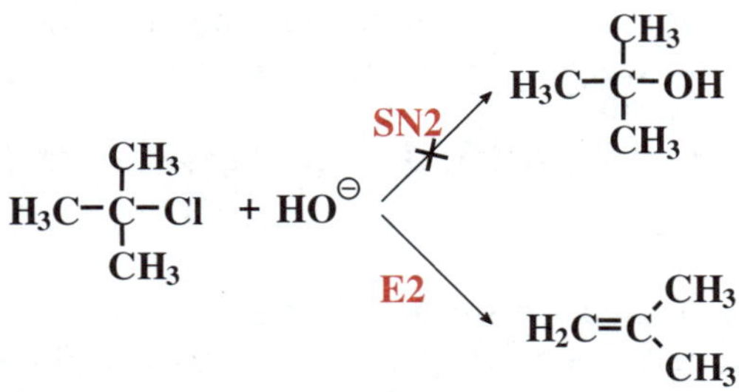

En résumé le mécanisme E2 sera favorisé dans l'ordre suivant :

tertiaire > secondaire > primaire

Les facteurs favorisant l'élimination de deuxième ordre (E2) sont les mêmes que ceux favorisant la substitution d'ordre deux (SN2) à savoir solvant aprotique polaire et un bon groupe partant (I > Br > Cl > F).

Stéréochimie

Compte tenu de la conformation particulière adoptée par l'état de transition, cette réaction est stéréospécifique, il y a une élimination *anti* comme le montre l'exemple ci-après.

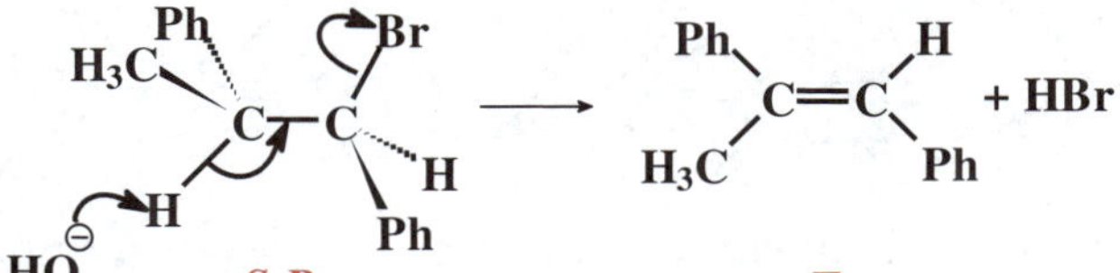

S R E

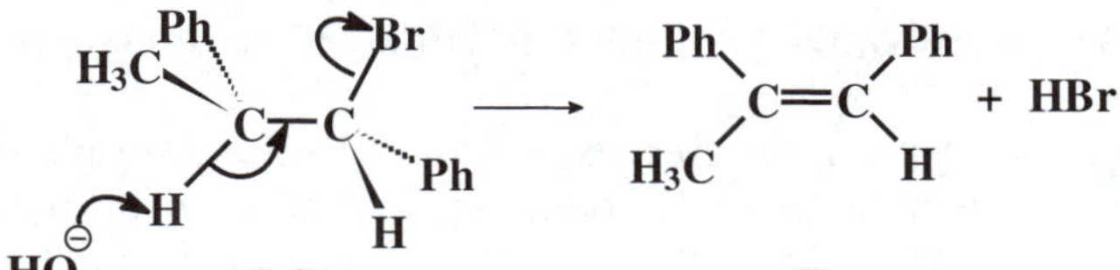

S S Z

Régioséléctivité

Pour se fixer les idées, effectuons une élimination de bromure d'hydrogène sur le 2-bromobutane. Deux produits peuvent se former :

$$H_3C-CH_2-\underset{Br}{CH}-CH_3 \longrightarrow H_3C-CH{=}CH-CH_3 + H_3C-CH_2-CH{=}CH_2$$

I (70 %) II (30 %)

Expérimentalement, c'est le composé I qui se forme préférentiellement. Différentes études thermodynamiques et théoriques ont montré que l'alcène le plus substitué, c'est-à-dire l'alcène qui a le plus de substituants alkyles sur les carbones sp^2, était le plus stabilisé thermodynamiquement. D'où la **règle de Zaitzev** :

> Si plusieurs alcènes peuvent se former au cours de l'élimination, c'est l'alcène le **plus substitué** qui est obtenu préférentiellement.

Dans l'exemple ci-dessus, le composé I, substitué par deux groupements méthyles au niveau des carbones sp^2, est plus stable que le composé II, substitué seulement par un groupement éthyle. Il se forme donc préférentiellement.

c) Réaction d'élimination du premier ordre (E1)

Cette réaction est une réaction du premier ordre cinétique (**v = k[RX]**).

Le mécanisme de cette élimination fait intervenir deux étapes avec la formation d'un carbocation intermédiaire.

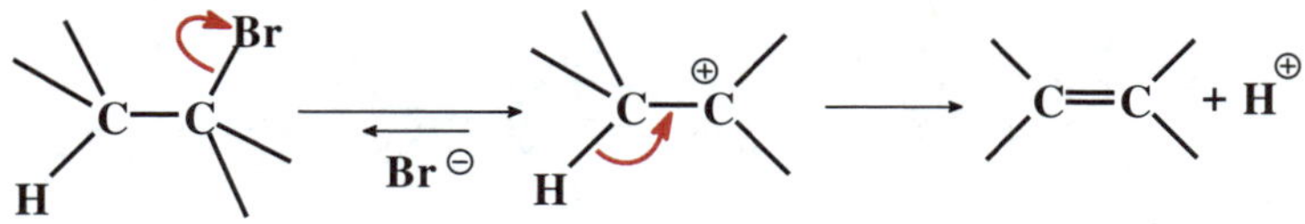

Comme pour la réaction SN1, l'étape lente de ce processus multiétape est la formation du carbocation. Les facteurs favorables sont les mêmes que pour la substitution d'ordre 1 **(SN1)** : des **dérivés tertiaires**, des **solvants protiques polaires** et de **bons groupes partants.**

Cette réaction n'est pas **stéréospécifique** (carbocation plan). Un composé optiquement actif entraîne la formation d'un mélange d'alcènes **Z** et **E**. Par ailleurs, il peut y avoir compétition entre l'élimination et la solvolyse.

Exemple :

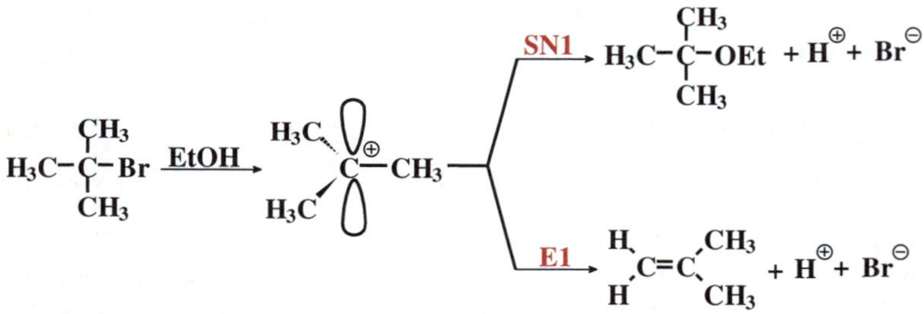

La règle de Zaitzev s'applique également dans le cas de l'élimination d'ordre 1.

Des **réarrangements de squelette** se produisent chaque fois que cela permet d'accéder à un carbocation plus stable que celui initialement formé (**réarrangement de Wagner-Meerwein**).

Exemple :

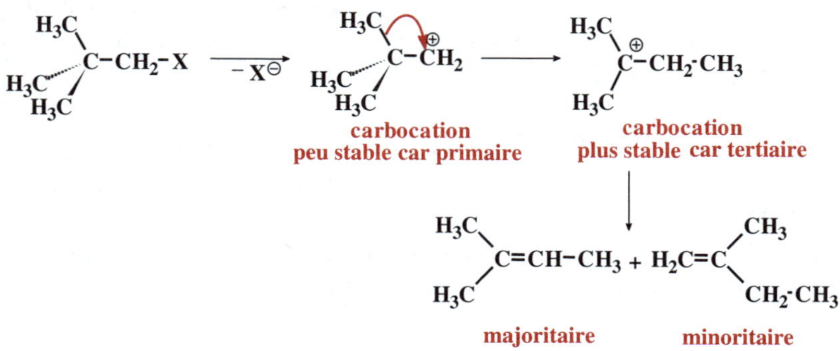

7.4 RÉDUCTION DES DÉRIVÉS HALOGÉNÉS PAR LES MÉTAUX

Les dérivés halogénés peuvent réagir sur certains métaux pour former des composés organométalliques c'est-à-dire des composés comprenant une ou plusieurs liaisons métal-carbone. Bien que ces réactions aient donné lieu à de nombreuses controverses, il est généralement admis que leur mécanisme est **essentiellement radicalaire**.

Les principales réactions sont représentées ci-dessous

RX + Mg → RMgX(Formation d'organomagnésiens)

RX + 2Li → RLi + LiX(Formation d'organolithiens)

2RX + 2Na → R–R + 2NaX (Réaction de Wurtz)

7.5 QUELQUES RÉACTIONS DES DÉRIVÉS DIHALOGÉNÉS

a) Dérivés dihalogénés géminés

Les dérivés dihalogénés sont dits **géminés** si les deux halogènes sont fixés sur le même atome de carbone.

La réaction la plus importante sur le plan pratique est l'élimination d'une ou deux molécules d'hydracide(s). Cette réaction se fait généralement en milieu basique, elle est analogue à l'élimination E2. Il y a d'abord le départ d'une molécule d'hydracide HX :

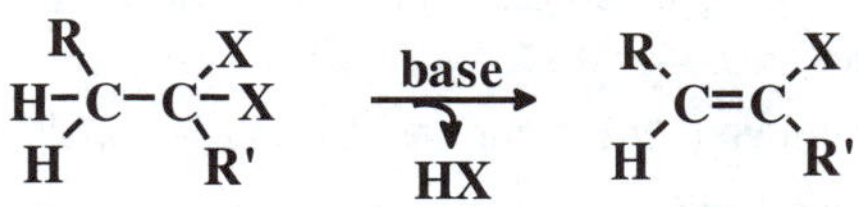

S'il y a un second atome d'hydrogène sur le carbone situé en α de celui qui porte l'halogène et en milieu très fortement basique on observe le départ d'une seconde molécule d'hydracide et formation d'un alcane :

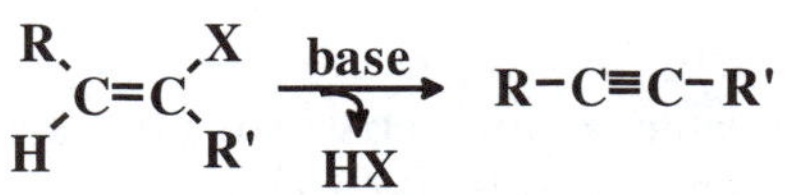

b) Dérivés dihalogénés vicinaux

Les dérivés dihalogénés **vicinaux** sont des composés qui portent leurs deux atomes d'halogène sur deux atomes voisins.

En présence d'une base, il y a, comme dans le cas des dérivés géminés, élimination d'une (et éventuellement deux) molécule(s) d'hydracide(s) :

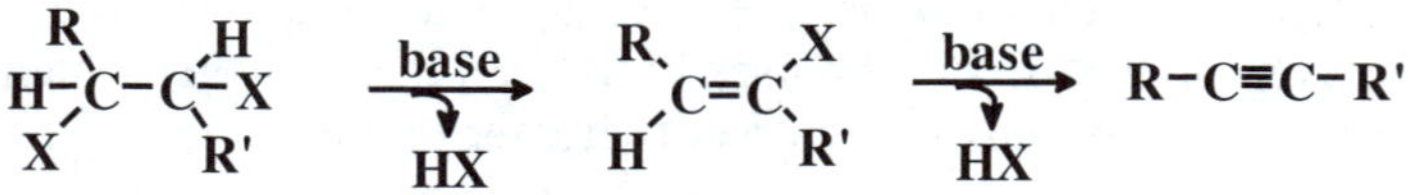

En présence d'un métal réducteur bivalent tel que le zinc ou le magnésium, il y a formation d'alcènes :

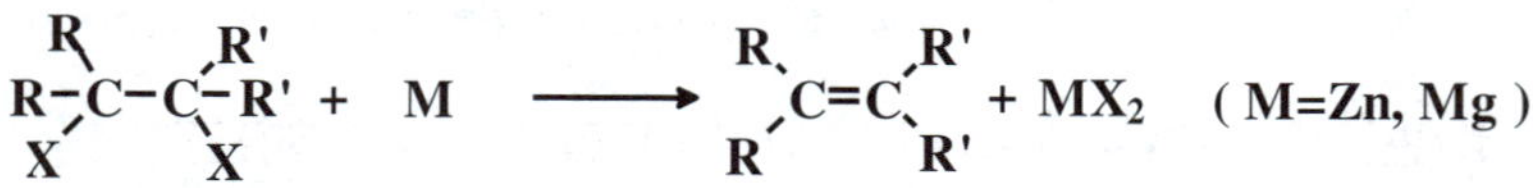

POINTS-CLEFS

- Les dérivés halogénés sont des intermédiaires de synthèses extrêmement importants.
- Ils sont le siège de réactions de substitutions et d'élimination soit concertés (SN2 et E2) soit ioniques en deux étapes (SN1 et E1).
- Le mécanisme est fonction de la nature des substrats et des conditions expérimentales.
- Ces réactions peuvent être étendues aux dérivés dihalogénés.
- L'action des métaux (Mg, Li, Na) mène à des organométalliques.

EXERCICES

7.1 La réaction suivante en milieu basique a lieu selon un mécanisme E2 et elle est extrêmement lente. Pourquoi ?

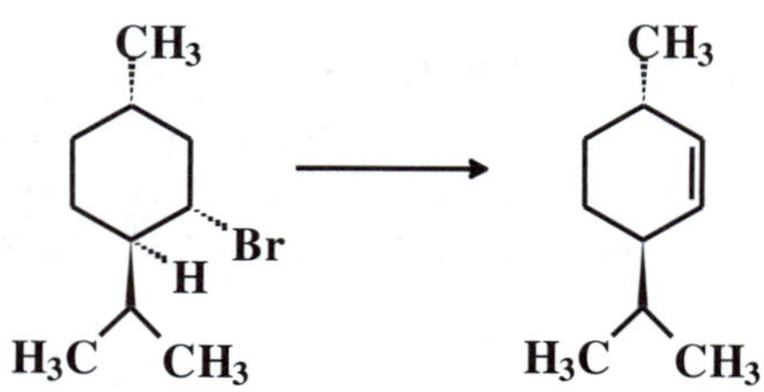

7.2 Compléter les réactions suivantes :

a) $CH_3I + C_2H_5S^{\ominus}\, Na^{\oplus} \longrightarrow$

b) $CH_3I + CH_3COO^{\ominus}\, Na^{\oplus} \longrightarrow$

c) 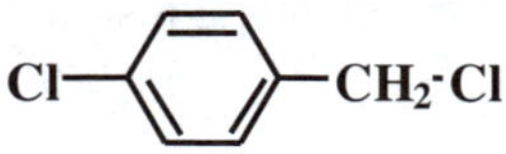 $+\ Na^{\oplus}\ CN^{\ominus} \longrightarrow$

d) $CH_3I + PPh_3 \longrightarrow$

e) 1,4-dibromopentane + Na →

7.3 Le 3-méthyl-3-bromopent-1-ène traité par l'éthanoate de sodium dans des conditions de mécanisme SN1 mène à deux produits dont on indiquera les structures et les modes de formation.

7.4 Le 4-chlorobutan-1-ol mène en milieu basique fort à un composé cyclique. Indiquer la structure de ce composé en précisant le mécanisme de sa formation.

7.5 Les alcools α-halogénés mènent à des époxydes en milieu basique. Expliquer cette transformation. Que donne le 3-bromobutan-2-ol *erythro* en milieu basique ?

SOLUTIONS

7.1 L'élimination *anti* menant au composé le plus substitué est impossible car le brome et l'hydrogène sont en position *cis*. La seule possibilité est alors d'avoir une élimination anti Zaitzev, qui sera donc extrêmement lente.

7.2

a) $CH_3SC_2H_5$ b) CH_3COOCH_3

c) 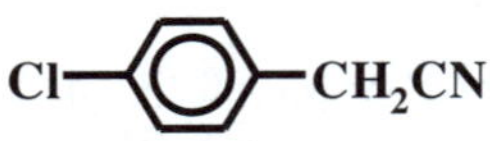
d) $H_3C{-}\overset{\oplus}{P}(Ph)_3\ ,\ I^{\ominus}$

e) cyclopentane

7.3

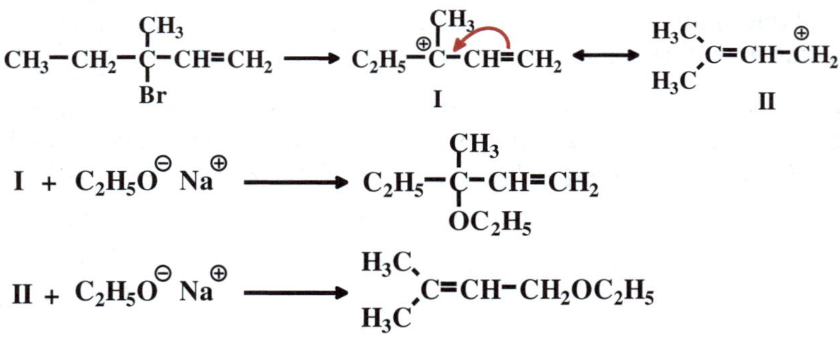

7.4

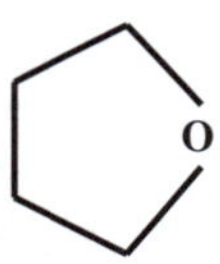

7.5

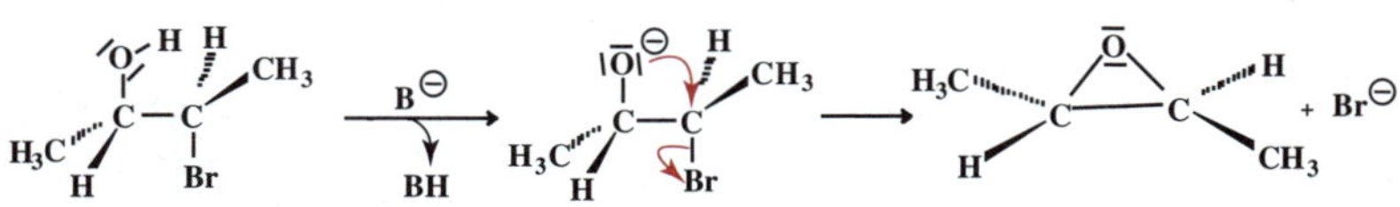

CHAPITRE 8

Alcènes et diènes

PLAN

OBJECTIFS

- Se familiariser avec les alcènes et les diènes, les composés insaturés.
- Découvrir une nouvelle classe de réactions, les réactions d'addition.

8.1 GÉNÉRALITÉS

Les alcènes sont des composés présentant une liaison double carbone-carbone. Ils sont également appelés oléfines.

Les deux atomes de carbone sont hybridés sp^2, la liaison carbone-carbone σ est formée par combinaison de deux orbitales hybrides sp^2, la liaison π de plus haute énergie est formée par le recouvrement de deux orbitales 2p, cette dernière favorisera les réactions d'addition. La double liaison confère à la molécule un centre riche en électron d'où la nucléophilie des alcènes. Quant à l'hybridation sp^2 des carbones, elle confère une planéité à la molécule, avec possibilité d'isomérie Z et E.

8.2 PROPRIÉTÉS PHYSIQUES ET SPECTROSCOPIQUES

Les températures d'ébullition des alcènes linéaires sont de 4 à 6 °C inférieures à celles des alcanes correspondants. Les spectres infrarouges des alcènes terminaux présentent une bande ($\nu_{C=C}$) autour de

1 640 cm^{-1}. En RMN, le proton lié au carbone sp^2 de l'alcène donne un signal autour de 5 ppm.

8.3 LES RÉACTIONS D'ADDITION SUR LA DOUBLE LIAISON

a) Généralités

Le schéma général de la réaction est le suivant :

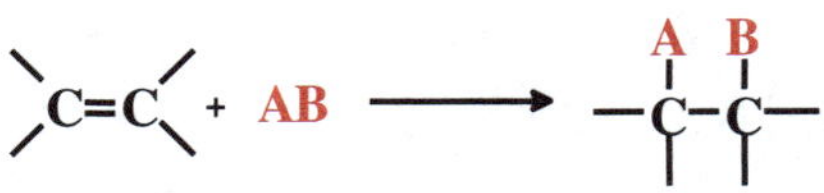

b) Addition électrophile (AdE)

Caractères généraux

De par sa densité électronique le nuage π est un centre riche en électrons. Un réactif électrophile pourra se fixer en premier sur cette double liaison. Les exemples qui suivent nous aiderons à comprendre ce concept.

Addition d'hydracides

L'équation bilan de la réaction d'addition d'un hydracide sur une double liaison est le suivant :

Du point de vue mécanistique le processus débute par la dissociation de l'hydracide :

$$H-\overline{\underline{X}}| \longrightarrow H^{\oplus} + |\overline{\underline{X}}|^{\ominus}$$

Le centre π étant riche en électrons, c'est le proton H^+ (l'électrophile) qui va se fixer en premier conduisant à la formation d'un carbocation.

$$R-CH=CH_2 + H^{\oplus} \longrightarrow \begin{cases} R-\overset{\oplus}{C}H-CH_3 & \text{I} \\ R-CH_2-\overset{\oplus}{C}H_2 & \text{II} \end{cases}$$

Le carbocation I est secondaire donc plus stable (*chapitre 5*). Il se formera préférentiellement et réagira sur l'anion X^-.

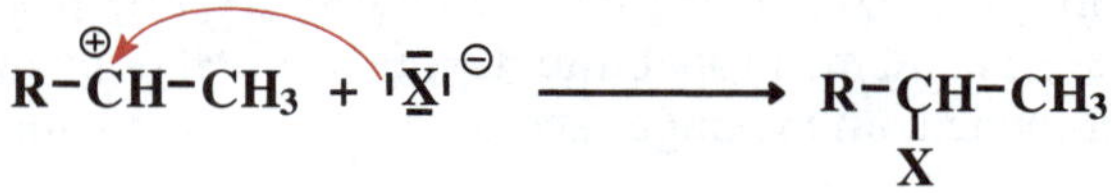

Cette règle est générale et est connue sous le nom de règle de Markovnikov.

Lors d'une addition électrophile, l'hydrogène se fixe sur le carbone le moins substitué et l'anion sur le carbone le plus substitué au niveau de la double liaison.

Exemple :

Il est important de préciser que cette règle n'est valable que dans le cas des alcènes où les carbones hybridés sp^2 portent des substituants alkyles donneurs.

Dans le cas de groupements attracteurs cette règle n'est plus applicable.

Exemple :

En effet,

$$H-Br \longrightarrow H^{\oplus} + Br^{\ominus}$$

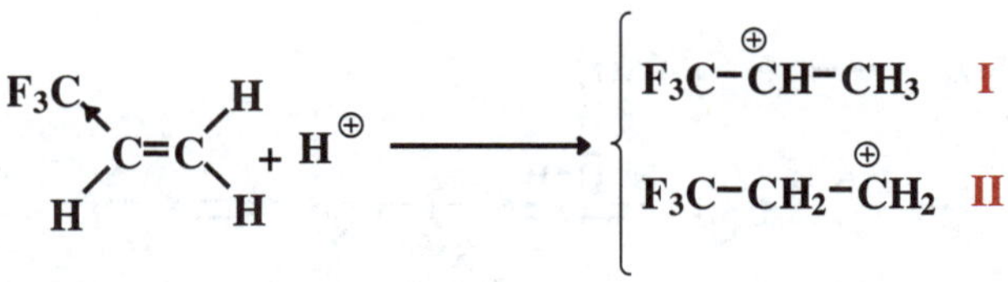

Le carbocation II est plus stable que le carbocation I. L'effet attracteur des atomes de fluor déstabilise la charge positive dans la forme I.

Du point de vue stéréochimique la réaction d'addition électrophile, comme nous l'avons vu précédemment passe par un carbocation intermédiaire plan. Le nucléophile $X^{\ominus}$ peut se fixer de part et d'autre de ce plan avec la même probabilité. La réaction est donc non stéréospécifique et mène à un mélange racémique de deux énantiomères.

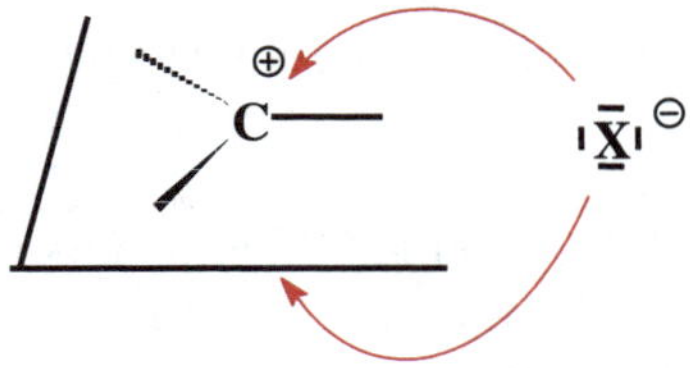

Exemple :

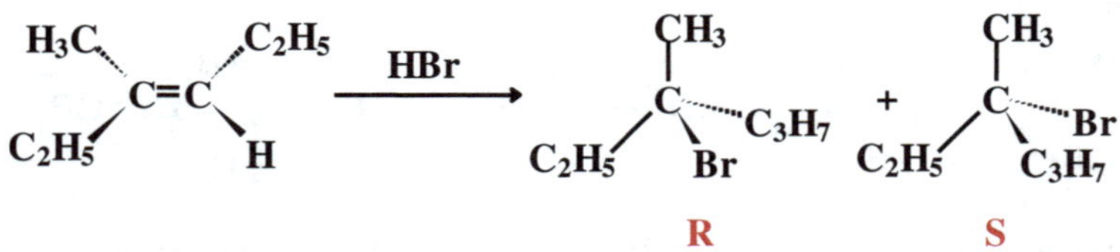

Hydratation

La molécule d'eau étant faiblement ionisée, l'addition d'eau sur un alcène ne se fait qu'en présence d'un catalyseur acide (H_2SO_4, H_3PO_4…). La réaction conduit à un alcool.

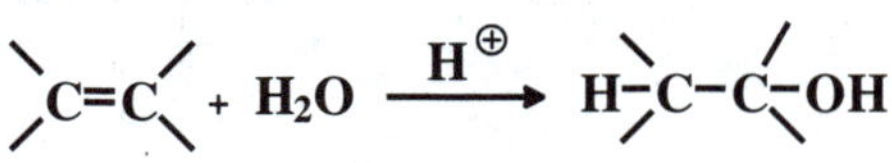

Le proton $H^{\oplus}$ de l'acide attaque en premier la double liaison pour former un carbocation, le doublet de l'eau se fixe dans une seconde étape sur ce dernier.

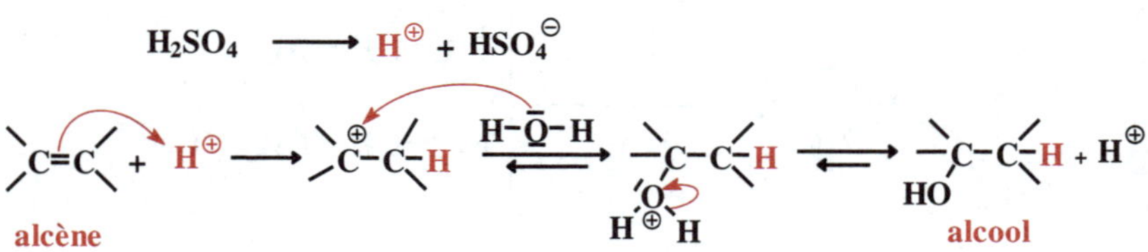

Il va de soit que dans ce cas, nous appliquons également la règle de Markovnikov.

Halogénation

L'addition d'un dihalogène (Cl_2, Br_2) sur la double liaison d'un alcène mène à un composé dihalogéné avec une stéréospécificité trans (anti).

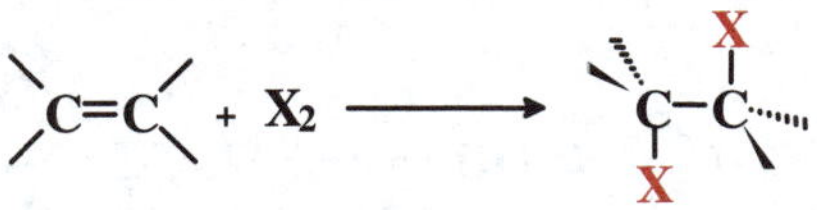

Le mécanisme réactionnel fait intervenir une polarisation de la liaison X–X, suivie de la formation d'un ion ponté (ion halogénium). L'anion X^- va se fixer sur la face opposée de l'ion ponté.

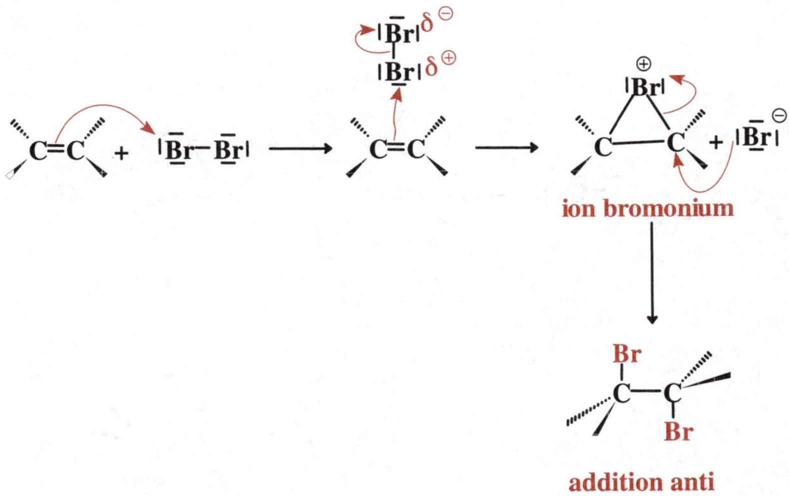

La réaction d'halogénation est très rapide en présence de chlore ou de brome. Avec le fluor la réaction conduit à la dégradation de l'alcène. L'iode étant très peu réactif, l'addition ne se fait pas.

Exemple :

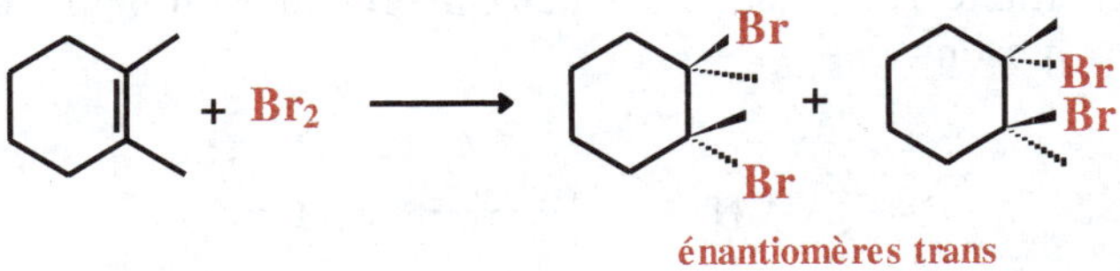

Addition d'acide hypohalogéneux

Les acides hypohalogéneux sont des acides ayant pour formule XOH (X=Cl, Br). Leur polarité est positive pour l'halogène et négative pour le groupement hydroxyle. La réaction générale de l'addition de l'acide hypohalogéneux sur un alcène est la suivante :

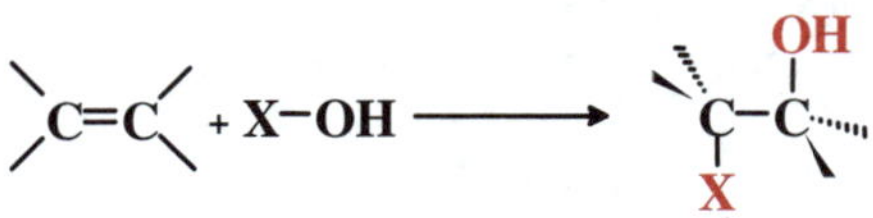

L'addition est stéréospécifique, elle est *anti* et se déroule selon le même processus que l'addition de dihalogènes et même à une halohydrine.

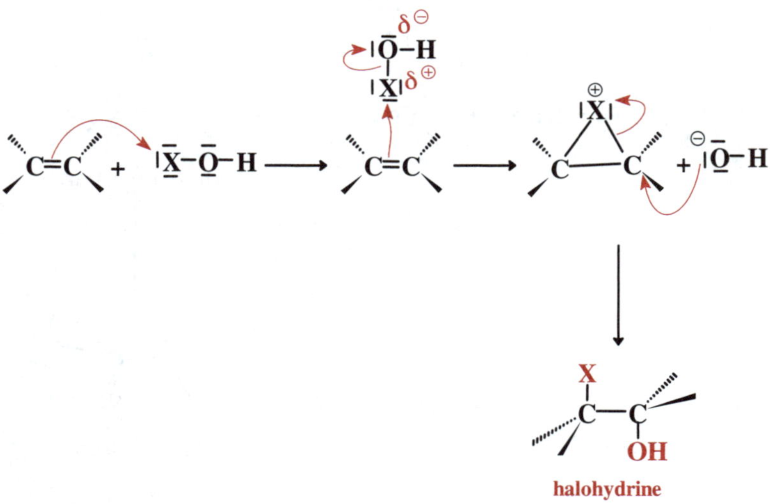

c) Hydrogénation

L'action du dihydrogène sur un alcène en présence d'un catalyseur métallique (Ni Raney, Pd, Pt, Rh) conduit à un alcane avec une stéréospécificité *syn* (attaque des deux hydrogènes du même coté de la double liaison).

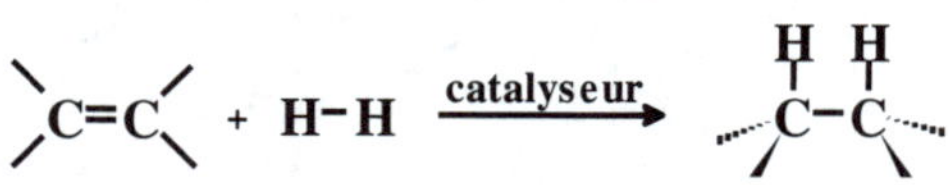

Cette réaction n'est pas ionique comme les réactions décrites précédemment. Elle se fait par activation du dihydrogène à la surface du catalyseur. Le dihydrogène est adsorbé sur ce dernier, la liaison H–H s'affaiblit et les deux hydrogènes se fixent sur une seule face de l'alcène (addition *syn*).

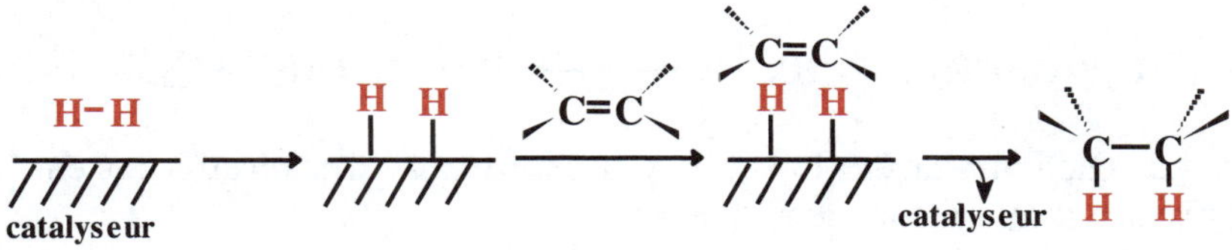

Exemple :

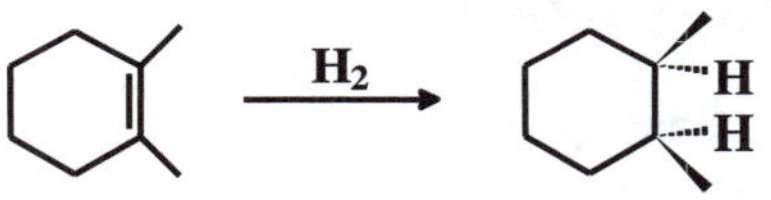

composé méso

d) Addition radicalaire

Le troisième type de réaction d'addition fait intervenir des radicaux. Dans le cadre de ce cours nous étudierons uniquement le cas de l'addition radicalaire d'un hydracide.

$$R-CH=CH_2 + HX \xrightarrow{h\nu \text{ ou peroxyde}} R-CH_2-CH_2X$$

*per*oxyde = R'OOR'

L'addition radicalaire d'un hydracide sur un alcène est une addition anti-Markovnikov. Ce phénomène porte le nom d'**effet Kharach**. Les radicaux X• sont induits par la lumière ou le plus souvent par un peroxyde (R'OOR'). Le mécanisme de la réaction est le suivant :

$$R'-O-O-R' \xrightarrow{\Delta} 2\ RO^{\bullet}$$

$$RO^{\bullet} + HX \longrightarrow X^{\bullet} + R'OH$$

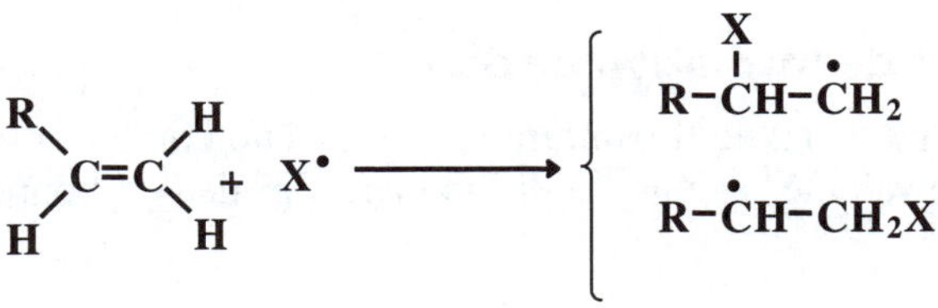

I

II

Le radical II est plus stable que le radical I. De même, que les carbocations, les radicaux sont stabilisés par des substituants donneurs et déstabilisés par les substituants attracteurs (*chapitre 5*).

$$R-\dot{C}H-CH_2X \;+\; HX \longrightarrow R-CH_2-CH_2X + |\overline{\underline{X}}^{\bullet}$$

La réaction s'arrête lorsqu'il y a épuisement des réactifs ou en présence d'inhibiteurs de radicaux.

8.4 RÉACTIONS D'OXYDATION

a) Réaction d'époxydation

Avec l'oxygène de l'air

En présence d'argent, l'oxygène de l'air oxyde un alcène en époxyde.

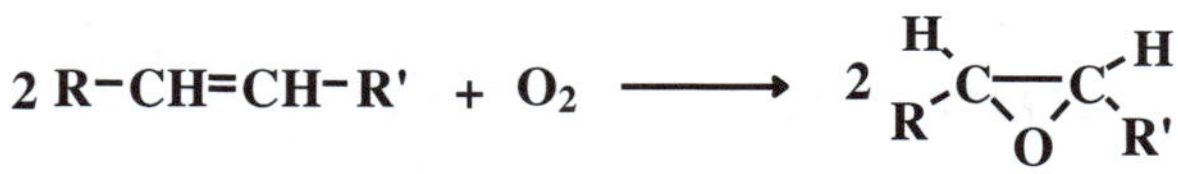

époxyde

Avec les *per*acides RCO_3H

Les *per*acides les plus utilisés sont l'acide perbenzoïque et l'acide métachloroperbenzoïque. C'est une réaction concertée, le mécanisme proposé est le suivant :

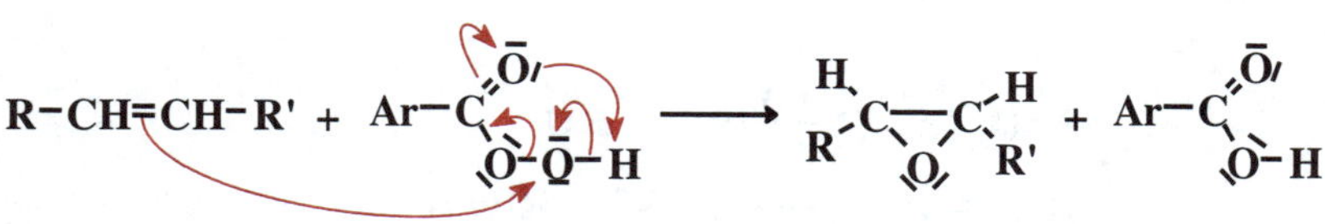

b) Réactions de formation de diol

La réaction du tétroxyde d'osmium sur un alcène conduit à un diol. Elle est équivalente à une addition *syn* de deux groupements hydroxyles.

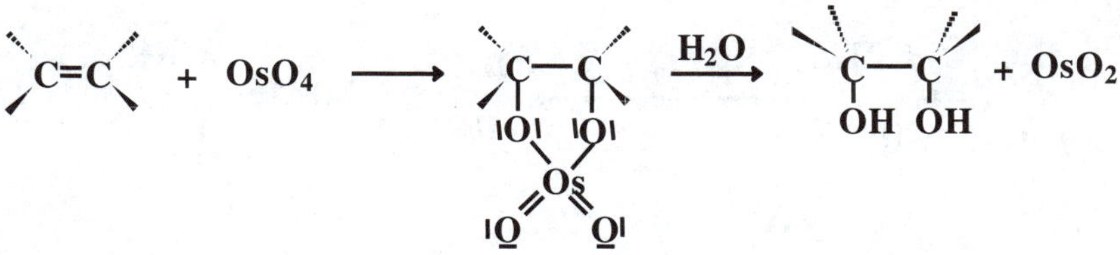

Le même processus se produit en présence de permanganate de potassium ($KMnO_4$) dilué.

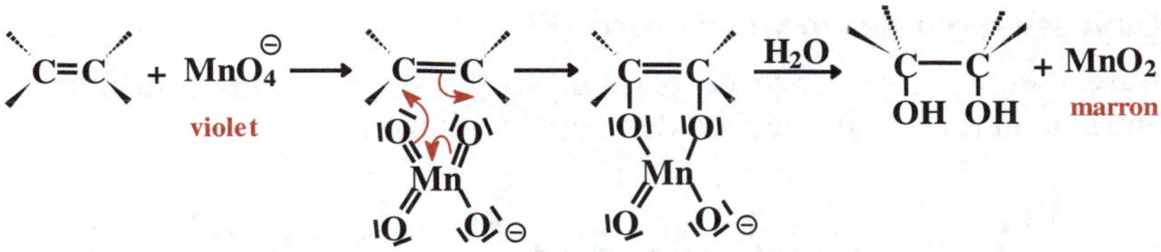

c) Oxydation avec rupture des liaisons σ et π

Ozonolyse

L'ozonolyse est la réaction de l'**ozone** (O_3) sur un alcène. Elle conduit à des aldéhydes et/ou des cétones.

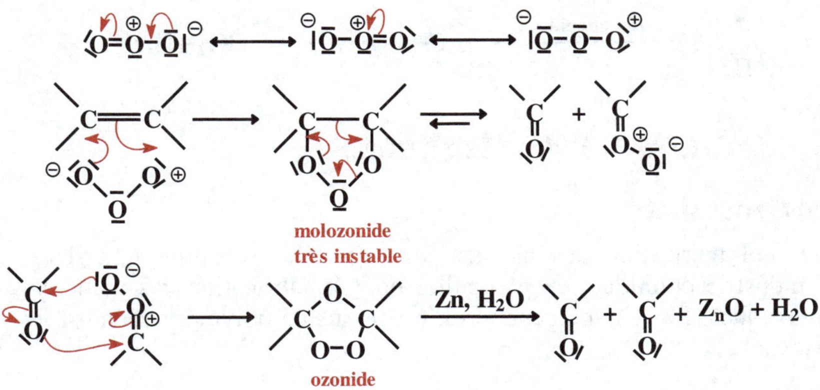

L'utilisation de zinc empêche la réaction de se poursuivre jusqu'à l'acide en cas de formation d'aldéhyde.

$$Zn + H_2O_2 \rightarrow ZnO + H_2O$$

Exemple :

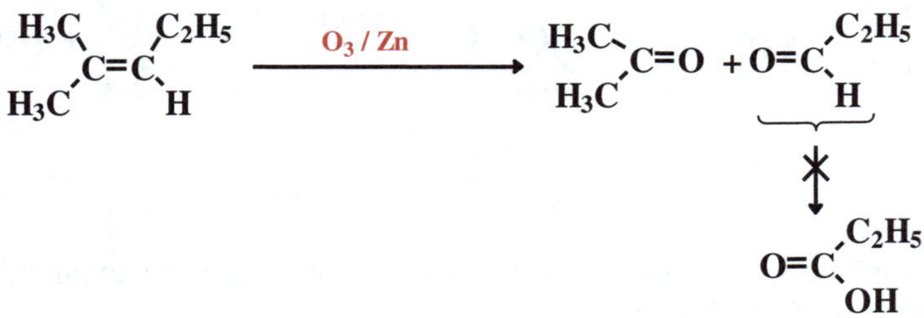

Oxydation par des oxydants forts ($KMnO_4$ concentré)

L'oxydation en présence de permanganate de potassium concentré entraîne la rupture immédiate de la double liaison.

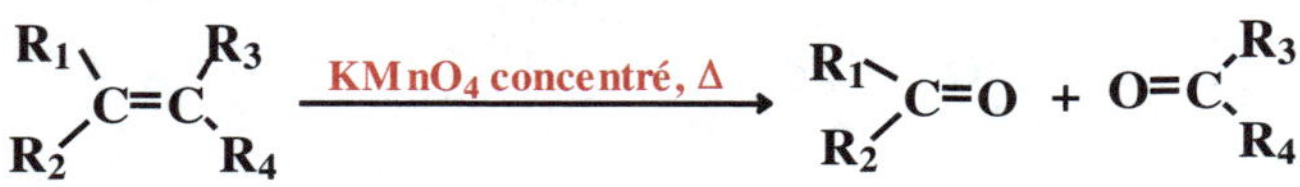

Dans le cas de la formation d'un aldéhyde, celui-ci est immédiatement oxydé en acide. Si l'aldéhyde formé est du méthanal, il sera oxydé en acide formique qui se décompose à son tour en dioxyde de carbone et eau.

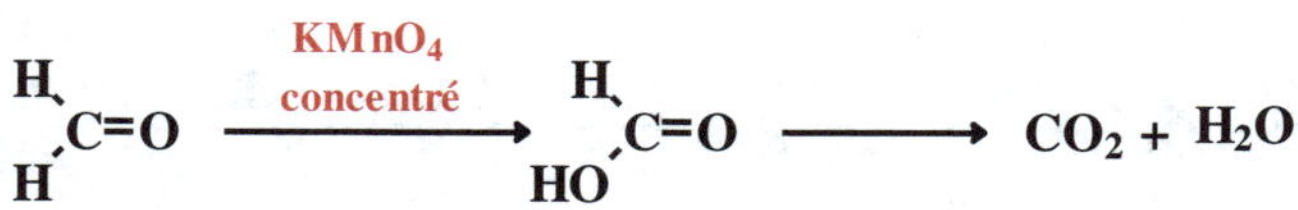

8.5 RÉACTIONS DE POLYMÉRISATION

a) Généralités

La polymérisation des alcènes joue un rôle très important dans l'industrie chimique, en particulier pour la fabrication des matières plastiques. Le schéma général du processus de polymérisation est le suivant :

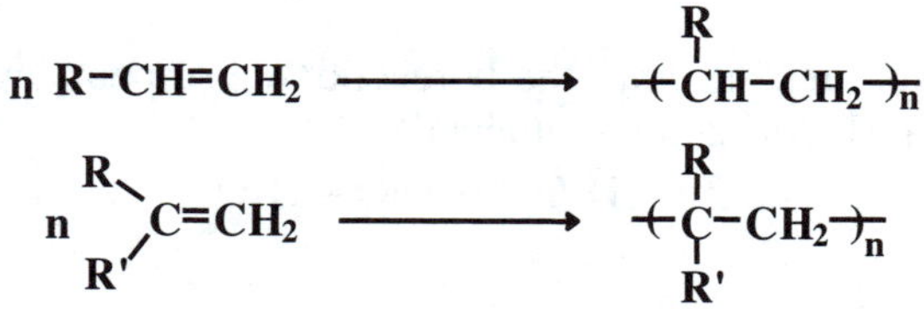

Quelques exemples de polymérisation induite par des alcènes ou par leurs analogues.

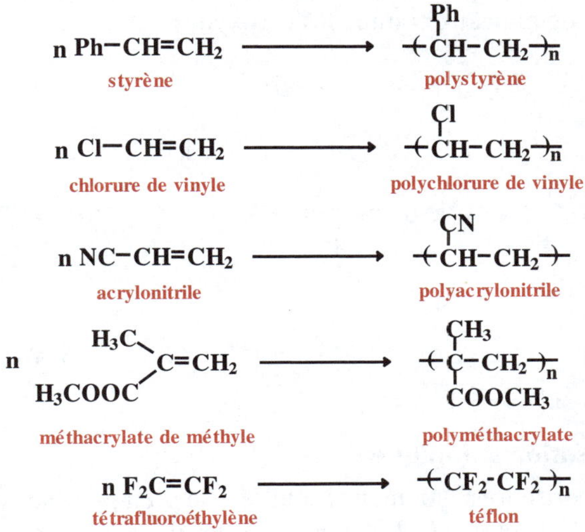

b) Les grands types de polymérisation des alcènes

Les grands types de polymérisation des alcènes et de leurs analogues sont représentés ci-dessous.

Polymérisation cationique

La polymérisation cationique est réalisée en présence d'un acide tel que H_2SO_4, HF, BF_3…

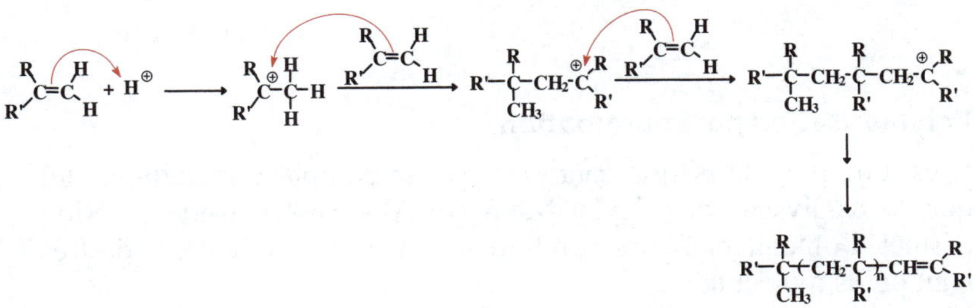

Cette réaction donne de bons résultats lorsque l'alcène est substitué par des groupements donneurs comme les groupements alkyles (donneur par effet inductif) ou les halogènes (donneur par effet mésomère). Lors de la formation du carbocation, il peut y avoir des réarrangements conduisant au carbocation le plus stable.

Polymérisation radicalaire

Les réactions de polymérisation radicalaire sont induites par des initiateurs de radicaux comme les peroxydes.

$$R'\text{-}\overline{\underline{O}}\text{-}\overline{\underline{O}}\text{-}R' \xrightarrow{\Delta} 2R'\text{-}\overline{\underline{O}}^{\bullet}$$

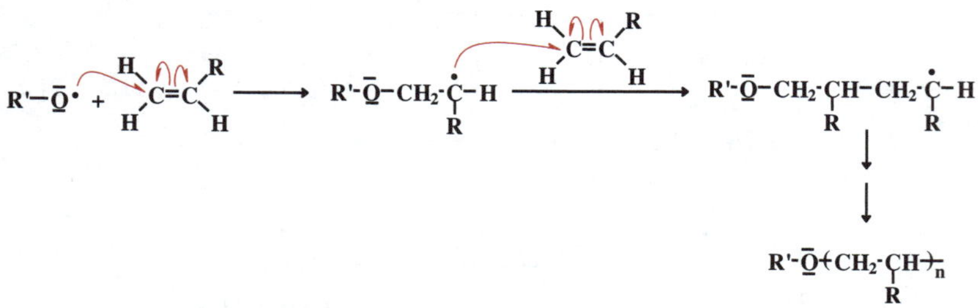

Polymérisation anionique

Les polymérisations anioniques sont réalisées en présence d'un agent anionique $Y^{\ominus}$, tel que $NH_2^{\ominus}$, $OH^{\ominus}$... Elles donnent de bons résultats lorsque les substituants de l'alcène sont attracteurs. Ceux-ci stabilisent l'anion formé.

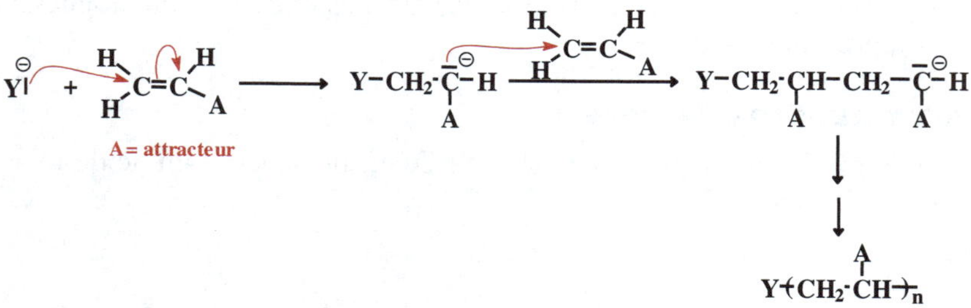

Polymérisation par coordination

C'est une polymérisation catalysée par un complexe métallique, tel que le catalyseur de Ziegler-Natta ($Et_3Al + TiCl_4$). Cette réaction permet d'obtenir dans des conditions douces des polymères de très haut poids moléculaire.

8.6 QUELQUES RÉACTIONS DES DIÈNES

a) Définition

Les diènes sont des composés qui présentent deux doubles liaisons.

En chimie, on connaît de nombreux exemples de diènes.

➤ Les diènes conjugués qui sont des composés présentant deux doubles liaisons en conjugaison (*chapitre* 2).

$H_2C{=}CH{-}CH{=}CH_2$

but-1,3-diène
(butadiène)

$H_2C{=}CH{-}C(CH_3){=}CH_2$

2-méthylbut-1,3-diène
(isoprène)

➤ Rappelons que ces composés ont quatre carbones sp2, le nuage π est délocalisé et ils présentent une isomérie géométrique *s-cis*, *s-trans*.

➤ Les allènes, qui ont un carbone sp commun à deux doubles liaisons (*chapitre 3*).

$H_2C{=}C{=}CH_2$
prop-1,2-diène
(allène)

➤ Les composés à doubles liaisons indépendantes qui se trouvent souvent à l'état naturel dans le règne végétal.

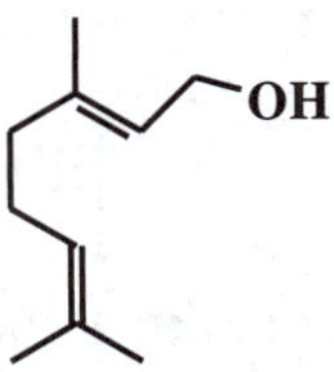

géraniol

limonène

Dans le cadre de ce cours nous nous limiterons à l'étude de quelques propriétés chimiques des diènes conjugués.

b) Structure des diènes conjugués

L'étude de la délocalisation du nuage π de telles structures a déjà été abordée lors de l'étude des orbitales moléculaires (*chapitre* 2) où nous avons montré comment les orbitales 2p s'étendaient sur toute la conjugaison. L'écriture de plusieurs formes limites rend également compte de cette délocalisation :

c) Addition d'hydracides et de dihalogènes sur les diènes conjugués

Hydracides

Prenons l'exemple de l'addition d'acide bromhydrique sur le but-1,3-diène. L'expérience montre qu'une telle réaction conduit à deux produits.

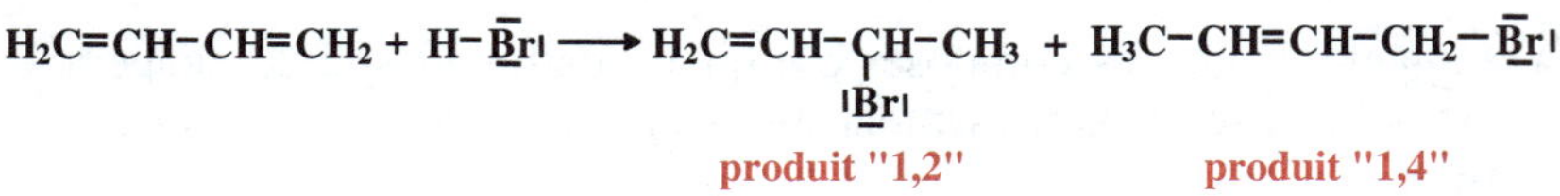

Le nuage π étant un centre riche en électrons, il y a d'abord addition électrophile du proton H^+ résultant de l'ionisation de l'acide bromhydrique pour former un carbocation possédant deux formes limites. Les produits attendus sont obtenus par addition nucléophile de l'anion Br^-, ce dernier pouvant se fixer sur les deux sites électrophiles.

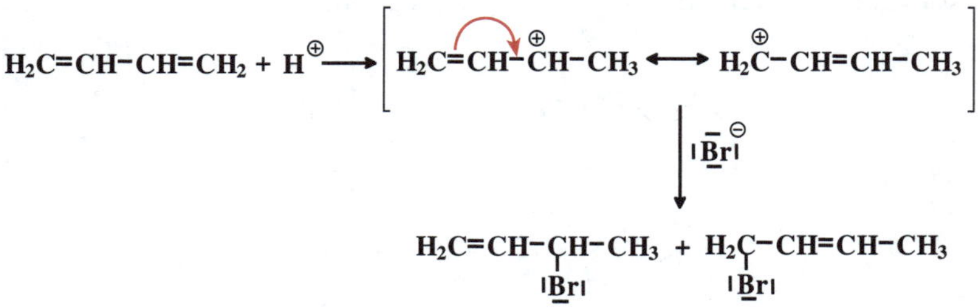

Ces deux composés sont obtenus en quantité variable selon la température.

Dihalogène

L'action, par exemple, du dibrome sur le but-1,3-diène mènera d'une manière tout à fait similaire à deux produits.

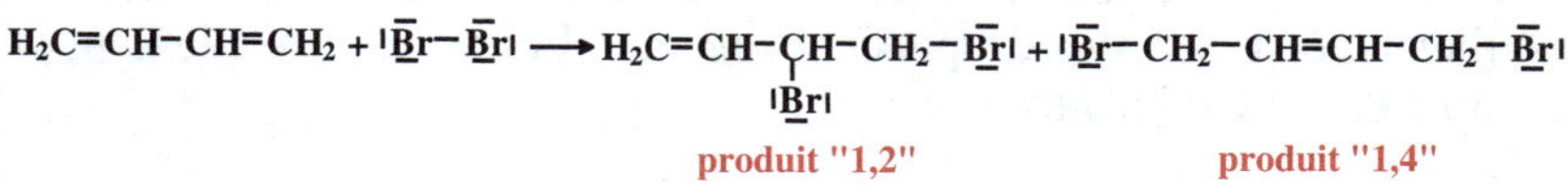

À température ambiante, c'est généralement le produit 1,4 qui se forme préférentiellement.

d) La réaction de Diels-Alder

La réaction de Diels-Alder est la réaction d'un composé de type éthylénique sur un diène.

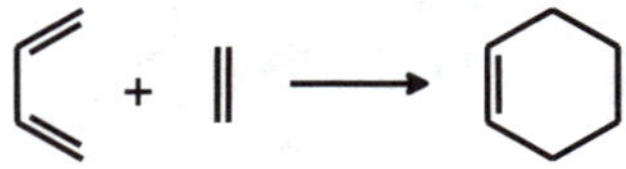

C'est une cyclisation intermoléculaire (cycloaddition) avec la formation de deux liaisons σ. Le composé réagissant avec le diène est un alcène ou une structure à double liaison qui porte alors le nom de **diènophile**. Nous ne donnerons pas de mécanisme de ce processus qui ne fait pas intervenir des déplacements de charge mais des conservations de symétrie d'orbitales. Pour que cette réaction ait lieu, un certain nombre de conditions doivent être respectées :

1. Le diène ou le diènophile doivent être activés, le diène par des substituants donneurs et les diènophiles par des substituants attracteurs.

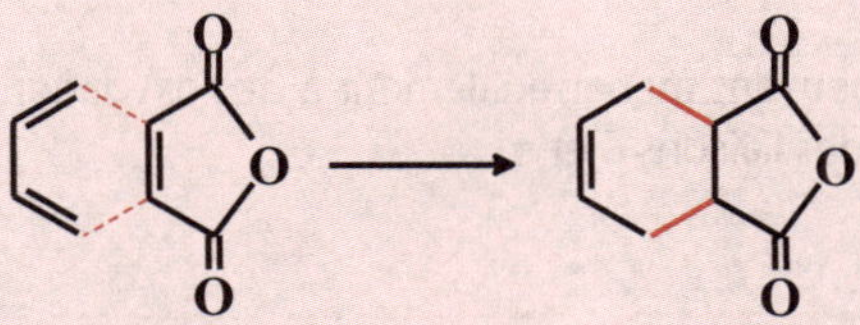

2. Le diène ne peut réagir que dans la conformation *s-cis*.

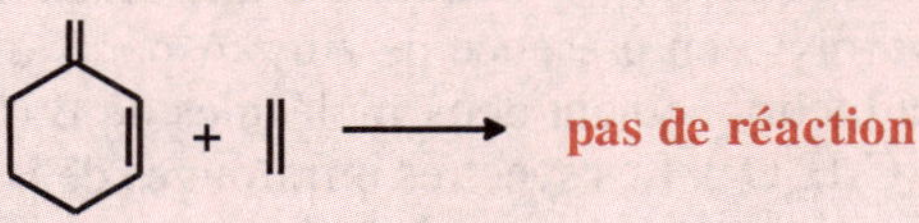

Cependant, dans sa conformation *s-trans*, un diène peut tenir le rôle de diènophile.

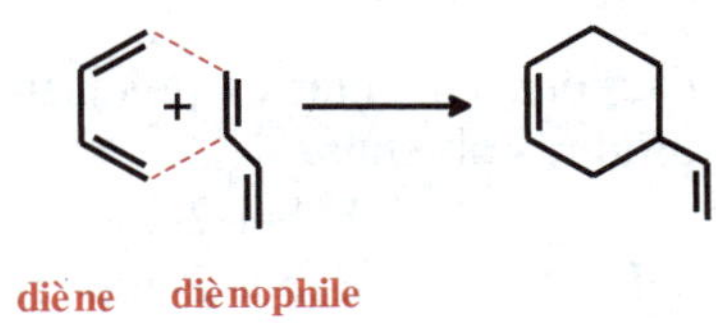

L'analyse de la stéréochimie de cette réaction montre qu'elle est stéréospécifique.

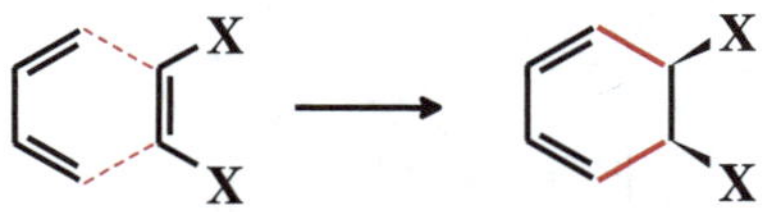

diènophile *cis* composé *cis* (*méso*)

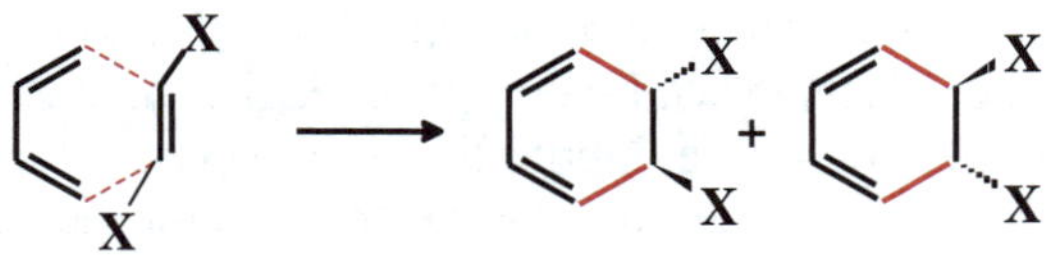

diènophile *trans* composés *trans*

POINTS-CLEFS

- En raison de la présence d'une double liaison les alcènes induisent des réactions d'addition qui sont électrophiles, radicalaires ou encore métallo-catalysées.
- Les alcènes peuvent mener également à des oxydations par rupture des liaisons π ou des liaisons σ et π.

EXERCICES

8.1 Un composé **A** ($C_{11}H_{20}$) est soumis à une réaction d'ozonolyse suivie d'une hydrolyse en présence de zinc. À partir d'une molécule de **A**, on obtient théoriquement deux molécules de B (C_3H_6O) et une molécule de **C** ($C_5H_8O_2$). Les spectres infrarouges de **B** et **C** montrent tous deux, une bande correspondant à la vibration de valence du groupement carbonyle. **C** peut s'oxyder en un diacide **D** ($C_5H_8O_4$) dont le spectre de R.M.N. du proton présente un singulet à 1,2 ppm (6H) et un autre singulet à 12,2 ppm. **B** par contre résiste à l'oxydation. Indiquer les structures de **A**, **B**, **C** et **D**.

8.2 Compléter les réactions suivantes en précisant les mécanismes et la stéréochimie des produits obtenus.

a) but-2-ène *cis* + Br_2
b) but-2-ène *trans* + Br_2
c) cyclopentène + ClOH
d) but-2-ène *cis* + OsO_4
e) but-2-ène *trans* + OsO_4
f) 3,3,3-trifluoropropène + HBr
g) $H_2C{=}CH{-}O{-}CH_3$ + HCl.

8.3 Soumis à l'hydrogénation en présence de nickel, un hydrocarbure **A** ($C_{10}H_{16}$) ne réagit que sur un équivalent de dihydrogène. En outre, l'analyse R.M.N. montre que **A** ne possède pas de groupement alkyle et cet hydrocarbure donne par ozonolyse une dicétone cyclique symétrique **B** ($C_{10}H_{16}O_2$). Indiquer les structures de **A** et **B.**

8.4 Effectuer les synthèses suivantes en une ou plusieurs étapes, sachant que l'expérimentateur dispose de tous les réactifs organiques et minéraux utiles.

a) $CH_3–CHBr–CH_3 \rightarrow CH_3–CH_2–CH_2Br$

b) $C_2H_5OCO–C{\equiv}C–COOC_2H_5 \rightarrow$ 1,2-diéthoxycarbonylcyclohexane

8.5 Compléter les réactions de Diels-Alder suivantes :

a) 

b) 

c) 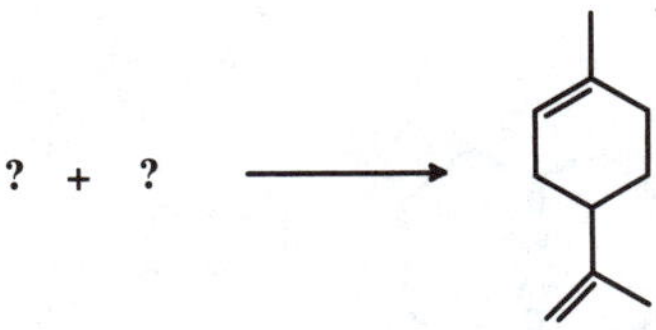

d) 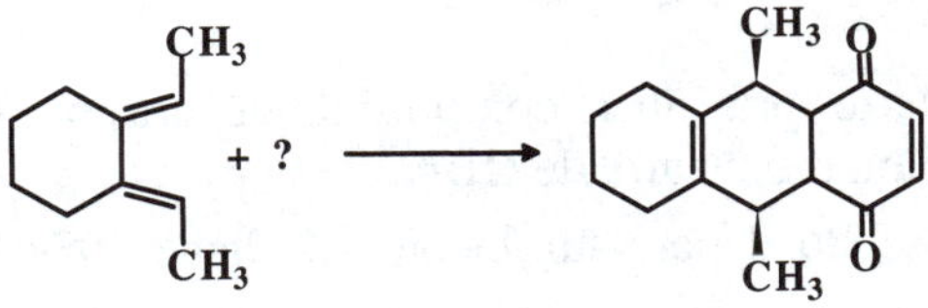

SOLUTIONS

8.1

A= 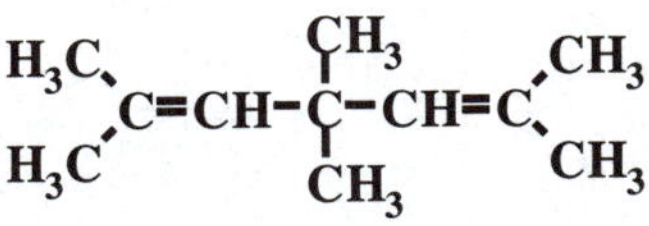

B= 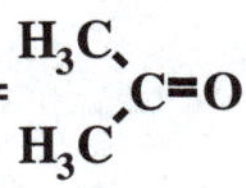

C= 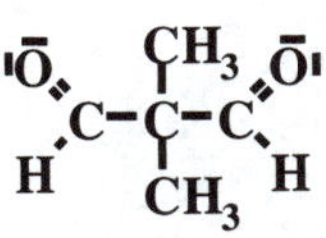

D= 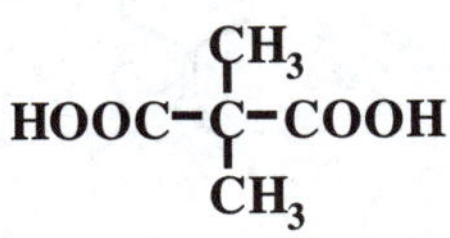

8.2

a) 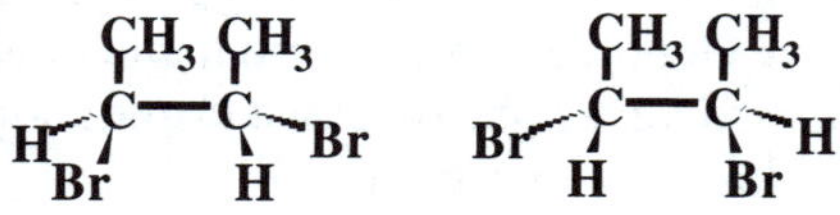

b) 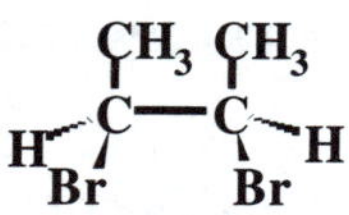

méso

c) 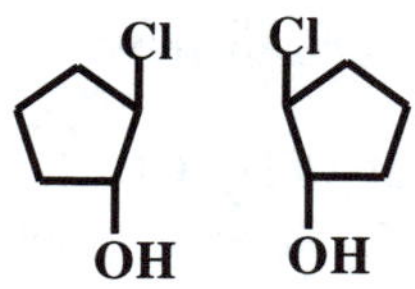

d) 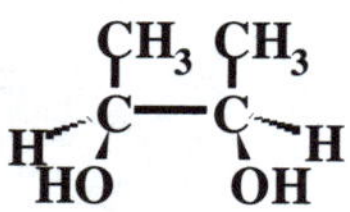

méso

e) 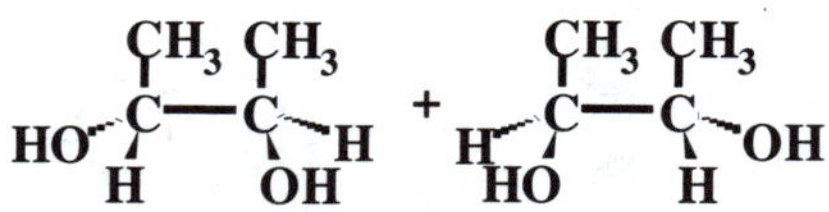

f) $F_3C-CH_2-CH_2Br$ g) $CH_3-CH_2Cl-OCH_3$

8.3

A = 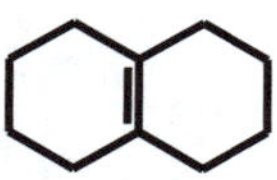

B = 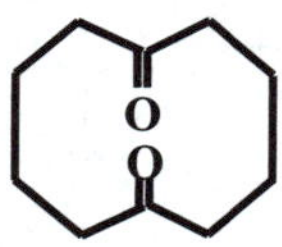

8.4 a) Action d'une base forte sur le composé de départ pour obtenir le propène puis-addition radicalaire de HBr

b) Action du composé de départ sur le but-1,2-diène (réaction de Diels-Alder).

8.5

a) 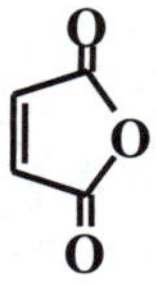

b) cyclopent-1,3-diène

c) 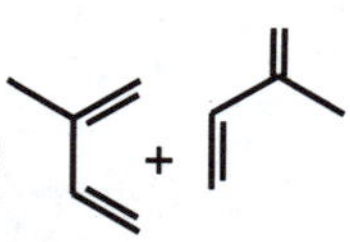

d) 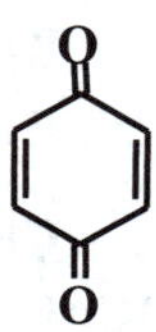

CHAPITRE 9

Alcynes

PLAN

OBJECTIFS

- Compléter vos connaissances sur les réactions d'addition.
- Connaître les propriétés acides des alcynes vrais

9.1 DÉFINITION

Les alcynes, appelés également acétyléniques, sont des composés qui présentent des liaisons triples carbone-carbone.

La structure des alcynes est linéaire, les deux carbones portant la triple liaison sont hybridés **sp**. En raison de quelques différences de propriétés chimiques, on distingue les **alcynes vrais**, qui présentent un hydrogène sur l'un des carbones acétyléniques (R–C≡C–H), et les **alcynes substitués**, qui présentent un groupement alkyle sur chacun des carbones sp (R–C≡C–R).

9.2 PROPRIÉTÉS PHYSIQUES ET SPECTROSCOPIQUES

Les températures d'ébullition, de fusion et la densité des alcynes sont en général plus élevées que celles des alcanes et alcènes correspondants. Les spectres infrarouge des alcynes présentent une faible bande ($\nu_{C\equiv C}$) à 2 100 cm^{-1}. Les alcynes vrais présentent, en plus, une bande moyenne à 3 300 cm^{-1} correspondant à la vibration de valence de la liaison C–H ($\nu_{\equiv C-H}$). En RMN le proton fixé sur le carbone sp résonne entre 1,7 et 3 ppm. Il est beaucoup plus blindé que celui des protons éthyléniques (4,8 à 6,5 ppm).

9.3 PROPRIÉTÉS CHIMIQUES COMMUNES À TOUS LES ALCYNES

Les alcynes sont beaucoup moins stables que les alcènes, ils se comportent comme des composés insaturés possédant deux liaisons π entre les deux mêmes carbones.

Il y aura donc, comme pour les alcènes, des réactions d'addition qui pourront dans ce cas se produire deux fois. Par ailleurs, quoique plus difficiles qu'avec les dérivés éthyléniques, les oxydations demeurent possibles.

a) Hydrogénation catalytique

L'hydrogénation des alcynes en présence de catalyseurs comme le nickel, le palladium ou le platine conduisent dans un premier temps à un alcène, puis à l'alcane correspondant.

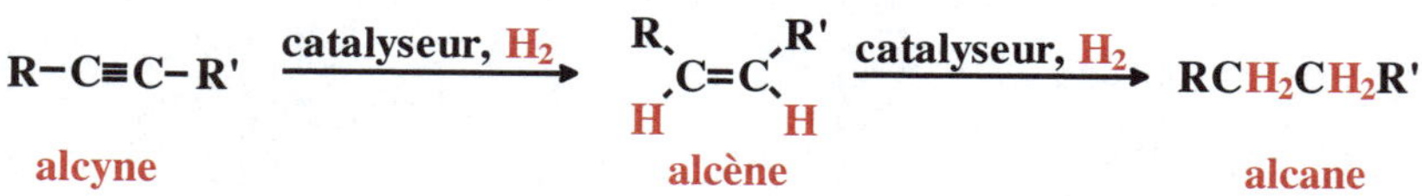

En présence de catalyseurs peu actifs comme le palladium désactivé, appelé catalyseur de Lindlar (palladium précipité sur du carbonate de calcium, traité par de l'acétate de plomb et de la quinoléine), l'hydrogénation est partielle et l'alcyne est transformé sélectivement en alcène. Comme dans le cas des alcènes l'addition de l'hydrogène se fait du même côté du plan, il y a **syn addition**.

b) Halogénation

Comme pour les alcènes, seules les bromations et les chlorations sont possibles.

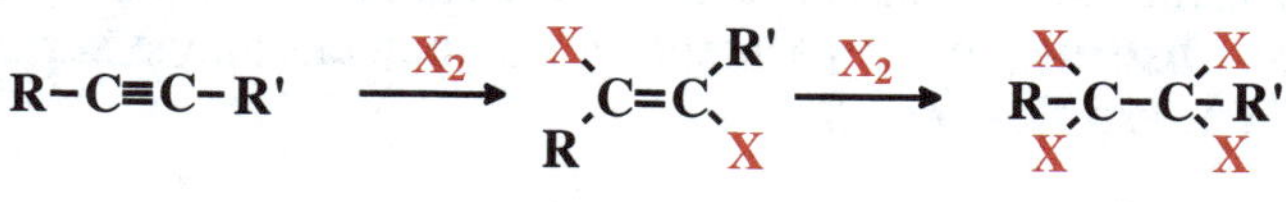

Pour des raisons énergétiques la seconde addition sera plus lente. Il sera donc possible d'arrêter la réaction au dérivé éthylénique en modulant les concentrations en dihalogène. Le mécanisme est analogue à celui proposé pour les alcènes (*chapitre 8*) et la stéréochimie de l'addition est *anti*.

c) Addition d'hydracides

L'addition d'un hydracide est une réaction non stéréospécifique, comme dans le cas des alcènes, elle suit la règle de Markovnikov.

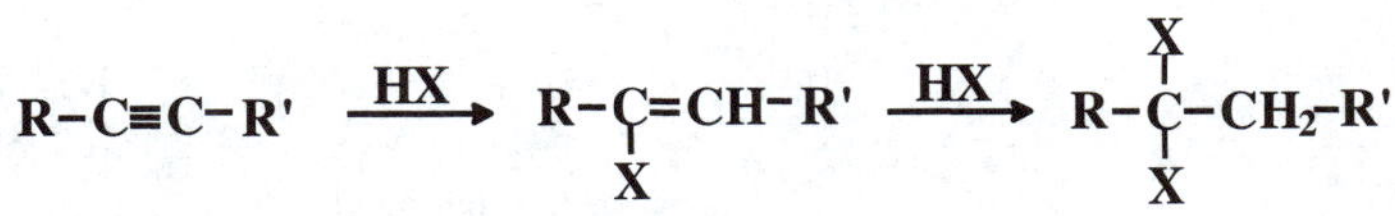

Les deux atomes d'halogènes se fixent sur le même atome de carbone en raison du caractère mésomère donneur du substituant X.

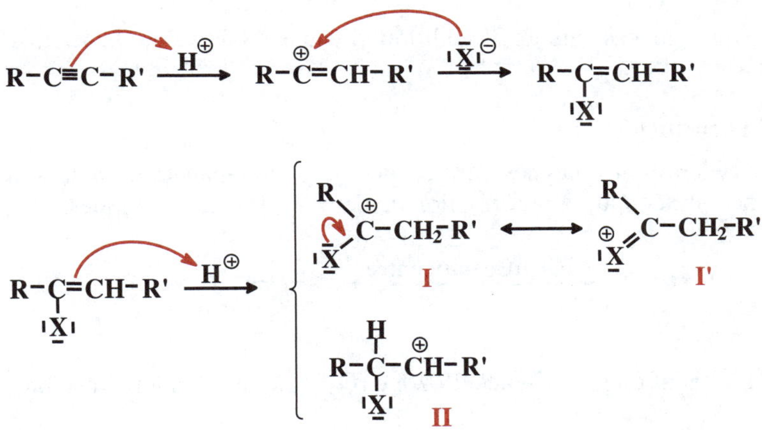

La forme **I** est plus stable car elle représente deux formes limites.

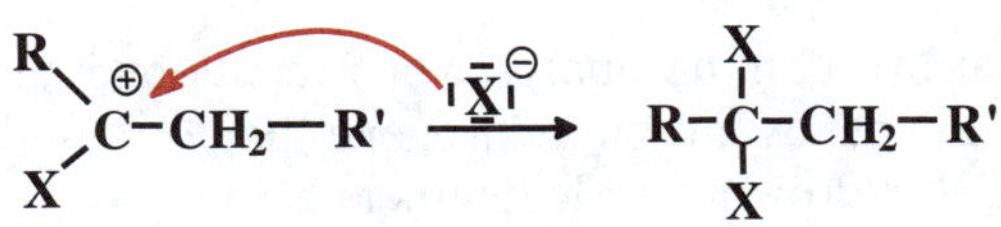

Là aussi, la seconde addition est plus lente ; avec **HI** la réaction peut s'arrêter à la première.

d) Hydratation

Bien que d'un usage courant, la réaction d'hydratation est assez difficile à réaliser. Elle nécessite, outre l'acide sulfurique, une complexation préalable avec des ions mercuriques Hg^{2+} ($HgSO_4$, $HgCl_2$…). Le mécanisme fait intervenir une complexation de la liaison π par les ions Hg^{2+}. Le complexe formé aboutit par hydrolyse acide à un énol, qui est déplacé vers l'aldéhyde ou la cétone correspondant :

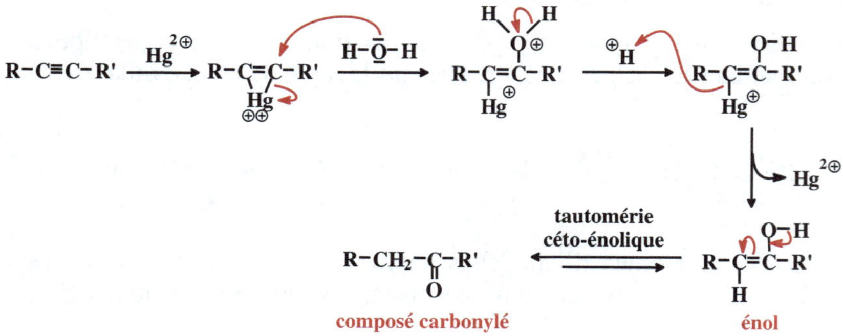

Dans ce cas encore, l'addition d'eau se fait selon la règle de Markovnikov.

e) Oxydation

L'oxydation des alcynes en présence de permanganate de potassium concentré conduit à la formation de deux acides carboxyliques.

$$R-C\equiv C-R' \xrightarrow{KMnO_4 \text{ concentré}} R-\underset{\underset{O}{\|}}{C}-OH + HO-\underset{\underset{O}{\|}}{C}-R'$$

L'oxydation en présence d'ozone (O_3) conduit au même résultat.

9.4 PROPRIÉTÉS CHIMIQUES PROPRES AUX ALCYNES VRAIS

a) Généralités

Un alcyne vrai est, comme nous l'avons mentionné au début de ce chapitre, un alcyne ayant un hydrogène lié à l'un des carbones hybridés sp. Cet hydrogène est légèrement acide ($pKa \approx 25$).

$$R-C\equiv C-H \rightleftharpoons \underbrace{R-C\equiv C^{\ominus}}_{\text{ion alcynure}} + H^{\oplus}$$

Le doublet de l'alcynure est sur une orbitale sp donc relativement proche du noyau, d'où la stabilisation de la charge négative. Toutes les propriétés propres aux alcynes vrais reposent sur ce résultat.

b) Action des dérivés métalliques

En raison du caractère acide de l'hydrogène porté par les carbones sp, les alcynes vrais pourront réagir sur les dérivés métalliques très basiques. Quelques exemples sont donnés sur le *tableau 9.1*.

Tableau 9.1 Action des sels métalliques sur les alcynes vrais.

Chlorure cuivreux ammoniacal	$R-C\equiv \overset{\delta\ominus}{C}-\overset{\delta\oplus}{H} + Cu(NH_3)_2^{\oplus}, Cl^{\ominus} \longrightarrow R-C\equiv C-Cu\downarrow + NH_4^{\oplus}Cl^{\ominus} + NH_3$ précipité jaune ou rouge
Nitrate d'argent ammoniacal	$R-C\equiv \overset{\delta\ominus}{C}-\overset{\delta\oplus}{H} + Ag(NH_3)_2^{\oplus}, NO_3^{\ominus} \longrightarrow R-C\equiv C-Ag\downarrow + NH_4^{\oplus}, NO_3^{\ominus}$ précipité blanc
Amidure de sodium	$R-C\equiv \overset{\delta\ominus}{C}-\overset{\delta\oplus}{H} + Na^{\oplus}NH_2^{\ominus} \longrightarrow R-C\equiv C^{\ominus}Na^{\oplus} + NH_3$
Réactif de Grignard	$R-C\equiv \overset{\delta\ominus}{C}-\overset{\delta\oplus}{H} + R'-MgX \xrightarrow{-R'H} \left[R-C\equiv C-MgX \longleftrightarrow R-C\equiv C^{\ominus}, MgX^{\oplus}\right]$

c) Applications

Les alcynures en raison de leur doublet, ont un caractère nucléophile et réagissent comme tels. Les sels d'argent et de cuivre donnant des précipités, on utilise en général les alcynures de sodium ou de magnésium. Ils peuvent, en particulier, réagir sur les dérivés halogénés (réaction SN1 ou SN2) et s'additionner sur les groupements carbonyles des aldéhydes ou des cétones.

- **Substitution nucléophile** : ce sont des méthodes de synthèses d'alcynes substitués.

$$R-C\equiv C^{\ominus}Na^{\oplus} + \overset{\delta\oplus}{R'}-\overset{\delta\ominus}{X} \xrightarrow{SN} R-C\equiv C-R' + NaX$$

$$R-C\equiv C-MgX + \overset{\delta\oplus}{R'}-\overset{\delta\ominus}{X} \xrightarrow{SN} R-C\equiv C-R' + MgX_2$$

- **Addition nucléophile sur les dérivés carbonylés** :

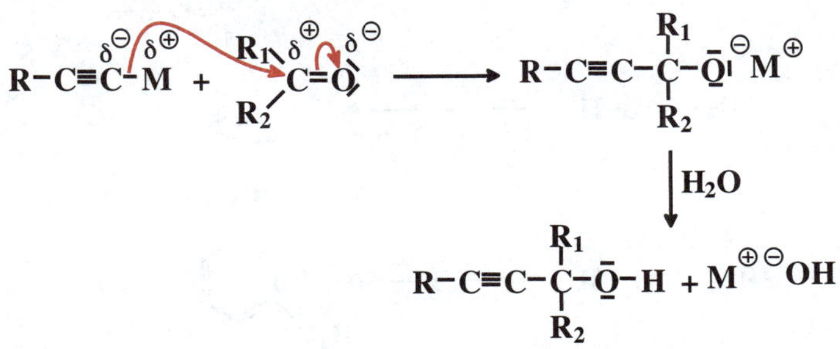

alcool acétylénique

Dans le cas de l'éthyne il y a deux hydrogènes acides. À basse température (– 78 °C, NH_3 liquide), il y a monométallation de l'acétylène.

$$H{-}C{\equiv}C^{\ominus}\,M^{\oplus}$$

À température ambiante les deux hydrogènes réagissent, il y a dimétallation.

$$^{\oplus}M\;^{\ominus}C{\equiv}C^{\ominus}\,M^{\oplus}$$

d) Passage d'un alcyne substitué à un alcyne vrai

En milieu amidure de sodium ($NaNH_2$) un alcyne substitué peut mener à un alcyne vrai, via un allène.

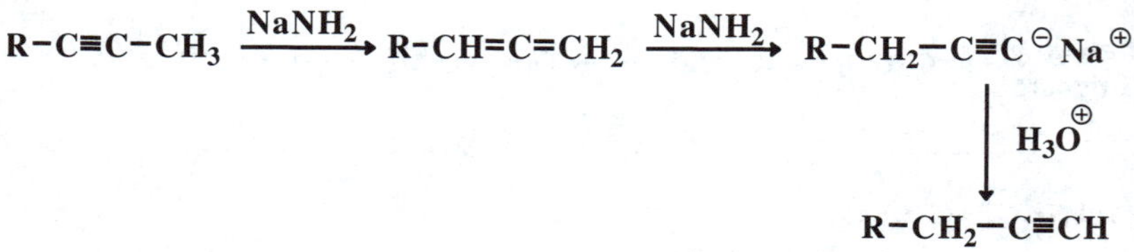

9.5 CONDENSATION ET POLYMÉRISATION

Ce sont des réactions très importantes dans le domaine industriel, car elles sont à la base de la préparation du butadiène et de différents matériaux. En présence de cuivre I et d'un acide faible tel que le chlorure d'ammonium on observe une duplication de l'éthyne ; il existe également des polymérisations cycliques.

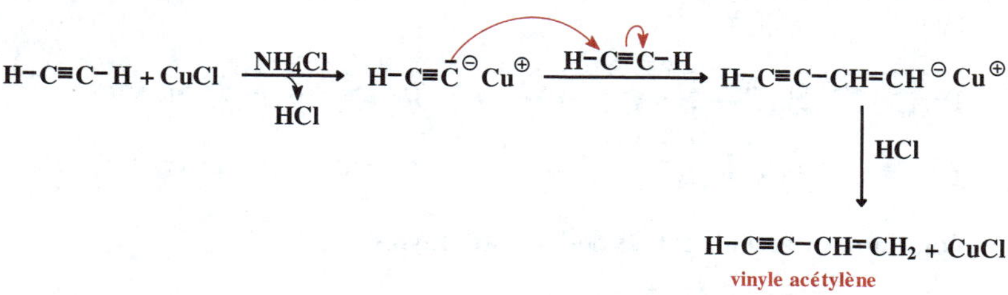

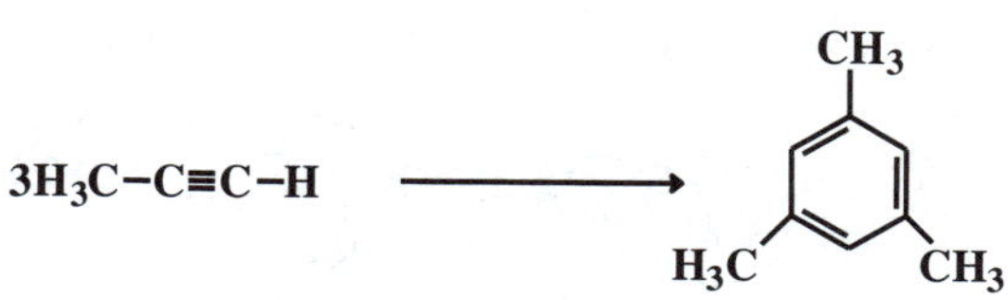

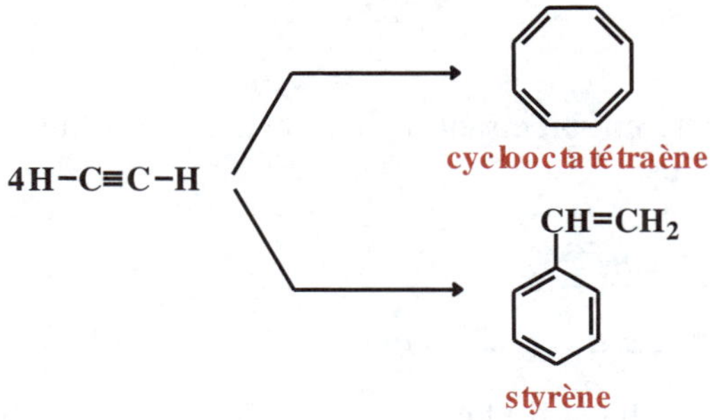

9.6 ÉTAT NATUREL ET CHIMIE INDUSTRIELLE

Les alcynes sont relativement peu répandus dans la nature. L'éthyne ou l'acétylène est l'alcyne de base dans l'industrie chimique. L'éthyne est préparé industriellement par hydrolyse du carbure de calcium.

$$CaC_2 + 2\,H_2O \xrightarrow{\text{température ambiante}} H{-}C{\equiv}C{-}H + Ca(OH)_2$$

Le carbure de calcium est lui-même obtenu par action de l'oxyde de calcium (chaux vive) sur le charbon à 2000 °C.

$$3\,C + CaO \xrightarrow{2000\ °C} CaC_2 + CO$$

En outre, l'éthyne est parfois un sous-produit de la combustion partielle des gaz de pétrole.

POINTS-CLEFS

- Comme pour les alcènes les alcynes sont le siège de réactions d'addition. On observe des mono et des di-additions.
- Les alcynes vrais ont des propriétés d'acides très faibles d'où, formation de sels (alcynures) avec des dérivés métalliques basiques.
- Certains alcynures peuvent mener à des réactions de substitution nucléophile et à des réactions d'addition.

EXERCICES

9.1 Compléter, en précisant le cas échéant, la stéréochimie des produits obtenus.

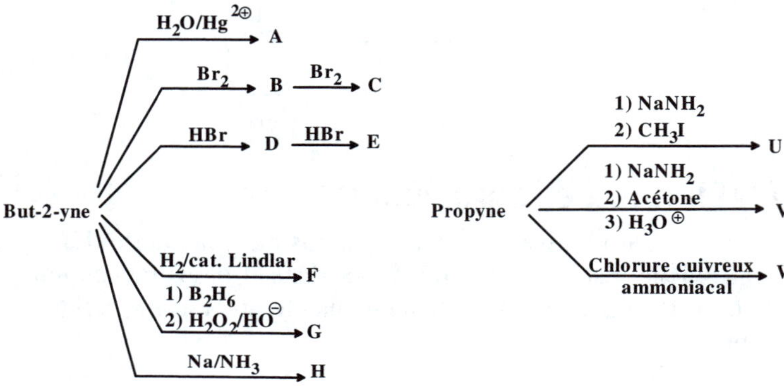

9.2 Compléter les réactions suivantes :

$$\text{propyne} + CH_3MgBr \longrightarrow A \xrightarrow[2)\ H_3O^{\oplus}]{1)\ PhCHO} B$$

$$B + H_2 \xrightarrow{\text{Pd désactivé}} C \xrightarrow{H_3O^{\oplus}} D\ (C_{10}H_{20})$$

9.3 Proposer une synthèse de l'isoprène (2-méthylbut-1,3-diène), en utilisant l'éthyne et l'acétone comme seuls substrats organiques.

9.4 À partir de l'éthyne comme seul composé organique, préparer les produits suivants :

a) but-1,3-diène

b) 1,1,2-trichloroéthane

c) 2-methyl-butan-2-ol

d) 2-chlorobut-1,3-diène (chloroprène).

SOLUTIONS

9.1 A : butanone

B : 1,2-dibromobut-2-ène *trans*

C : 2,2,3,3 tétrabromoéthane

D : 2-bromobut-2-ène

E : 2,2-dibromobutane

F : but-2-ène *cis*

G : butanone

H : but-1-yne

U : but-2-yne

V : CH_3–C≡C–C$(CH_3)_2$OH

W : CH_3–C≡C–Cu

9.2 A : CH_3–C≡C–MgBr

B : CH_3–C≡C–CH(OH)Ph

C : *cis*- CH_3–C=C–CH(OH)Ph

D : CH_3–C=C–CH=CH–Ph.

9.3 i. Éthyne + Na/NH_3 (– 78 °C)

ii. Acétone.

iii. H_3O^+

iv. H_2/Pd

9.4 a) Duplication de l'éthyne (milieu NH_4Cl) suivi d'une hydrogénation en présence de palladium Lindar.

b) Addition de dichlore puis de HCl sur l'éthyne.

c) Action de l'éthyne sur $NaNH_3$ à basse température, l'action de l'acétone sur le composé formé, puis hydrogénation catalytique.

d) Formation du MVA à partir de l'éthyne (cours) puis action de HCl.

CHAPITRE 10

Les hydrocarbures benzéniques

PLAN

10.1 Définition

10.2 Propriétés physiques et spectroscopiques

10.3 Réactions d'addition

10.4 Substitution électrophiles

10.5 Substitutions nucléophiles aromatiques

10.6 Réactions sur les chaînes latérales

OBJECTIFS

- Découvrir de nouveaux aspects de la réactivité des molécules organiques.
- Connaître un type fondamental de réaction : la réaction de substitution électrophile SE2.

10.1 DÉFINITIONS

Un hydrocarbure aromatique est un hydrocarbure cyclique présentant $4n + 2$ électrons π en conjugaison (n entier).

En particulier un **hydrocarbure benzénique** est un hydrocarbure aromatique dérivé du benzène. Ce dernier peut s'écrire sous différentes formes limites (*chapitre 3*).

Comme nous l'avons déjà mentionné (*chapitre 1*), dans un tel cycle, toutes les liaisons sont identiques en raison de la délocalisation des six électrons π. Il existe de nombreux composés aromatiques dérivés du benzène :

toluène (méthylbenzène)

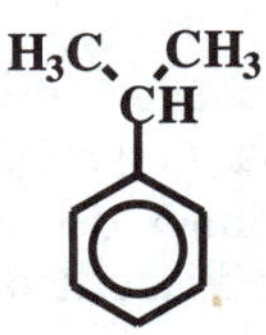

cumène (isopropylbenzène)

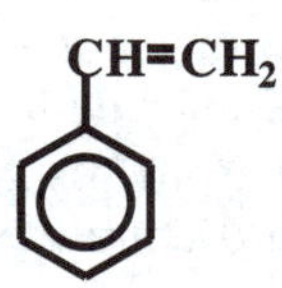

styrène (vinylbenzène)

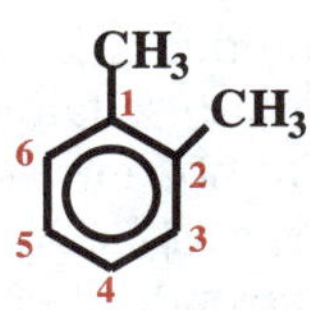

orthoxylène (1,2-diméthylbenzène)

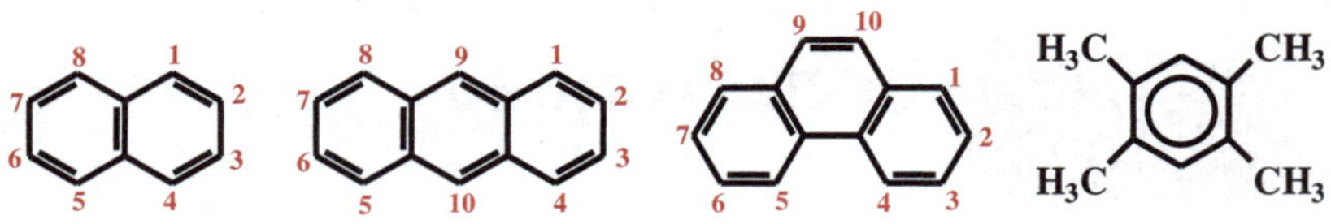

naphtalène anthracène phénanthrène durène

10.2 QUELQUES PROPRIÉTÉS PHYSIQUES ET SPECTROSCOPIQUES

a) Propriétés physiques

Les hydrocarbures benzéniques possèdent une **odeur assez caractéristique**, parfois agréable. Ils sont souvent **très toxiques**, parfois cancérigènes. Ils sont **moins denses que l'eau** et y sont extrêmement peu solubles.

b) Propriétés spectroscopiques

Comme nous l'avons indiqué au *chapitre 4* les hydrocarbures benzéniques absorbent fortement dans le domaine de l'UV-visible (λ compris entre 200 et 300 nm). En IR ils présentent des bandes d'absorption intenses vers 3 030 cm^{-1} (ν_{CH}) et de nombreux signaux entre 1 500 et 1 600 cm^{-1} ($\nu_{C=C}$). Enfin en RMN du proton le déplacement chimique des hydrogènes aromatiques se situe entre 6,5 et 8 ppm.

10.3 RÉACTIONS D'ADDITION

a) Hydrogénation

Sous des conditions de pression et température élevées et en présence de catalyseurs (Ni, Pt) on fixe trois molécules de dihydrogène sur le benzène.

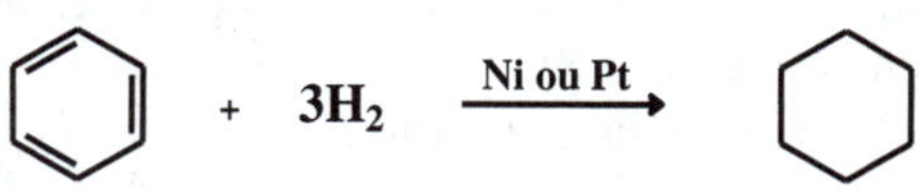

benzène cyclohexane

b) Addition des halogènes

L'addition de trois molécules d'halogène (principalement du dichlore) se fait en présence de lumière par un processus radicalaire.

On obtient les huit isomères géométriques de l'hexachlorocyclohexane $C_6H_6Cl_6$. L'un d'entre eux est un **insecticide** (le Lindane ou Gamexan).

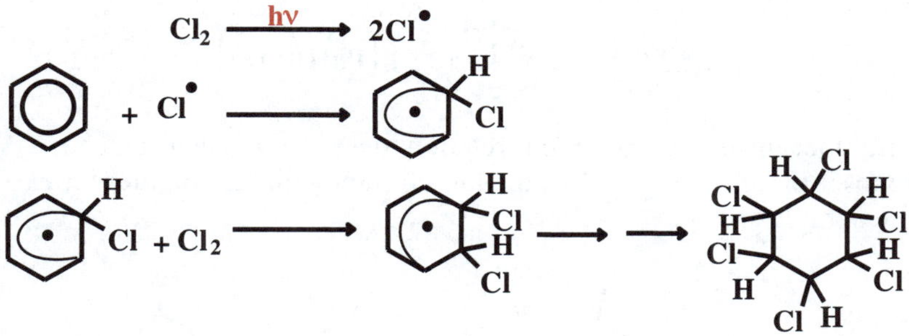

10.4 RÉACTIONS D'OXYDATION

Les réactions d'oxydation du cycle benzénique sont assez difficiles à réaliser étant donné l'énergie de résonance qui confère une grande stabilité à ces composés. Pratiquement dans l'industrie on effectue l'ozonolyse ou l'oxydation par le *per*oxyde d'argent.

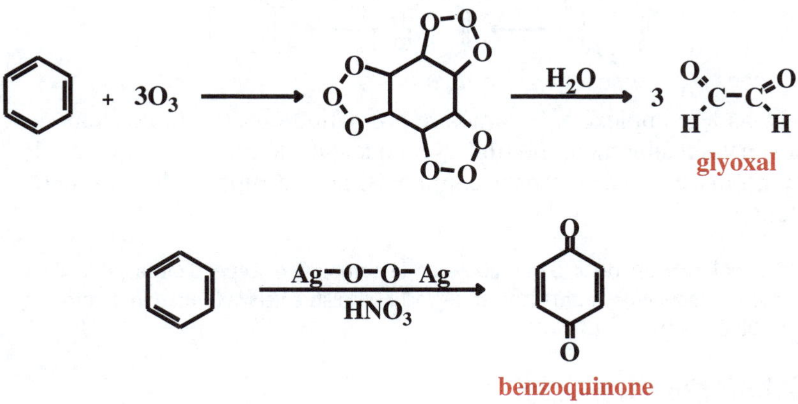

10.5 RÉACTIONS DE SUBSTITUTION ÉLECTROPHILE (SE2)

a) Généralités et mécanisme

L'étude de la structure du benzène montre une forte densité électronique facilitant les substitutions électrophiles.

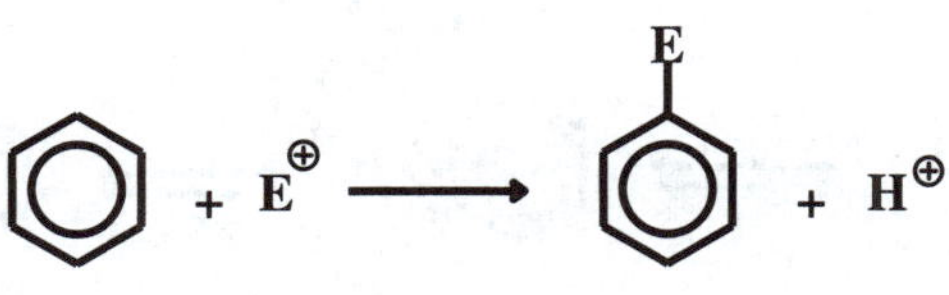

La cinétique observée pour cette réaction est du deuxième ordre :

$$v = \frac{d[PhH]}{dt} = -\frac{d[E^{\oplus}]}{dt} = k[PhH][E^{\oplus}]$$

Le mécanisme proposé en relation avec ce résultat amène à proposer un processus multiétape faisant intervenir un complexe π et un « complexe σ » :

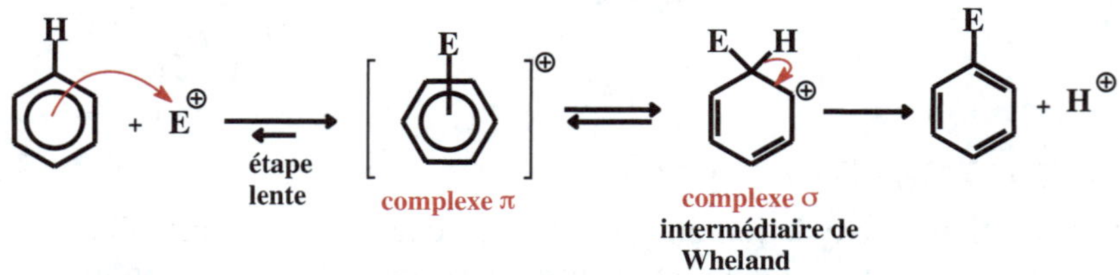

Le complexe σ possède plusieurs formes limites.

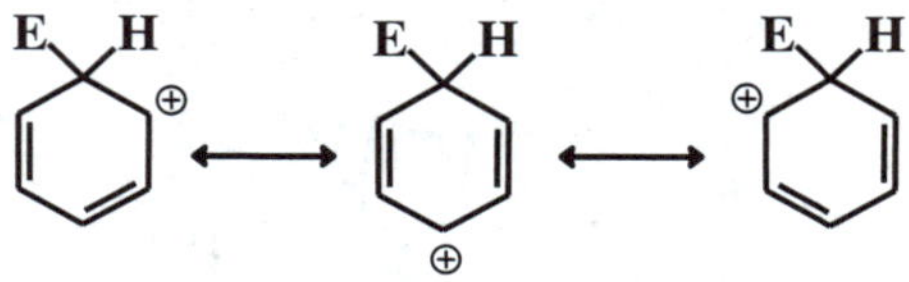

Dans le complexe π le caractère aromatique du noyau benzénique n'est pas sensiblement modifié, alors que dans le cas du complexe σ il n'y a plus que 4 électrons π conjugués, et une rupture de l'aromaticité.

Le complexe π est donc plus stable que le complexe σ. Cependant la perte d'un proton va régénérer l'aromaticité et déplacer l'équilibre vers la formation du produit substitué.

b) Sulfonation

Cette réaction réversible et exothermique nécessite de l'acide sulfurique concentré ou encore mieux de l'oléum (anhydride sulfurique SO_3 dans l'acide sulfurique concentré). Le caractère électrophile du soufre a pour origine l'effet fortement attracteur du groupement S=O :

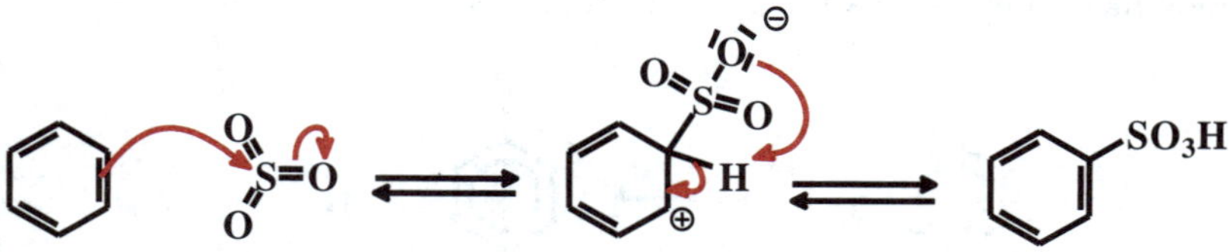

c) Nitration

La nitration est réalisée en présence du mélange sulfonitrique (HNO_3 + H_2SO_4) et mène au nitrobenzène. L'agent électrophile $NO_2^{\oplus}$ se forme par action de l'acide nitrique sur l'acide sulfurique :

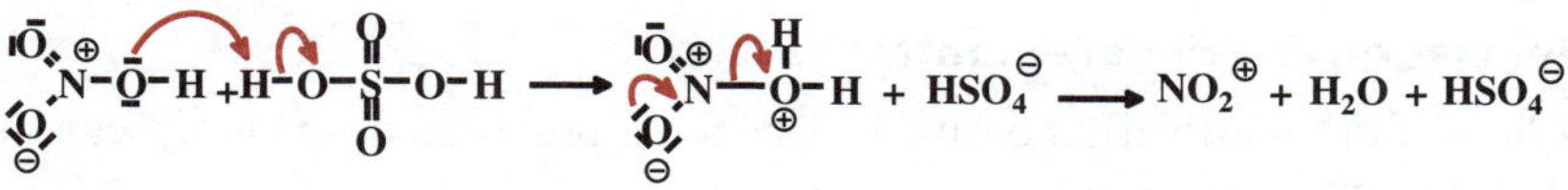

Et le groupement $NO_2^{\oplus}$ réagit normalement par la réaction SE2 :

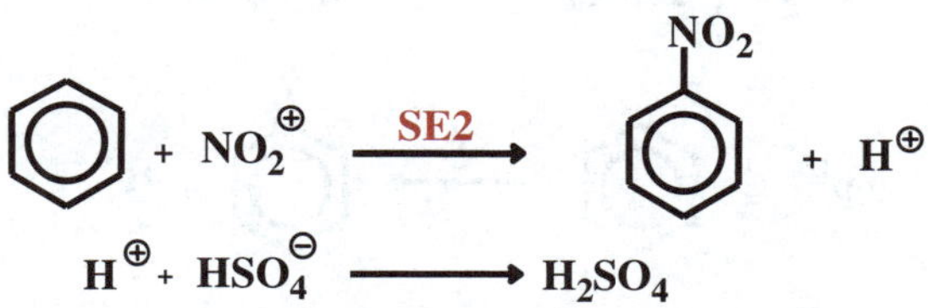

À chaud, cette réaction sur le toluène peut conduire aux composés di- ou trinitrés tels que le 2,4,6-trinitrotoluène (TNT) utilisé comme explosif.

d) Halogénation

En présence de dihalogène et d'un acide de Lewis on a la réaction :

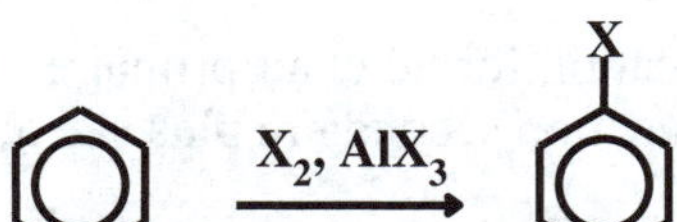

L'ordre de réactivité des halogènes varie dans le sens : $F_2 > Cl_2 > Br_2 > I_2$. L'halogénation débute par la réaction de l'acide de Lewis (AlX_3, FeX…) pour former l'électrophile $X^{\oplus}$:

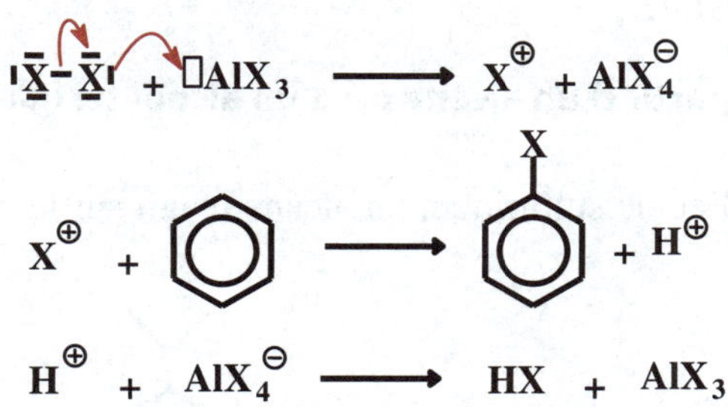

Ce type d'halogénation s'applique principalement au brome et au chlore, le fluor est trop réactif pour permettre la préparation directe de composés fluorés, par contre l'iode ne l'est pas assez.

e) Alkylation

Alkylation de Friedel et Crafts

Elle se fait à partir d'un dérivé halogéné en présence d'un catalyseur de type acide de Lewis.

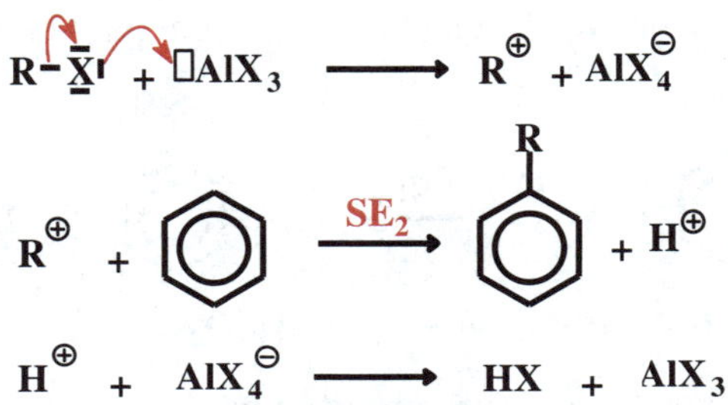

Cette réaction peut être accompagnée de réarrangements :

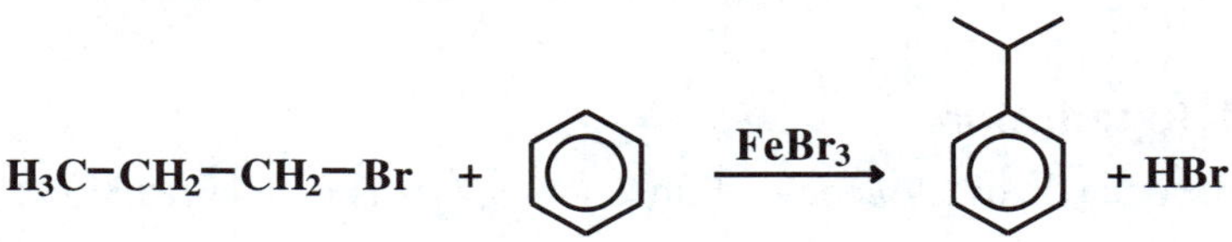

En effet le carbocation formé étant primaire, il peut se réarranger pour donner le carbocation secondaire plus stable.

L'étape de substitution sera ensuite celle décrite dans le cas général des réactions SE2.

Alkylation à partir d'un alcène ou d'un alcool tertiaire ou secondaire

En présence d'acide sulfurique, un alcène réagit sur le benzène selon la réaction :

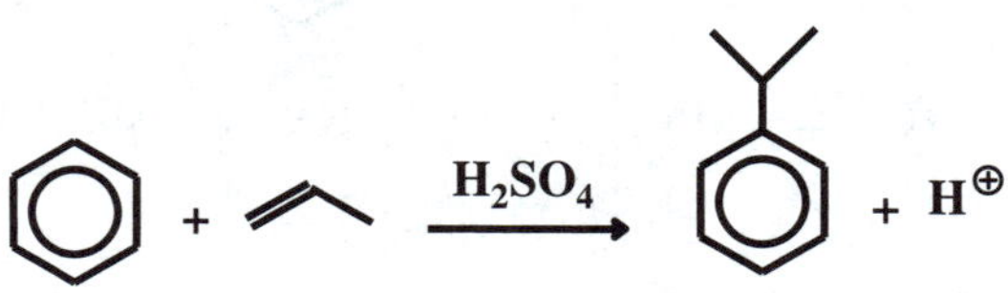

Le carbocation peut également provenir de la réaction d'un alcool en présence d'un catalyseur acide.

f) Acylation

La réaction d'un chlorure d'acyle en présence d'un acide de Lewis permet d'obtenir un dérivé acylé du benzène :

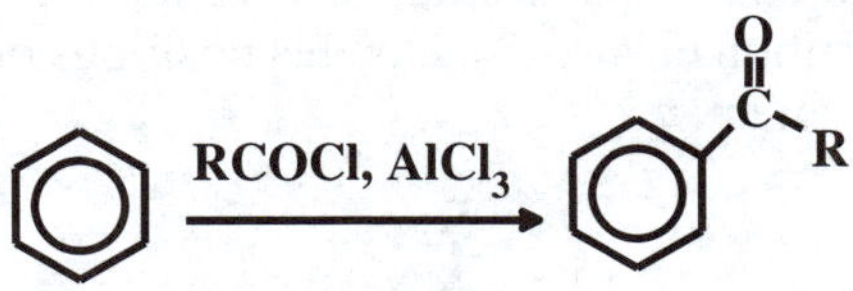

Le mécanisme est du même type que l'alkylation avec formation de l'ion **acylium** :

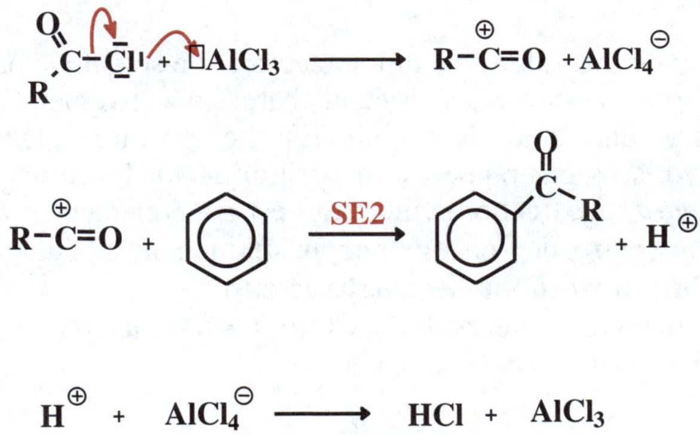

Dans ce cas, cependant, on doit utiliser une **quantité stœchiométrique** plus un léger excès de catalyseur (1,1 équivalents) car celui-ci forme un complexe avec un des doublets de l'oxygène du groupement carbonyle.

g) Effet d'un substituant déjà présent sur le benzène sur la réaction de substitution électrophile

La présence d'un substituant R_1 sur le benzène va avoir une influence sur la réactivité et sur la régioselectivité vis-à-vis d'un réactif E⊕. On peut obtenir *a priori* trois composés :

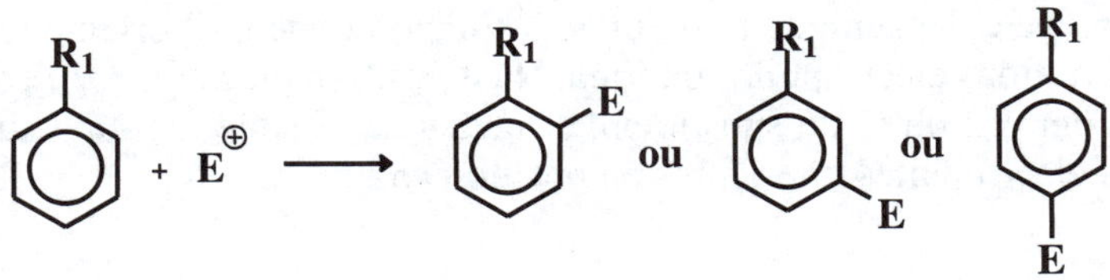

ortho(1,2) méta(1,3) para(1,4)

On peut se demander dans quelle mesure le substituant R_1 va orienter les substitutions électrophiles ultérieures.

Orientation de la substitution

➤ **Cas d'un substituant électrodonneur.**
Lorsque le substituant R1 est donneur (alkyle, OH, OR, NR2…) nous avons vu au chapitre 3 que l'étude des différentes formes limites mène à une répartition électronique où les positions ortho et para sont chargées négativement.

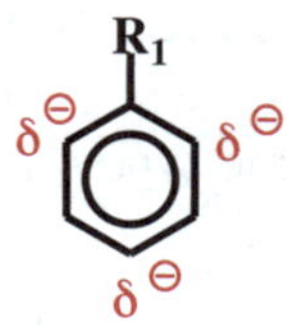

Avec un donneur, la substitution électrophile sera donc orientée en position *ortho* et *para*, ces sites étant chargés négativement, donc plus aptes à fixer un réactif électrophile $E^{\oplus}$. Les positions *ortho* et *para* seront favorisées par rapport à la position *méta*. Entre les positions *ortho* et *para*, c'est cette dernière qui est généralement favorisée en raison, entre autre, de l'encombrement stérique du substituant R_1.

➤ **Cas d'un substituant électroattracteur.**
Les substituants attracteurs (NO_2, CO_2R, C≡N) vont créer des charges $\delta^{\oplus}$ dans les positions *ortho* et *para*.

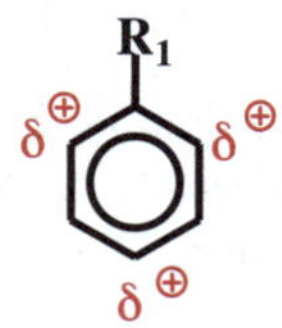

Un réactif électrophile $E^{\oplus}$ se fixera donc difficilement sur les positions *ortho* ou *para* en raison du déficit électronique de ces sites ; il se fixera par conséquent en position *méta* car cette position sera moins désactivée. De ces résultats, on déduit les **règles d'orientation de Holleman** :

> Si un cycle benzénique porte un substituant donneur, il oriente les substitutions électrophiles ultérieures en position *ortho* ou *para* ; si par contre il porte un substituant attracteur, il oriente les substitutions électrophiles ultérieures en position *méta*.

Nous avons raisonné sur l'état initial en examinant les charges partielles au niveau des différents carbones benzéniques. Une étude rigoureuse du phénomène nécessiterait l'analyse de la stabilité des différentes formes limites du complexe de Wheland substitué par R_1.

Influence du substituant sur la réactivité : activation-désactivation

Les substituants donneurs par effet inductif ($–CH_3$, $–C(CH_3)_3$) ou par effet mésomère (–OH, –OR, $–NR_2$) vont, comme nous venons de le voir, augmenter la densité électronique sur le cycle au niveau des positions *ortho* et *para* et, par conséquent, augmenter la vitesse de réaction par rapport au benzène : on dira qu'il y a **activation du cycle benzénique**. Par contre, les substituants attracteurs (NO_2, $^+NR_3$, CO_2R, C≡N, SO_3H…) vont **désactiver le cycle** et la vitesse de substitution électrophile diminuera par rapport à la même réaction sur le benzène.

Les halogènes (F, Cl, Br, I) sont un cas particulier. Ceux-ci sont donneurs par effet mésomère, ils seront donc, d'après ce qui précède, *ortho* et *para* orientateurs. Cependant, l'effet inductif attracteur de ces halogènes n'étant pas tout à fait négligeable, la charge $\delta^{\ominus}$ apparaissant au niveau des positions *ortho* et *para* est très faible, la vitesse de la substitution électrophile sera inférieure à celle observée avec le benzène - il y a donc également désactivation du cycle.

Ces observations peuvent se résumer par les règles d'Holleman où l'on classe les substituants en trois groupes :

1. Les groupes *ortho* et *para* directeurs activants :

Alkyle, NR_2, OH, OR.

2. Les groupes *ortho* et *para* directeurs désactivants :

F, Cl, Br, I.

3. Les groupes *méta* directeurs désactivants :

NO_2, SO_2H, COOH, CHO, COR.

Enfin, il est important de mentionner que, dans tous les cas que nous avons envisagés, il peut y avoir des **polysubstitutions**.

10.6 RÉACTIONS DE SUBSTITUTION NUCLÉOPHILE AROMATIQUE

La réactivité des dérivés halogénés aromatiques est extrêmement faible vis-à-vis des réactifs nucléophiles. On peut cependant obtenir des substitutions en opérant dans des conditions suffisamment énergiques (température élevée ou base très forte). À titre d'exemple de substitution nucléophile, nous citerons la fusion alcaline des benzène sulfonates, qui est utilisée dans la préparation des phénols.

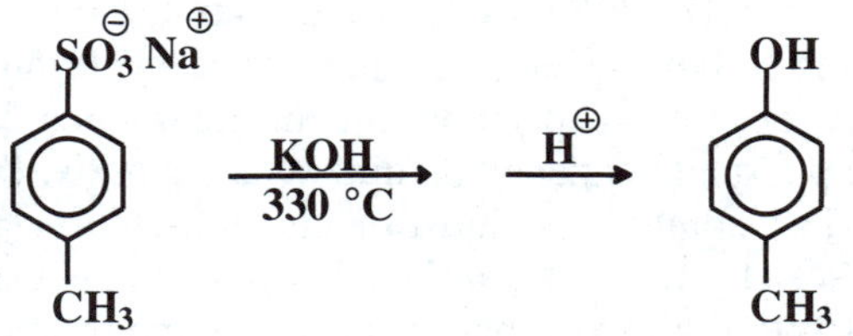

p-crésol

10.7 RÉACTIONS DES BENZÉNIQUES SUBSTITUÉS PAR UNE CHAÎNE LATÉRALE CARBONÉE

a) Halogénation

Cette réaction se déroule selon le même mécanisme que l'halogénation des alcanes. L'halogénation a d'abord lieu sur la chaîne latérale. Dans des conditions plus dures, une addition peut avoir lieu également sur le cycle benzénique (*§ 10.3.2*).

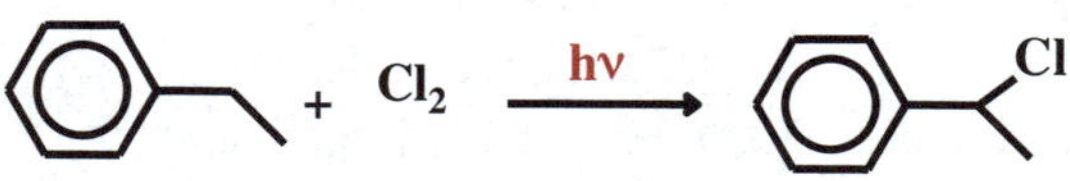

Dans ce dernier exemple, il y a formation préférentielle du dérivé halogéné secondaire car le radical secondaire est plus stable que le radical primaire (stabilisation par résonance).

b) Oxydation de la chaîne latérale

Elle est réalisée en présence d'oxydants puissants tels que $KMnO_4$, $K_2Cr_2O_7$ et la rupture se fait toujours en α du noyau benzénique, quel que soit le type de chaîne, pour donner un acide carboxylique, comme l'illustrent les exemples suivants :

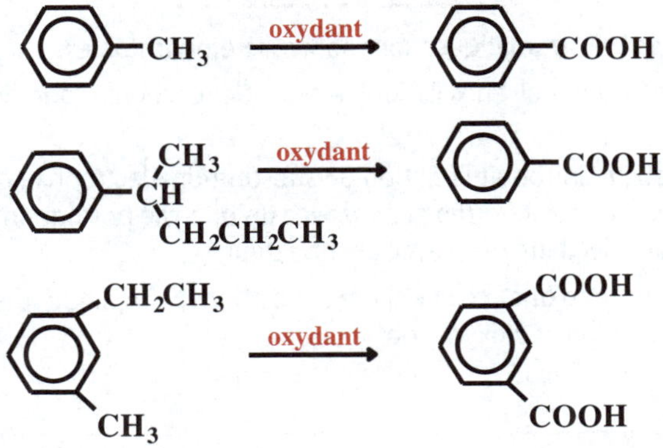

c) Oxydation douce du cumène

C'est une réaction importante car elle constitue la production industrielle de l'acétone et du phénol. Elle consiste à faire réagir l'oxygène de l'air sur l'isopropylbenzène (cumène) puis à acidifier le milieu réactionnel :

Le mécanisme est le suivant :

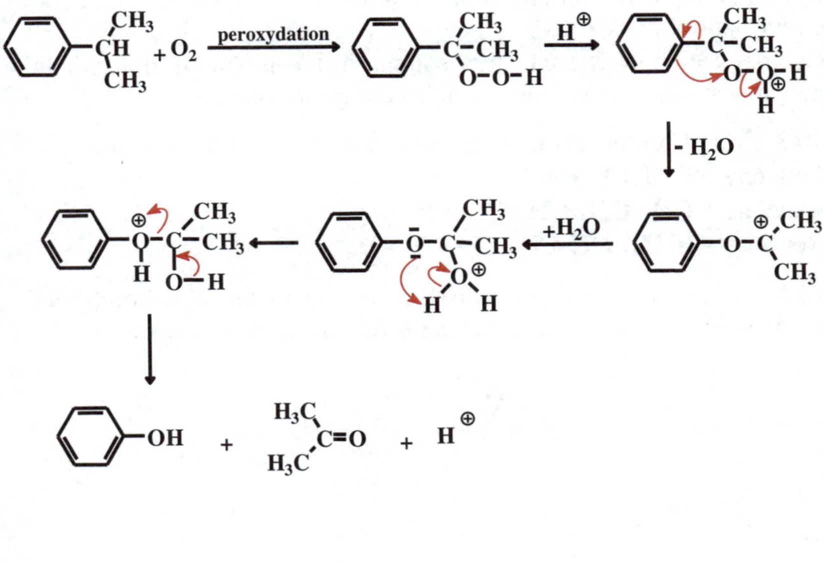

POINTS-CLEFS

- Les composés aromatiques sont particulièrement stables.
- Comme pour les alcènes ils sont le siège de réactions d'addition et d'oxydation.
- L'aromaticité introduit la notion de substitution électrophile qui est régio sélective (sélectivité *ortho* et *para* avec un phényle portant un substituant donneur, sélectivité *méta* avec un attracteur).
- La présence d'une chaîne latérale carbonée implique des réactions d'halogénation et d'oxydation.

EXERCICES

10.1 On dispose du benzène, de composés organiques comprenant uniquement un seul atome de carbone et de tous les réactifs minéraux utiles. On demande de synthétiser :

a) le diphénylméthane ;

b) l'acide 3-méthylbenzoïque ;

c) l'acide 3-bromo-5-nitrobenzoïque.

10.2 En milieu acide sulfurique on met en présence le benzène avec du 2,2-diméthylpropan-1-ol (alcool néopentylique). On observe la formation de deux produits dont on indiquera la structure et le mode de formation.

Ces deux composés sont alors soumis à une mononitration par le mélange sulfonitrique. Quels sont les composés obtenus ?

10.3 Compléter les réactions en précisant les conditions opératoires.

Benzène + C_2H_5Cl → A

Benzène + CH_3-CH_2-CH_2-Cl → B

Benzène + $(CH_3)_2CH$-CH_2 Cl → C + D.

10.4 On effectue une mononitration par le mélange sulfonitrique d'un cycle benzénique substitué par différents groupements R_1 :

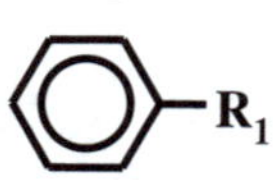

Les résultats obtenus sont représentés sur le tableau ci-dessous. Commentez ces différents résultats en tenant compte de la nature de R_1.

R_1	% ortho	% méta	% para	vitesse relative
CH_3	56,5	3,5	40	24
*t*Bu	12	8,5	79,5	16
Cl	29,6	0,9	68,9	0,033
NO_2	6,4	93,2	0,3	10^{-7}

10.5 Compléter les réactions :

a) $Ph(CH_2)_2COCl \xrightarrow{AlCl_3} A$

b) $\text{Benzène} + CH_3\text{-}CH{=}C(C_2H_5)\text{-}COCl \xrightarrow{AlCl_3} B \xrightarrow{HBr} C \xrightarrow{AlCl_3} D$

c) $\text{Benzène} + Cl_2 \xrightarrow{AlCl_3} E \xrightarrow{Na} F \xrightarrow[AlCl_3]{CH_2Cl_2} G$

SOLUTIONS

10.1 a) i. Action du benzène sur un halogénure de méthyle en présence d'un acide de Lewis pour obtenir le toluène ; **ii.** Cl_2/hv pour obtenir le chlorométhylbenzène ; **iii**. chlorométhylbenzène+benzène+ $AlCl_3$.

b) i. Formation du toluène, voir **a)** ; **ii.** oxydation par $KMnO_4$ en acide benzoïque ; **iii.** action de l'acide benzoïque sur un halogénure de méthyle en présence d'un acide de Lewis.

c) i. formation du toluène, voir **a)** ; **ii**. formation de l'acide benzoïque, voir **b)** ; **iii.** bromation ($Br_2/AlBr_3$) ; **iv**. nitration (HNO_3/H_2SO_4).

10.2 Et-C$(CH_3)_2$-Ph (**1**), *t*Bu-CH_2-Ph (**2**) – Par mononitration de (**1**) on obtient le composé *para* nitré (majoritaire) ; par mononitration de (**2**) les composés *ortho* et *para* nitrés.

10.3 A : éthylbenzène

B : Isopropylbenzène

C : tertiobutylbenzène

D : N-Butyl-benzène — Réaction par la procédure Friedel-Crafts ou en milieu acide.

10.4 Règles de Holleman — CH_3 donneur favorise les positions *ortho* et *para* avec une cinétique relativement rapide ; le *t*Bu est également donneur, mais la position *para* est favorisée en raison de l'encombrement de ce groupement. ; Cl donneur favorise les positions *para* et *ortho* avec une vitesse beaucoup plus lente en raison de la désactivation ; NO_2 est attracteur, la position *méta* est donc favorisée avec une cinétique très lente en raison de la désactivation du noyau benzénique.

10.5

A= 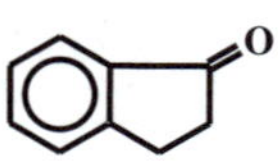

B= 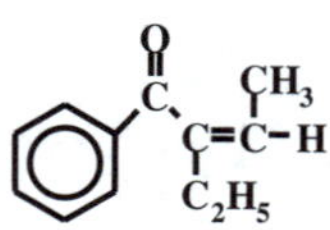

C= 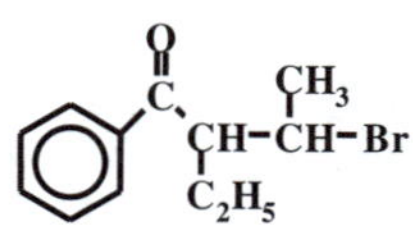

D= 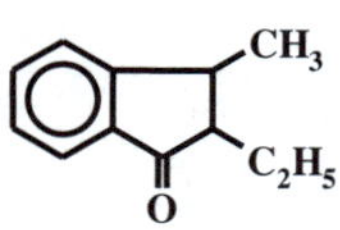

E= 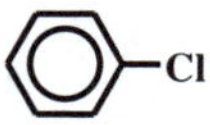

F= 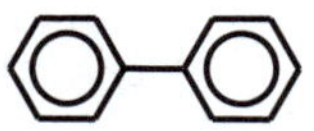

G= 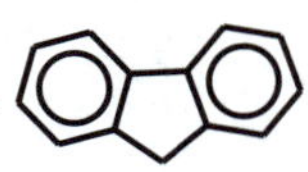

CHAPITRE 11

Organométalliques

PLAN

- **11.1** Définition
- **11.2** Propriétés physiques et spectroscopiques
- **11.3** Réactions d'addition
- **11.4** Substitutions électrophiles
- **11.5** Substitutions nucléophiles aromatiques
- **11.6** Réactions sur les chaînes latérales

OBJECTIFS

- Utiliser des composés portant une liaison métal-carbone comme intermédiaires de synthèses.
- Porter son attention sur les dérivés du magnésium et du lithium.

11.1 GÉNÉRALITÉS

Les composés organométalliques sont des composés organiques comportant au moins une liaison métal-carbone.

Un très grand nombre de métaux peuvent former des dérivés organométalliques (Li, Na, Mg, Ca, Al, Sn, Zn, Cd, Hg, Cu…). La polarisation de la liaison se fait dans le sens $\mathbf{C^{\delta-}—M^{\delta+}}$, cette liaison aura un caractère d'autant plus polaire que le métal sera plus électropositif. Dans le cadre de cet ouvrage, nous étudierons les organométalliques les plus classiques : les **organomagnésiens** (RMgX) et les **organolithiens** (R–Li).

11.2 LES ORGANOMAGNÉSIENS (RÉACTIFS DE GRIGNARD)

a) Généralités

Ce sont les premiers organométalliques synthétisés au début du XXe siècle. Ils sont également appelés réactifs de Grignard, leur formule générale est :

$$\mathbf{R-Mg-X}$$

où X est un halogène (Cl, Br, I) et R est un groupement alkyle, une chaîne carbonée insaturée ou encore un groupement aryle.

Comme nous l'avons montré au *chapitre 7*, les **organomagnésiens** sont obtenus *in situ* par réaction d'un halogénure d'alkyle ou d'aryle sur le magnésium dans un éther.

$$\mathrm{R{-}X} + \mathrm{Mg} \xrightarrow{\text{éther}} \mathrm{R{-}Mg{-}X}$$

Les organomagnésiens sont très sensibles à l'eau et doivent être préparés dans des conditions rigoureusement anhydres. La liaison carbone-métal étant très polarisée, tout se passe comme si on avait les deux formes limites[1] suivantes :

$$\mathrm{R{-}Mg{-}X} \xrightarrow{\text{éther}} \mathrm{R^-}, \mathrm{MgX^+}$$

b) Réactions de substitution

Composés à hydrogène mobile

Les réactions d'organomagnésiens sur des composés à hydrogène mobile sont généralement rapides et exothermiques, elles mènent à la formation d'un hydrocarbure RH et d'un sel de magnésium :

Avec l'eau :

$$\mathrm{RMgX} + \mathrm{H_2O} \longrightarrow \mathrm{RH} + \underbrace{\mathrm{MgXOH}}$$

$$\downarrow$$

$$1/2\ \mathrm{MgX_2} + 1/2\ \mathrm{Mg(OH)_2}$$

Le sel MgXOH est très instable, il se **dismute** instantanément en halogénure de magnésium et en hydroxyde de magnésium.

alcool ou phénol : $\mathrm{RMgX} + \mathrm{R'OH} \longrightarrow \mathrm{RH} + \mathrm{R'OMgX}$

acide carboxylique : $\mathrm{RMgX} + \mathrm{R'COOH} \longrightarrow \mathrm{RH} + \mathrm{R'COOMgX}$

alcyne vrai : $\mathrm{RMgX} + \mathrm{R'{-}C{\equiv}C{-}H} \longrightarrow \mathrm{RH} + \mathrm{R'{-}C{\equiv}C{-}MgX}$

1. En fait, il a été montré que, en solution, l'organomagnésien RMgX était en équilibre avec la forme dialkylée RMgR :
2 RMgX ⇔ RMgR + $\mathbf{MgX_2}$ (équilibre de Schlenk).

Tous ces sels sont extrêmement sensibles à l'eau et se décomposent très facilement pour redonner le composé de départ :

$$A\text{–}MgX + H_2O \rightarrow A\text{–}H + 1/2MgX_2 + 1/2Mg(OH)_2$$

Substitution nucléophile

Compte tenu du caractère nucléophile du groupement hydrocarboné du réactif de Grignard, ce dernier pourra réagir sur les dérivés halogénés, généralement selon un mécanisme de type **SN2** :

$$RMgX + R'X \rightarrow R\text{–}R' + MgX_2$$

Cette réaction est très utile pour réaliser des cyclisations :

c) Oxydation

L'oxydation des organomagnésiens est essentiellement une réaction parasite. Pour cela, il est préférable de manipuler un organomagnésien sous atmosphère inerte (N_2, Argon).

La première étape de cette réaction est la formation d'un peroxyde qui réagit par la suite avec une autre molécule d'organomagnésien pour former un **alcoolate**.

$$RMgX + O_2 \longrightarrow \underbrace{ROOMgX}_{\text{peroxyde}} \xrightarrow{RMgX} \underbrace{2\ ROMgX}_{\text{alcoolate}}$$

d) Réactions d'addition

Elles permettent, par la création de liaisons carbone-carbone, la synthèse d'un grand nombre de composés. L'addition se fait uniquement sur des doubles ou triples liaisons fortement polarisées (C=O ou C≡N). Ces réactions sont toujours suivies d'une hydrolyse.

Addition sur les aldéhydes et les cétones non conjugués

Ces réactions mènent à des alcools. Le schéma général est le suivant :

Après hydrolyse acide, on obtient l'alcool correspondant).

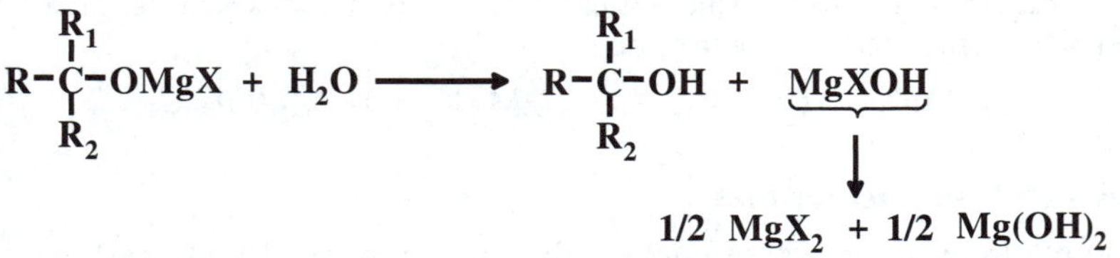

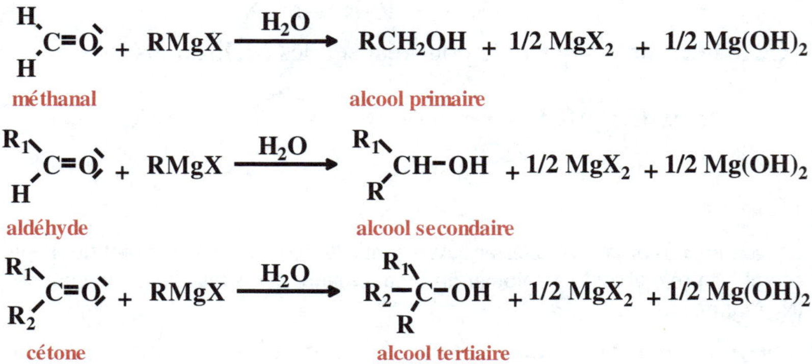

Un organomagnésien réagit également sur l'anhydride carbonique (CO_2) solide pour donner un acide :

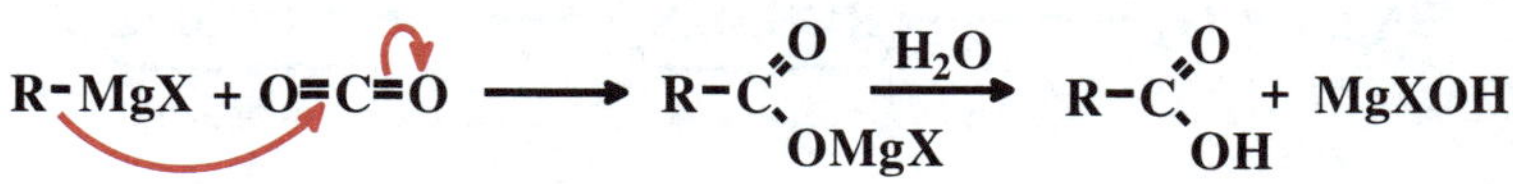

Addition sur les esters

Les esters sont moins réactifs que les cétones ou les aldéhydes en raison de l'effet mésomère donneur du groupement OR_2.

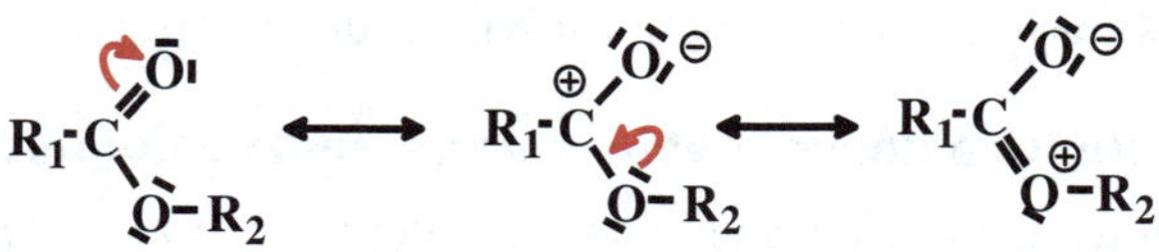

Le schéma général sera tout d'abord identique à ce que nous avons vu précédemment dans le cas des aldéhydes et des cétones :

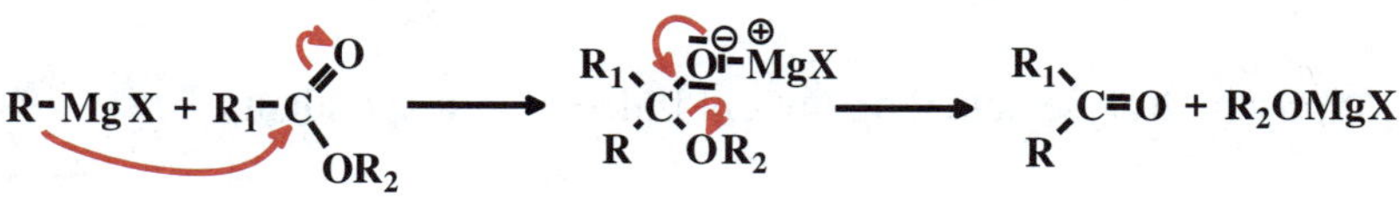

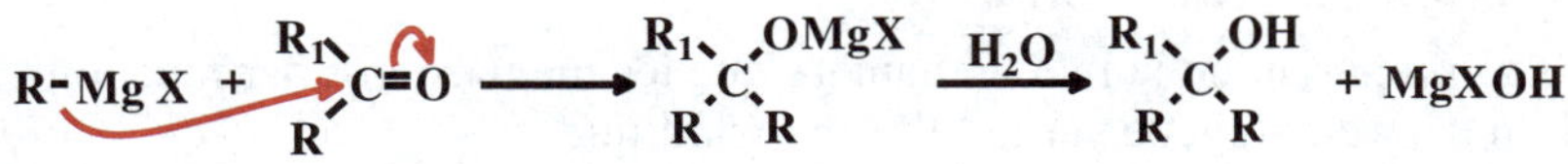

$$R_2OMgX \xrightarrow{H_2O} R_2OH + MgXOH$$

$-OR_2$ étant un bon groupe partant, il y a élimination de R_2OMgX et formation d'une cétone qui, en raison de sa plus grande réactivité réagira aussitôt avec l'organomagnésien de départ pour donner, après hydrolyse, un alcool tertiaire.

Addition sur les chlorures d'acides

Cette réaction est tout à fait analogue à celle des esters. Elle conduit également à un alcool tertiaire selon le schéma :

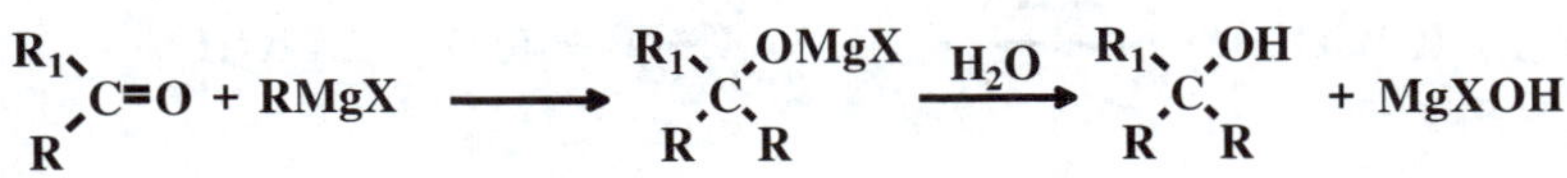

Addition sur le groupe nitrile

Les organomagnésiens réagissent sur les nitriles pour mener à des sels d'imines qui, par hydrolyse, conduisent à des imines :

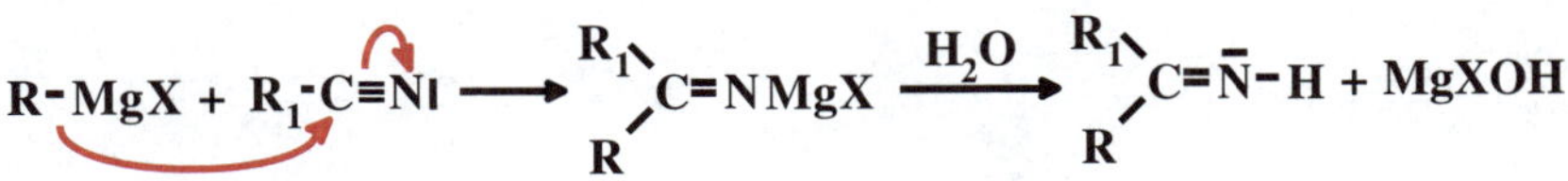

À l'exception du cas où elle est substituée par un groupement aryle, l'imine est thermodynamiquement instable et conduit à une cétone ; cette réaction sera vue plus en détail au *chapitre 13* :

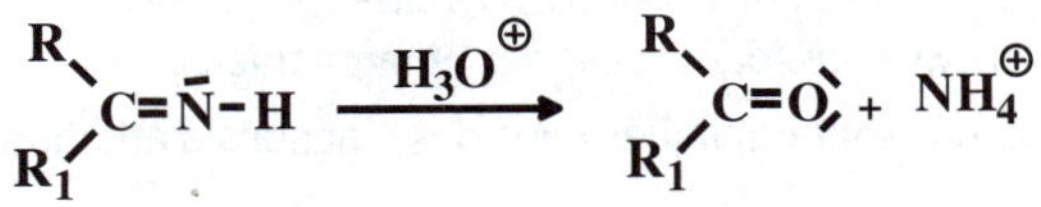

11.3 LES ORGANOLITHIENS

Ils se préparent de la même manière que les magnésiens, par réaction d'un dérivé halogéné sur le lithium métallique.

$$RX + 2\,Li \longrightarrow RLi + LiX$$

Les organolithiens conduisent aux mêmes réactions que les organomagnésiens, ils seront plus réactifs et donneront beaucoup moins de réactions secondaires. Ils permettent la synthèse d'alcools tertiaires très ramifiés comme le montre l'exemple ci-dessous.

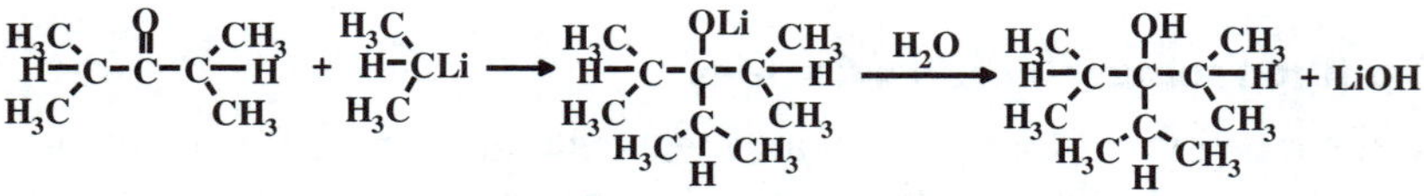

2,4-diméthyl-3-(méthyléthyl)-pentan-3-ol

Avec les acides carboxyliques, les organolithiens donnent une réaction spécifique qui permet d'obtenir une cétone (réaction de Tegner) :

$$R{-}COOH \xrightarrow[2)\ H_2O]{1)\ 2\ R'{-}Li} \begin{matrix} R \\ R' \end{matrix}\!\!>C{=}O + R'H + 2\,LiOH$$

Le mécanisme de cette réaction est le suivant :

POINTS-CLEFS

- Les organométalliques constituent des composés clefs aussi bien pour l'allongement de chaînes carbonées que pour l'élaboration de composés fonctionnalisés tels que les alcools, les aldéhydes, les cétones ou encore les acides carboxyliques dans le cas des organolithiens.
- Ces composés sont impliqués dans des réactions d'addition ou de substitution.
- Ces composés sont très sensibles à l'eau.

EXERCICES

11.1 Compléter les réactions suivantes en précisant, quand ils sont connus, les mécanismes impliqués :

a) $CH_3CO_2CH_3 + C_2H_5MgCl \rightarrow \mathbf{A}$

b) $PhC{\equiv}N + CH_3MgBr \rightarrow \mathbf{B}$

11.2 L'action du bromure d'éthyle magnésium sur la cétone conjuguée $CH_2{=}CH{-}COCH_3$ conduit après hydrolyse acide à deux composés portant l'un une fonction cétone, l'autre une fonction alcool. Indiquer leur structure et expliquer leur mode de formation.

11.3 Réaliser en une ou plusieurs étapes les synthèses suivantes :

a) 1-butène → 3-méthylheptan-4-ol

b) 2-hydroxy-2-méthylpropanoate d'éthyle → 2,3-diméthylbutan-2,3-ol

On dispose de tous les réactifs minéraux et organiques nécessaires.

SOLUTIONS

11.1

A= 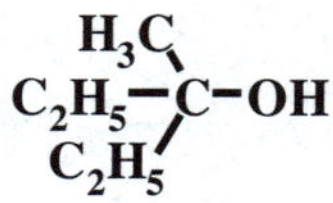

B= 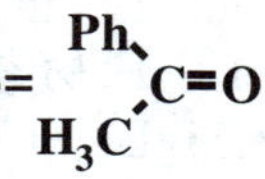

11.2

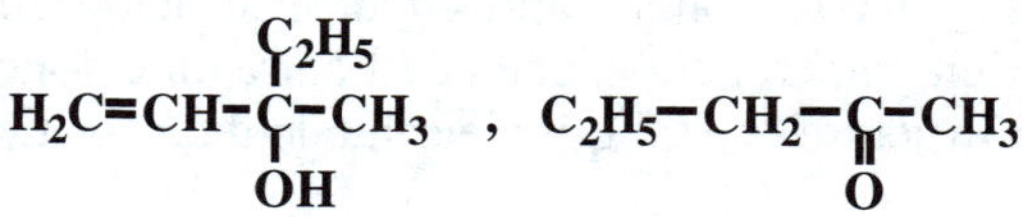

Écrire les formes limites de la cétone conjuguée de départ.

11.3

a) 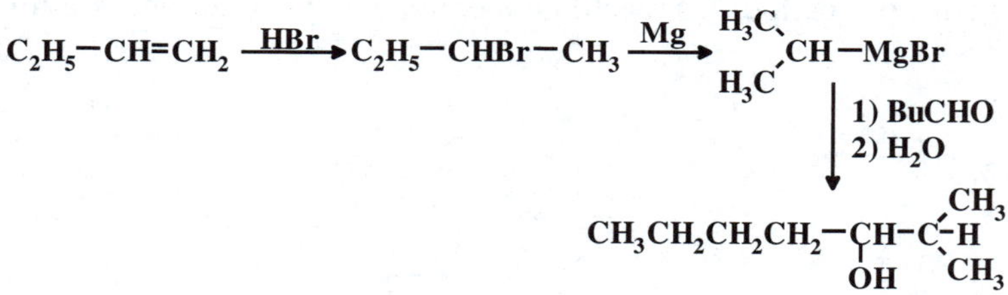

b) i) CH_3MgBr (excès) ii) H_2O

CHAPITRE 12

Alcools et dérivés

PLAN

OBJECTIFS

- Connaître les propriétés acido-basiques des alcools et leurs réactions spécifiques (estérification, oxydation déshydratation).
- Étudier quelques propriétés des polyols, des éthers, des époxydes et des phénols.

12.1 STRUCTURE

Les alcools sont des composés de structure générale ROH, où R est un groupement alkyle. On distingue les **alcools primaires**, **secondaires** et **tertiaires** qui ont pour structures respectives $\mathbf{R_1CH_2OH}$, $\mathbf{R_1R_2CHOH}$ et $\mathbf{R_1R_2R_3COH}$.

Si le substituant porté par le groupement hydroxyle est un aryle, le composé est du type **ArOH** et porte le nom de **phénol**. Un composé portant plusieurs groupements hydroxyles est un **polyol**. Parmi les dérivés des alcools, deux sont particulièrement importants, ce sont les **éthers** (*§ 12.4*) de formule générale **R–O–R'** et les **époxydes** (*§ 12.5*).

12.2 LES ALCOOLS

a) Propriétés physiques et spectroscopiques

La formation de liaisons hydrogène intermoléculaires implique qu'aucun alcool n'est gazeux à température ambiante (*fig. 12.1*).

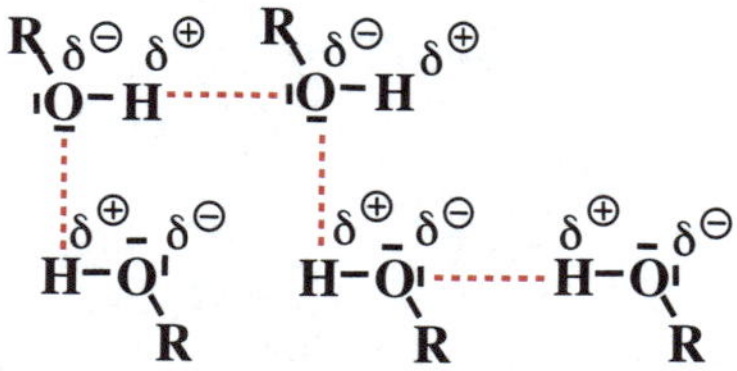

Figure 12.1 Liaisons hydrogène intermoléculaires des alcools.

- En *spectroscopie infrarouge*, la vibration de valence apparaît vers 3 600 cm^{-1} aux faibles concentrations et vers 3 300 cm^{-1} aux fortes concentrations en alcool, en raison des liaisons hydrogène qui provoquent une diminution significative de l'énergie du système.
- En *RMN*, le proton porté par le groupement hydroxyle résonne entre 2 et 10 ppm en fonction de la nature de l'alcool et de sa concentration.

b) Schéma général des propriétés chimiques

D'une manière générale, deux ruptures sont possibles sur les alcools : la première implique une coupure de la liaison O–H et la seconde une coupure de la liaison C–O.

c) Réactions mettant en jeu la liaison O–H

Propriétés acido-basiques

Les alcools en raison de la polarisation de la liaison OH sont des acides très faibles :

$$\mathrm{ROH} \rightleftharpoons \mathrm{RO}^{\ominus} + \mathrm{H}^{\oplus}$$

Le pKa des alcools primaires est du même ordre que celui de l'eau (15,7) et plus élevé pour les alcools secondaires et tertiaires (entre 18 et 20). Ces acidités, liées entre autre à la stabilité des anions formés lors de la déprotonation (*chapitre 3*), montrent que les alcools ont une acidité égale ou inférieure à celle de l'eau.

Les alcools ne réagiront donc que sur des bases très fortes (la soude et la potasse sont sans action) pour mener à des **alcoolates,** comme le montrent les exemples ci-dessous :

$$2\,ROH + 2\,Na \longrightarrow 2\,RO^{\ominus}Na^{\oplus} + H_2$$

$$ROH + R'MgX \longrightarrow RO^{\ominus}\,{}^{\oplus}MgBr + R'H$$

$$2\,ROH + 2\,K \longrightarrow 2\,RO^{\ominus}K^{\oplus} + H_2$$

$$ROH + NaH \longrightarrow RO^{\ominus}Na^{\oplus} + H_2$$

$$ROH + NaNH_2 \longrightarrow RO^{\ominus}Na^{\oplus} + NH_3$$

$$ROH + HC{\equiv}C^{\ominus}Na^{\oplus} \longrightarrow RO^{\ominus}Na^{\oplus} + HC{\equiv}CH$$

Les alcoolates formés sont des bases conjuguées d'acides faibles ; ils ont donc un caractère de **bases** fortes et sont de bons **nucléophiles**. En raison de cette dernière propriété, les alcoolates peuvent mener à la formation d'éthers oxydes (réaction de Williamson) :

Enfin, les doublets de l'oxygène donnent aux alcools un caractère de *base faible* :

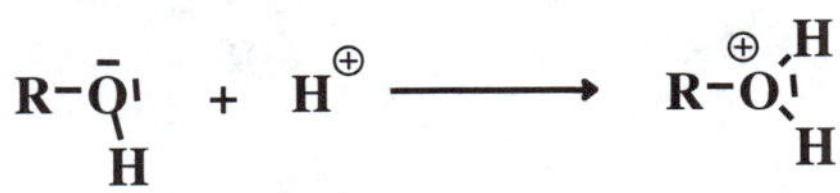

Les alcools ont à la fois des propriétés acides et basiques : ce sont des composés **amphotères**.

Estérification

L'**estérification** est l'action d'un alcool sur un acide carboxylique pour mener à un ester et de l'eau :

$$ROH + R'COOH \rightleftharpoons R'COOR + H_2O$$

Cette réaction est **équilibrée** (la réaction inverse porte le nom d'**hydrolyse**), **lente, athermique**, c'est-à-dire que sa constante d'équilibre est indépendante de la température. La conversion est très sensible à l'encombrement stérique de l'alcool de départ. Les rendements en formation d'ester sont respectivement de l'ordre de 70 %, 60 % et 5 % selon que l'alcool de départ est primaire, secondaire ou tertiaire.

Le mécanisme généralement proposé est le suivant :

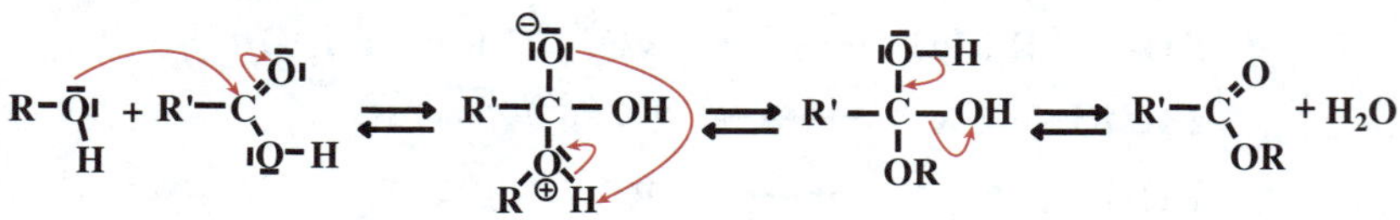

Cette réaction peut être accélérée en présence d'une quantité catalytique d'acide (acide sulfurique par exemple). Le mécanisme fait intervenir un intermédiaire, qui présente une charge positive entière :

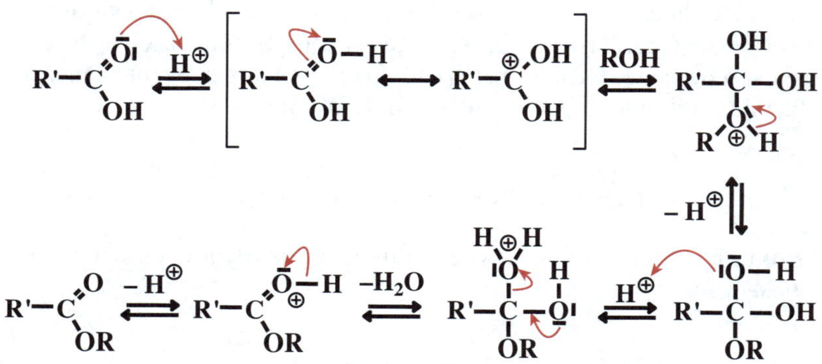

Du point de vue technique, on peut déplacer l'équilibre vers l'**ester** en opérant en présence d'un capteur d'eau, tel que le tamis moléculaire ou en distillant l'eau ou l'ester au fur et à mesure de la formation.

Les acides portant un groupement hydroxyle peuvent s'autoestérifier, pour former des cycles comme par exemple l'acide γ hydroxy valérique. Il forme facilement un ester cyclique que l'on appelle **lactones** ; dans notre exemple on a la γ valérolactone.

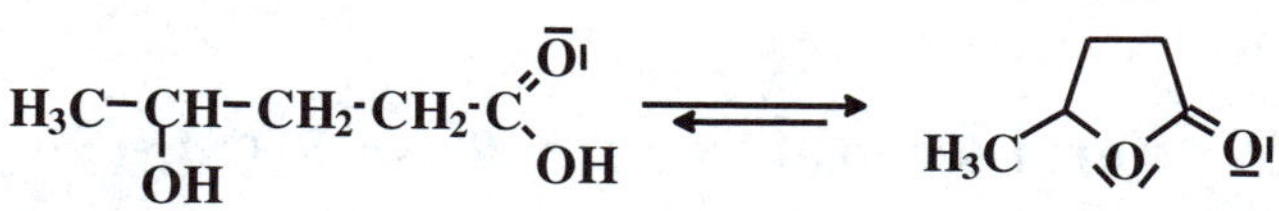

acide γ hydroxyvalérique γ valérolactone

La réaction d'estérification est sensible à l'encombrement stérique, ainsi l'acide 2,4,6-triméthylbenzoïque ne sera pas estérifié par le méthanol.

Action des dérivés d'acides

Les alcools vont pouvoir également réagir sur des dérivés d'acides, tels que les **halogénures d'acide** ou les **anhydrides d'acide** pour mener également à des esters. Cette réaction s'effectue en général dans la pyridine avec le mécanisme ci-dessous :

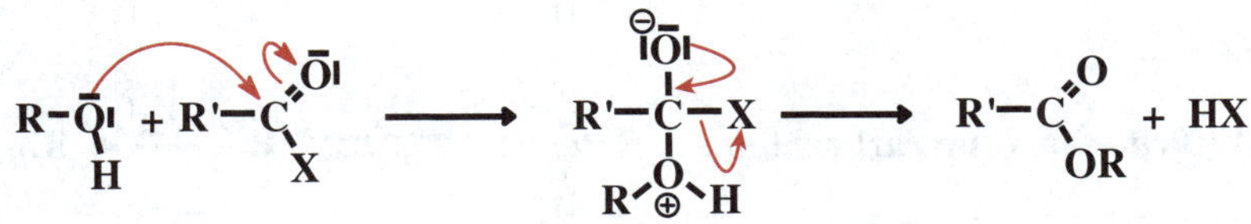

La pyridine par son caractère basique forme un sel avec l'acide formé :

d) Réactions mettant en jeu la liaison C–O

Généralités

Dans ce type de réaction la première étape est toujours la **protonation** de l'oxygène liée aux propriétés basiques des alcools :

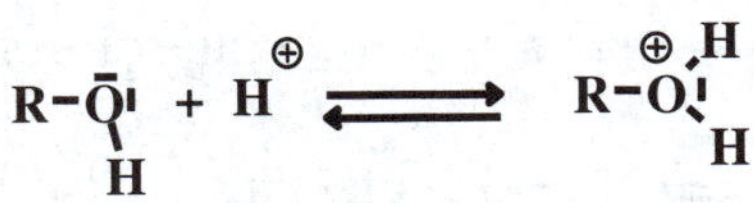

La rupture de la liaison C–O est liée au caractère **nucléofuge** de la molécule d'eau.

Action des hydracides

Les alcools peuvent réagir sur les hydracides pour former des dérivés halogénés :

$$ROH + HX \rightleftharpoons RX + H_2O \qquad (X= Cl, Br)$$

Cette réaction qui présente quelques analogies avec l'estérification (action d'un acide sur un alcool) est assez différente quant à son mécanisme. Il fait intervenir la protonation de l'alcool puis l'halogénation par une réaction de type SN1 en raison de la nature protique du milieu réactionnel :

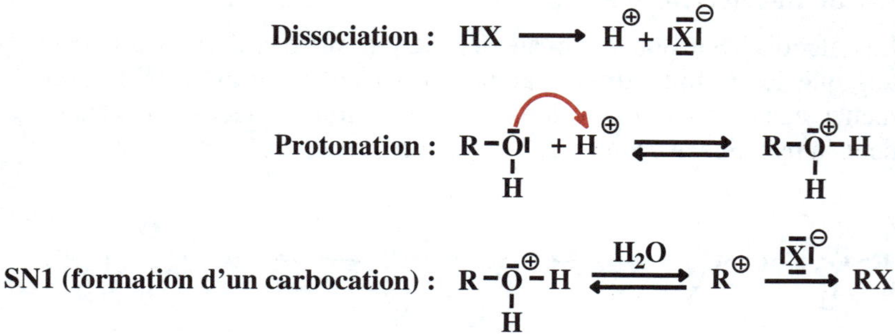

Cette réaction, s'effectuant avec la formation d'un intermédiaire carbocationique, est favorisée avec des alcools tertiaires et n'est pas stéréospécifique en raison de la planéité du carbocation (*chapitre 6*). Un alcool primaire subit en général un réarrangement.

Exemples.

Sans réarrangement :

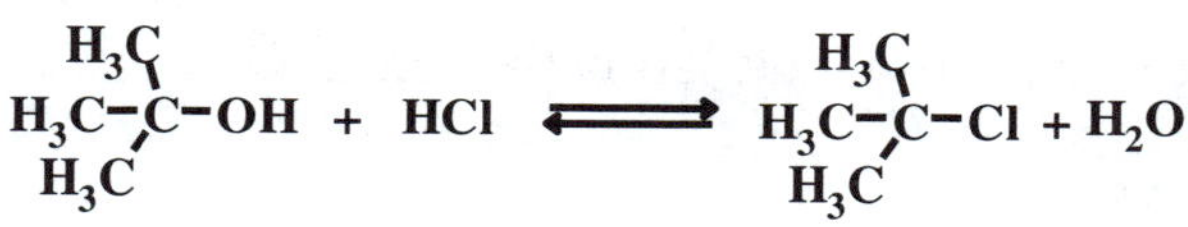

Avec réarrangement :

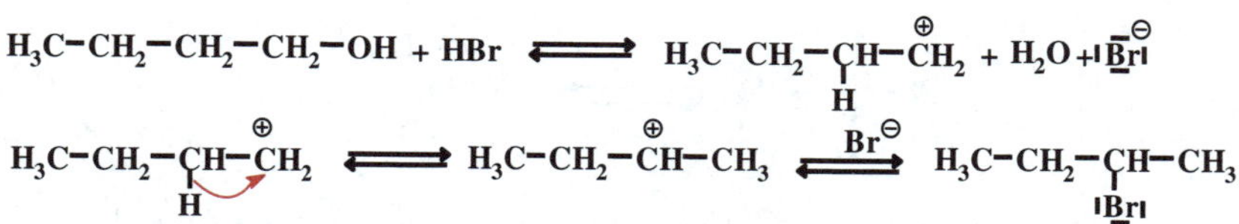

Bien qu'intéressantes sur le plan fondamental, ces réactions sont assez peu utilisées aussi bien au laboratoire que dans l'industrie, en raison de leurs rendements assez faibles. Pour obtenir un dérivé halogéné à partir d'un alcool, on peut utiliser des agents spécifiques tels que le chlorure de thionyle ($SOCl_2$), le système chlorure de zinc/acide chlorhydrique ($ZnCl_2$/HCl) ou encore les **trihalogénures de phosphore** (PCl_3, PBr_3).

Déshydratation

La déshydratation est une réaction catalytique qui a lieu en milieu acide (H_2SO_4, H_3PO_4) ou sur un support solide tel que l'alumine, ce dernier se comportant alors comme un acide de Lewis. À haute température (> 150 °C), on observe une *déshydratation intramolé-*

culaire d'un alcool qui mène à la formation d'alcènes, alors qu'à température plus basse une *élimination intermoléculaire* permet de synthétiser des éthers oxydes.

➤ Déshydratation intramoléculaire

Il y a élimination d'une molécule d'eau par molécule d'alcool :

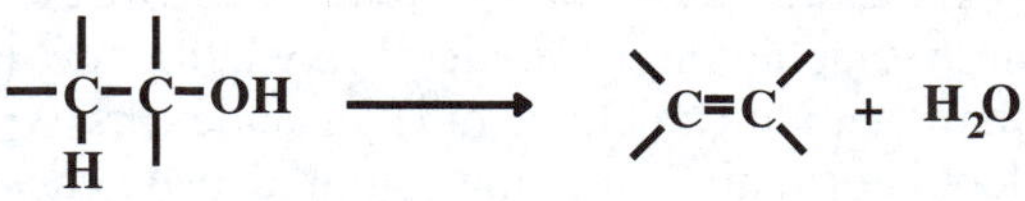

Cette élimination, s'effectuant en milieu protique, sera du type E1.

Protonation de l'alcool :

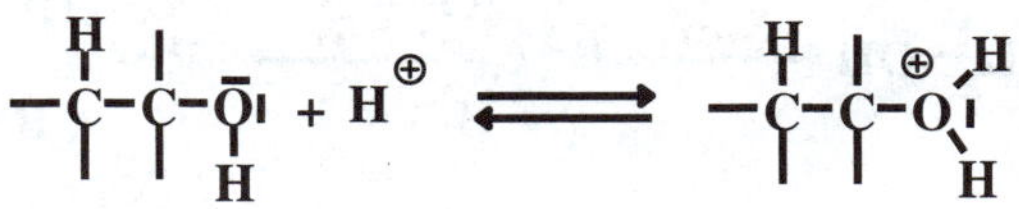

Formation du carbocation et élimination de l'eau :

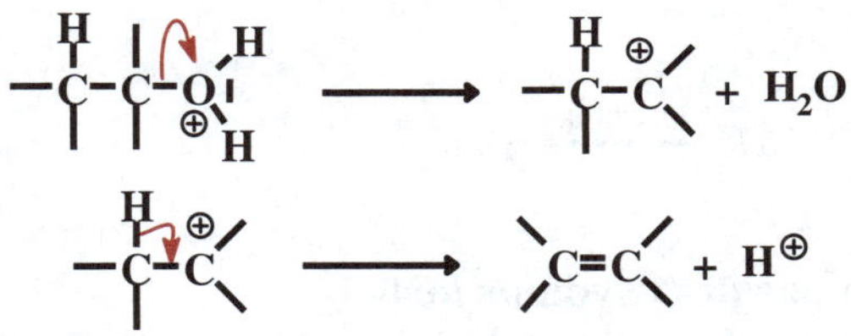

Ce processus obéissant à un mécanisme E1, la réaction ne sera pas stéréospécifique et obéira à la règle de Zaitzev. De plus, comme lors de l'action des hydracides, on observe souvent des réarrangements.

➤ Déshydratation intermoléculaire

À température inférieure à 150 °C dans les mêmes conditions que précédemment, on observe une déshydratation intermoléculaire avec la disparition d'une seule molécule d'eau pour deux molécules d'alcool :

$$2\,ROH \longrightarrow R{-}\bar{\underline{O}}{-}R + H_2O$$

Le mécanisme a lieu toujours par protonation de l'alcool suivi d'une réaction SN1 :

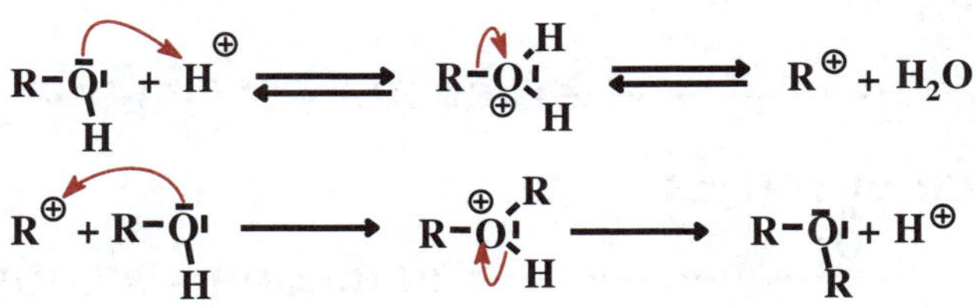

Comme pour le processus intramoléculaire, cette réaction faisant intervenir un carbocation sera non stéréospécifique et pourra s'accompagner de réarrangements.

Oxydation des alcools

D'une manière tout à fait générale, l'oxydation de la fonction alcool pourra mener à un aldéhyde puis un acide carboxylique dans le cas des alcools primaires et à une cétone dans le cas des alcools secondaires. Un alcool tertiaire ne sera pas oxydé.

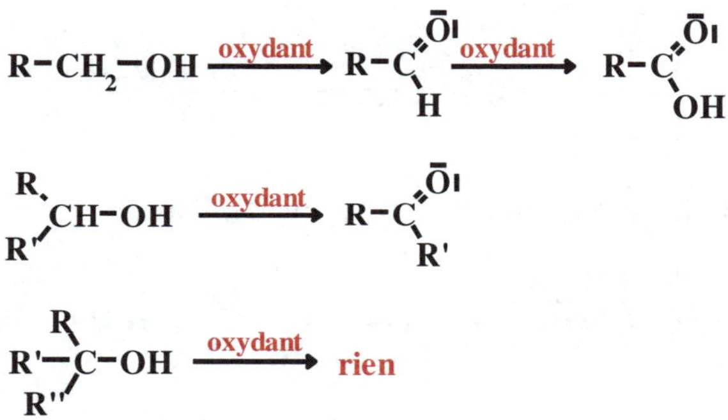

➤ Oxydation par des oxydants forts

Par des oxydants forts tels que le permanganate de potassium en milieu acide ($KMnO_4$), le dichromate de potassium toujours en milieu acide ($K_2Cr_2O_7$) ou l'oxyde de chrome en milieu acide sulfurique (CrO_3/H_2SO_4 — réactif de Jones), on obtiendra, comme nous l'avons vu une cétone avec un alcool secondaire et un acide carboxylique avec un alcool primaire comme le montre l'exemple ci-dessous :

$$5CH_3CH_2OH + 2MnO_4^{\ominus} + 6H^{\oplus} \longrightarrow 5CH_3COOH + 2Mn^{2\oplus} + 3H_2O$$

Dans le cas de la formation d'une cétone à partir d'un alcool secondaire, Il arrive, qu'en milieu particulièrement oxydant et à haute température, l'oxydation se poursuive par une rupture oxydative entre le carbone du groupement carbonyle et le carbone situé en position α de ce groupement carbonyle :

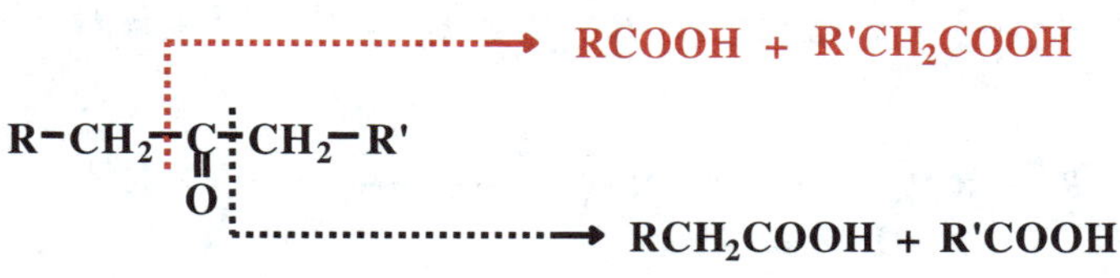

➤ Oxydation ménagée

Certains oxydants, comme le dioxyde de manganèse (MnO_2) dans un solvant polaire, l'oxyde de chrome dans la pyridine (CrO_3/pyridine — réactif de Sarrett), permettent d'arrêter la réaction à la formation de l'aldéhyde lors de l'oxydation d'un alcool primaire :

Remarquons que ces oxydants ne coupent pas les doubles liaisons carbone-carbone.

➤ Déshydrogénation catalytique

En présence de cuivre, les alcools primaires et secondaires sont respectivement déshydrogénés en aldéhyde et en cétone à haute température (~ 250 °C) :

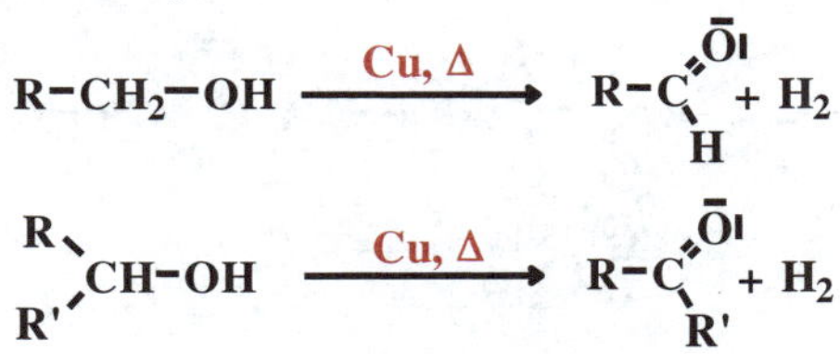

12.3 QUELQUES RÉACTIONS DES POLYOLS

Les **polyols** sont des composés qui portent plusieurs groupements hydroxyles.

Ces composés sont présents dans différents composés naturels. Les plus importants sont ceux qui portent des groupements hydroxyles sur des carbones adjacents du type $CH_2OH–(CHOH)_n–CH_2OH$ (pour $n = 0$ on a l'**éthane-1,2-diol** ou **éthylène glycol**, pour $n = 1$ le **propane-1,2,3-triol** ou **glycérol**) . Ces polyols se trouvent également sous forme cycliques dans les **cyclitols**. Enfin, ils peuvent être associés à d'autres fonctions comme dans les glucides

Sur le plan des propriétés chimiques beaucoup de réactions observées avec les alcools se retrouvent dans le cas des polyols. Par exemple, la formation d'esters est totalement équivalente à ce que nous avons vu pour les monoalcools :

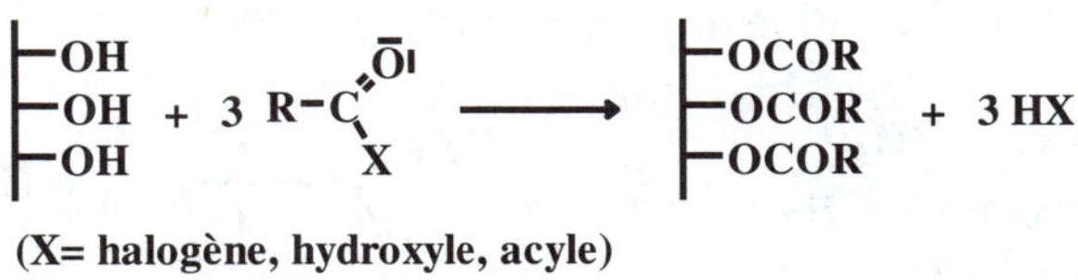

(X= halogène, hydroxyle, acyle)

Quelques réactions cependant sont propres aux polyols.

a) Oxydation par l'acide *per*-iodique

Avec l'acide *per*-iodique (HIO_4), il y a coupure des liaisons carbone-carbone, si chaque atome de carbone porte un groupement hydroxyle, pour former des aldéhydes :

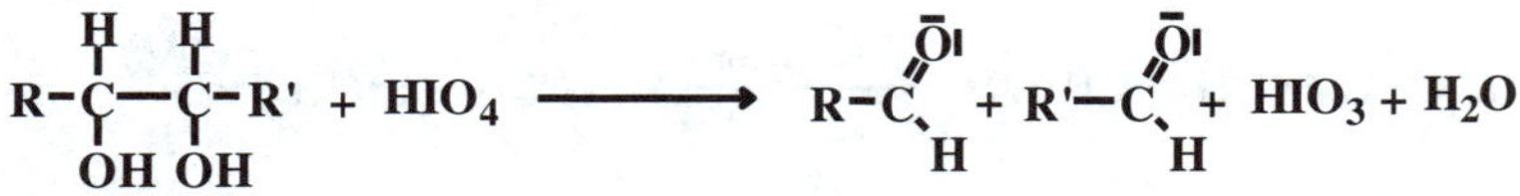

Le mécanisme généralement proposé fait intervenir la dissociation de l'acide *per*-iodique puis l'anion $IO_4^{\ominus}$ forme un intermédiaire cyclique qui conduit aux aldéhydes.

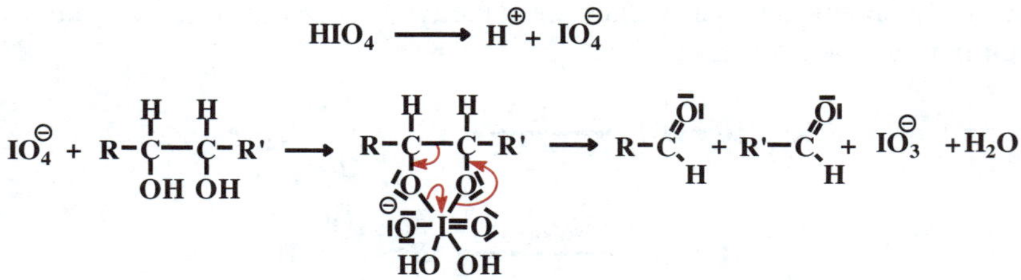

On a une réaction analogue avec le tétraacétate de plomb **Pb(O–CO–CH$_3$)$_4$**.

b) Élimination d'eau

Avec des groupements hydroxyles suffisamment éloignés, on observe en milieu acide des éliminations intramoléculaires des diols, analogues à celles vues lors de la formation d'éthers (*§ 12.4*) :

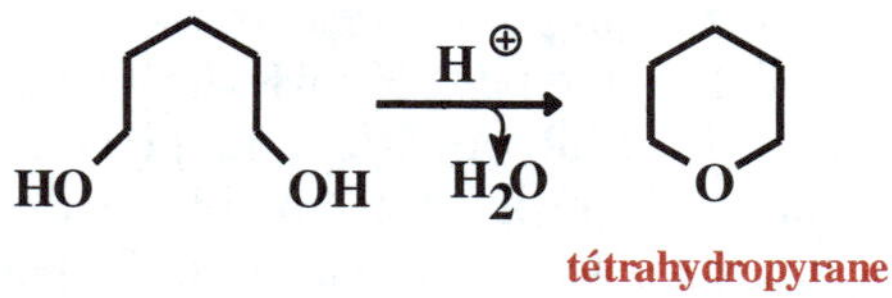

Nous présentons un exemple particulier d'élimination des α glycols. Sur de tels composés, cette réaction s'accompagne d'un réarrangement portant le nom de **transposition pinacolique**.

En partant du **pinacol** (2,3-diméthylbutane-2,3-diol) on observe en milieu acide la formation d'une cétone :

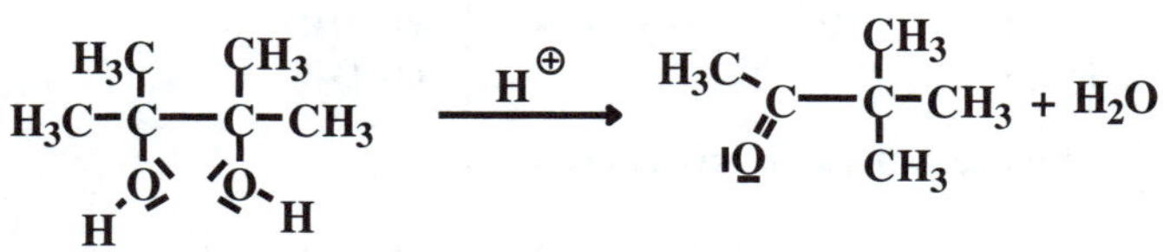

Le mécanisme fait intervenir la protonation d'un des groupements hydroxyles, le départ d'une molécule d'eau suivi de la transposition d'un des groupements méthyles :

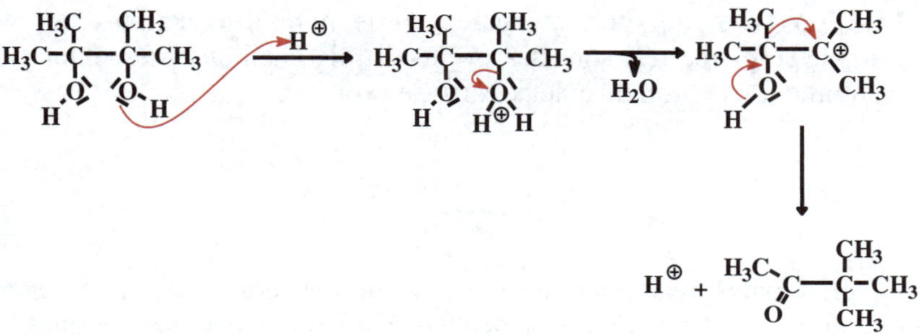

12.4 LES ÉTHERS OXYDES

Un **éther** est un composé oxygéné qui correspond à la structure générale R–O–R', où R et R' sont des groupements alkyles ou aryles.

La présence des *doublets* de l'oxygène confère à ces composés un caractère de *base faible* :

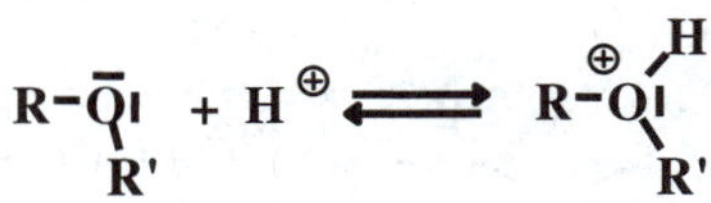

Toujours en raison des doublets de l'oxgène, il y a formation de complexes avec les organomagnésiens (*chapitre 11*) ou avec les acides de Lewis tels que le trifluorure de bore.

Dans le cadre de cet ouvrage, nous décrirons uniquement l'action des éthers méthylés sur les hydracides (HX) (réaction de **Zeizel**) :

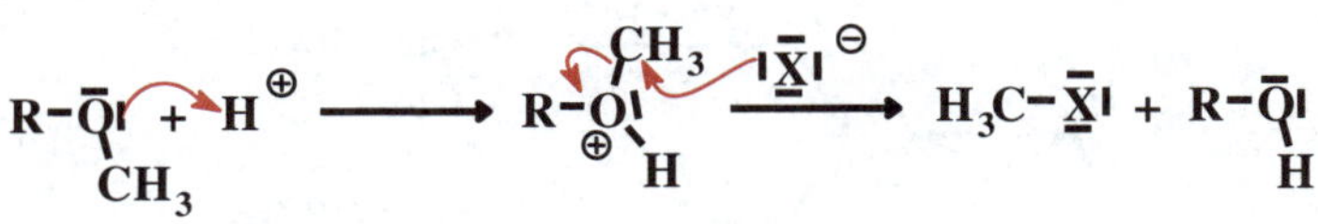

Si R est un groupement alkyle la réaction n'est possible qu'avec HI (X=I), par contre si R est un groupement aryle cette réaction a lieu avec tous les hydracides.

12.5 LES ÉPOXYDES

a) Généralités

Les **époxydes**, qui portent également le nom d'**oxyrannes** ou d'**oxacyclopropanes,** sont des cycles à trois chaînons présentant un atome d'oxygène lié à deux carbones voisins.

Les principales réactions rencontrées sur ces composés sont les ouvertures de cycle. Celles-ci peuvent s'effectuer par des attaques *électrophiles* ou des attaques *nucléophiles*.

b) Ouverture par attaque électrophile

Ces réactions s'effectuent par action de composés présentant un caractère acide :

$$\text{H-A} \rightleftharpoons \text{H}^{\oplus} + \text{A}^{\ominus}$$

Le proton H⊕ va alors se fixer sur le doublet de l'oxygène et le cycle va s'ouvrir, pour former un carbocation qui va réagir avec l'anion A⊖ :

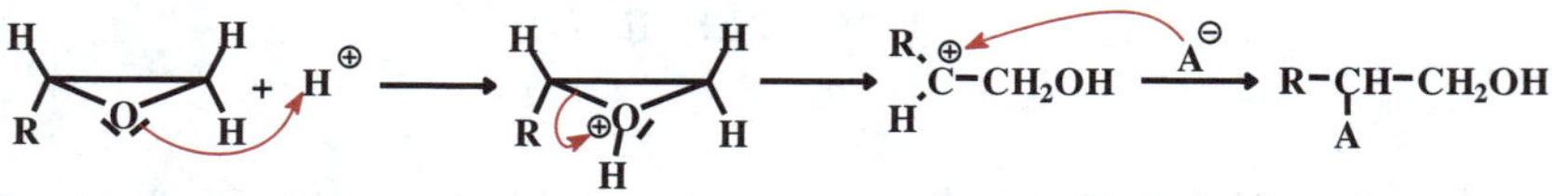

La réaction, passant par l'intermédiaire d'un carbocation qui, rappelons-le, est plan, n'est **pas stéréospécifique** et c'est le carbocation le plus stable qui se forme.

Exemples :

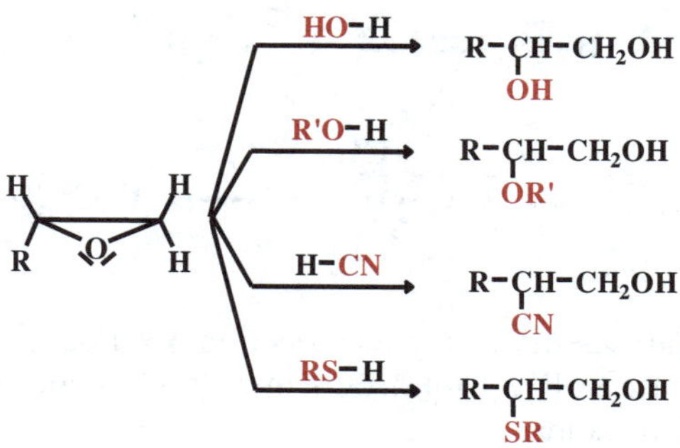

c) Ouverture par une attaque nucléophile en milieu aprotique

C'est une réaction de type SN2 ; elle se fera donc sur le carbone le moins encombré de l'époxyde avec inversion de configuration :

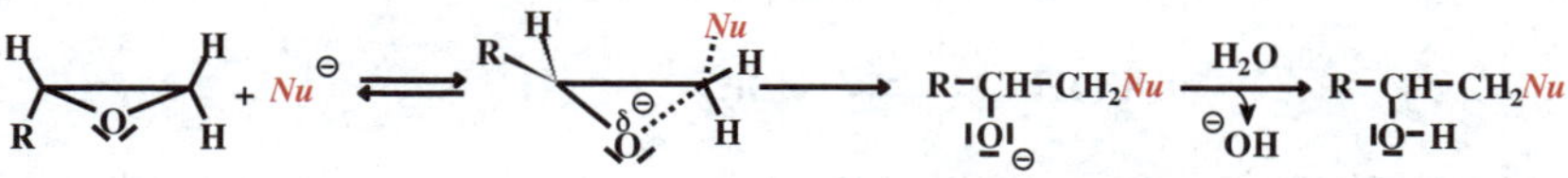

Exemples :

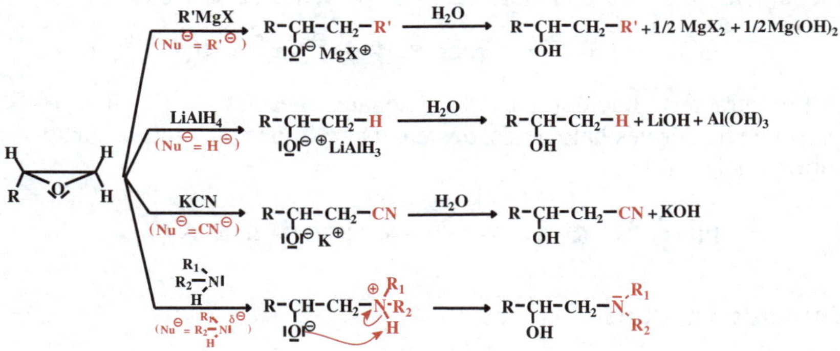

12.6 LES PHÉNOLS

a) Généralités

Un **phénol** est un composé dans lequel un groupement hydroxyle est fixé sur un groupement aryle.

C'est en fait un alcool aromatique. Les propriétés chimiques de ces composés sont liées à la présence de la **fonction hydroxyle** d'une part, et au **noyau aromatique** d'autre part. Le plus simple de ces composés est le phénol :

Les dérivés phénoliques existent à l'état naturel dans des plantes telles que le thym ou le clou de girofle.

b) Propriétés du groupement hydroxyle

Propriétés acides

Les propriétés acides du phénol sont liées, comme dans le cas des alcools, à la présence du groupement hydroxyle :

$$\text{PhOH} \rightleftharpoons \text{PhO}^{\ominus} + \text{H}^{\oplus}$$

Les phénols sont *beaucoup plus acides que les alcools* (pKa # 10), en raison de la stabilisation par résonance de l'ion phénate PhO⊖ (*chapitre 3*) ; ces derniers peuvent donc se former plus facilement qu'avec les alcools. Ainsi en présence de soude on a :

$$\text{PhOH} + \text{Na}^{\oplus}\,{}^{\ominus}\text{OH} \rightleftharpoons \text{PhO}^{\ominus}\text{Na}^{\oplus} + \text{H}_2\text{O}$$

Le caractère nucléophile des phénates permet de former, en présence de dérivés halogénés, des éthers aryliques par simple substitution nucléophile :

$$\text{Ph}-\overline{\underline{\text{O}}}|^{\ominus} + \text{R}-\overline{\underline{\text{X}}}| \xrightarrow{\text{SN}} \text{Ph}-\overline{\underline{\text{O}}}-\text{R} + |\overline{\underline{\text{X}}}|^{\ominus}$$

Formation d'esters

Comme dans le cas des alcools, il y aura formation d'ester en présence d'un dérivé d'acide carboxylique (halogénure d'acide ou anhydride d'acide), mais un acide carboxylique n'induira que très difficilement une telle transformation :

$$\text{PhOH} + \text{R'}-\text{C}(=\text{O})\text{X} \longrightarrow \text{R'}-\text{C}(=\text{O})\text{OPh} + \text{HX} \quad (\text{X} = \text{Cl, RCOO, ...})$$

c) Propriétés du noyau aromatique

Un phénol étant un benzénique substitué, on aura des possibilités de substitutions électrophiles SE2 au niveau du noyau benzénique. Le groupement hydroxyle étant très fortement donneur, cette réaction est régiosélective en position *ortho* et/ou *para* (*chapitre 10*). Ces réactions se feront facilement en raison de l'effet activant de l'hydroxyle.

Halogénation

L'halogénation peut se faire en absence d'acide de Lewis, en raison du caractère très activant du groupement hydroxyle. La bromation mènera directement au produit trisubstitué sans qu'il soit possible d'isoler le dérivé monobromé :

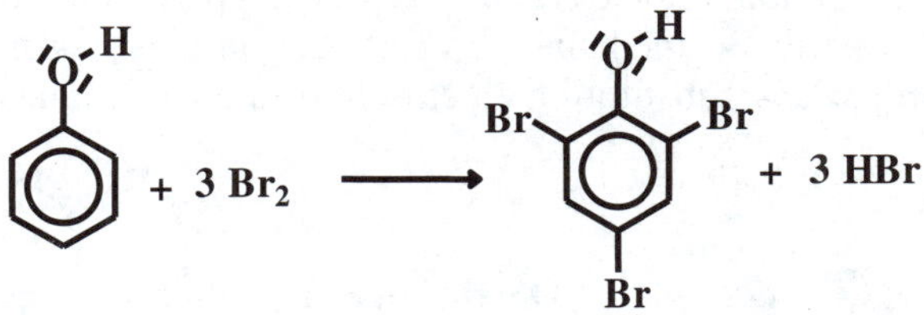

Les atomes de brome vont se fixer en positions *ortho* et *para* en raison du caractère donneur du groupement hydroxyle (règles de Holleman).

Par contre, avec le dichlore en quantité stœchiométrique, la substitution mène aux composés *ortho* et *para* monosubstitués. Un excès de dichlore conduit à la formation du produit disubstitué :

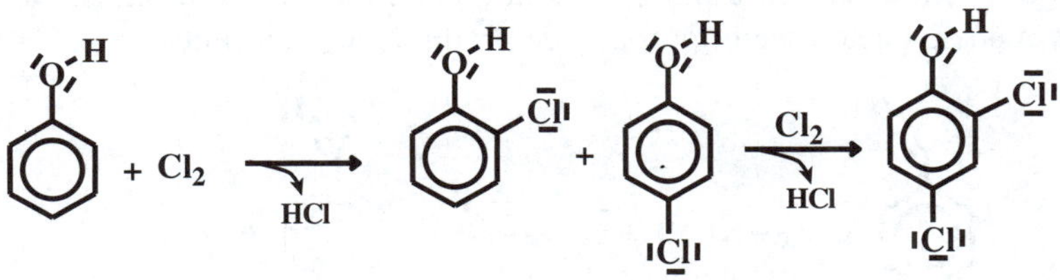

Alkylation

Cette réaction se fait en milieu acide à partir d'un alcène ou d'un alcool secondaire ou tertiaire. Elle est exactement analogue aux réactions décrites lors de l'alkylation des composés benzéniques (*chapitre 11*). A priori, cette réaction devrait mener à la formation des composés *ortho* et *para* substitués. Dans la pratique, en raison des encombrements relatifs des groupements hydroxyles et alkyles en position *ortho,* on observe principalement le composé *para* substitué.

Action du méthanal

Cette réaction s'effectue en milieu acide. Elle revêt une importance industrielle car elle mène à la **saligénine** qui est le précurseur d'une matière plastique : la bakélite.

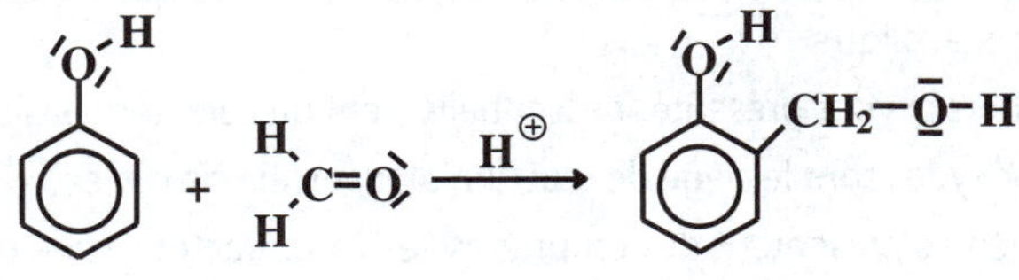

Dans cette réaction, l'acide (H_2SO_4, H_3PO_4…) permet de former le carbocation à partir du méthanal. Le carbocation ainsi formé réagit sur le phénol par une substitution électrophile sur aromatique SE2 :

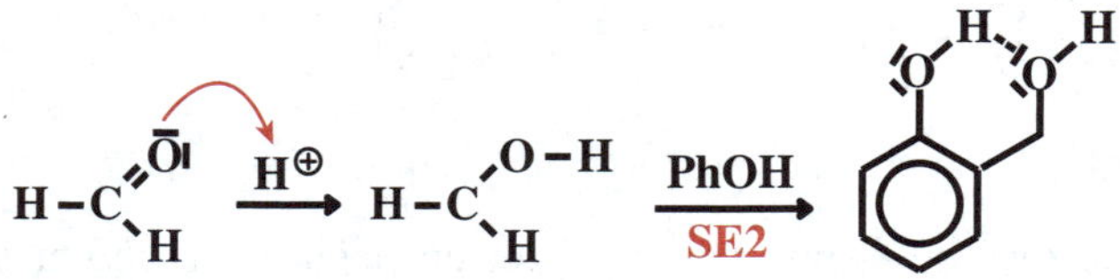

Cette fois-ci c'est l'isomère de position *ortho* qui se forme préférentiellement, en raison de la formation d'une liaison hydrogène entre les deux groupements hydroxyles.

Action des sels de diazonium aromatiques

Cette réaction est très utilisée dans la grande industrie chimique, car elle mène à une classe importante de produits, les colorants :

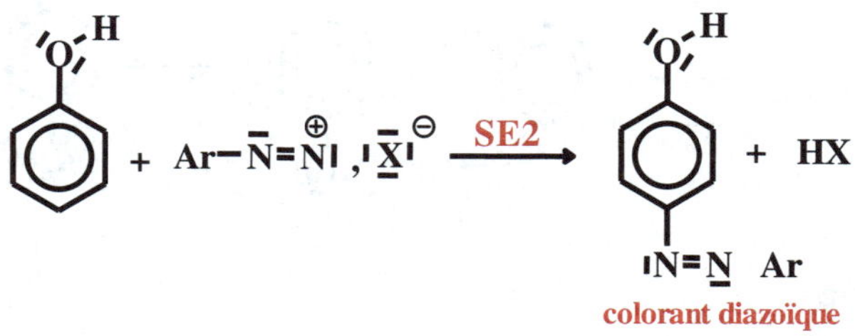

POINTS-CLEFS

- Les alcools sont des composés amphotères (à la fois acides et bases faibles)
- Les alcools sont le siège de réactions spécifiques : estérification, halogénation, déshydratation.
- Les alcools primaires et secondaires peuvent être oxydés.
- Les polyols sont le siège des mêmes réactions que les alcools avec en plus des réactions spécifiques, comme l'oxydation *per*iodique et le réarrangement pinacolique.
- Les éthers oxydes présentent essentiellement un caractère basique.
- Les époxydes sont le siège de réaction d'ouverture de cycle.
- Les phénols présentent des propriétés liées au caractère acide du groupement hydroxyle et aux propriétés du groupement phényle.

EXERCICES

12.1 Expliquer les propriétés physiques suivantes :

a) Contrairement aux alcanes, l'éthanol est très soluble dans l'eau.

b) Le cyclopentanol *cis* est plus volatil que le composé *trans*.

c) L'éthoxyéthane (diéthyléther), pratiquement insoluble dans l'eau, l'est beaucoup plus en présence d'acide chlorhydrique.

12.2 Que donnent les composés suivants en milieu acide sulfurique ?

a) $HO(CH_2)_3COOH$ b) $Ph-CH(CH_3)-CH_2OH$

c) 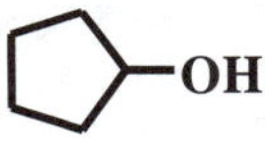

d) 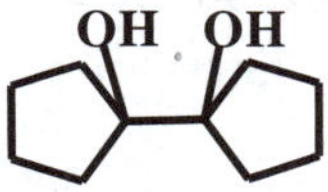

e) $HO-(CH_2)_5-OH$

12.3 Effectuer en une ou plusieurs étapes les synthèses suivantes :

a) 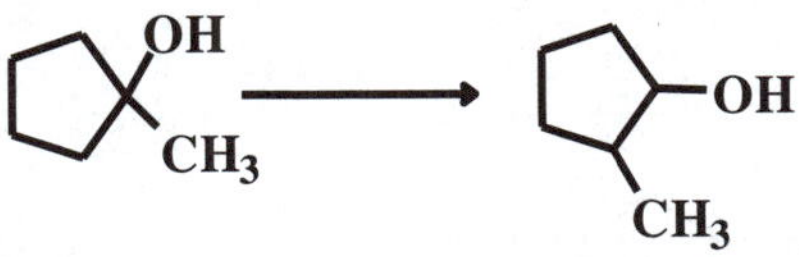

b) 

c) 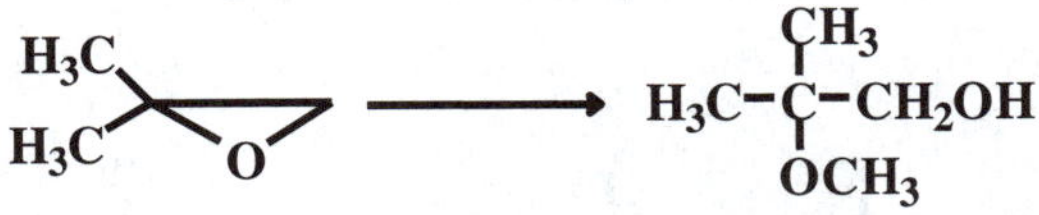

d) cyclohexène ⟶ $HOOC-(CH_2)_4-COOH$

12.4 Compléter

a) 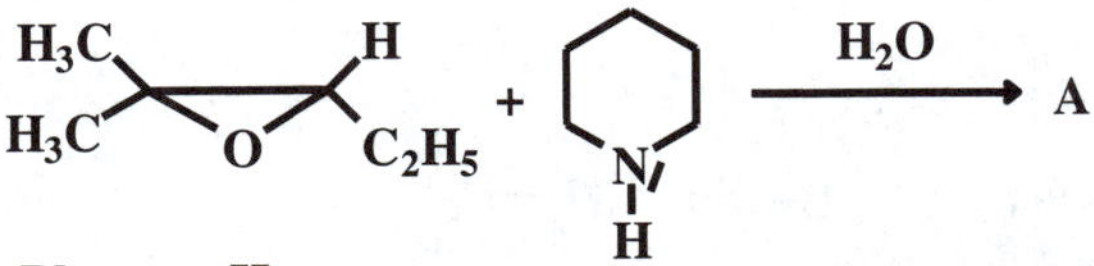

b) 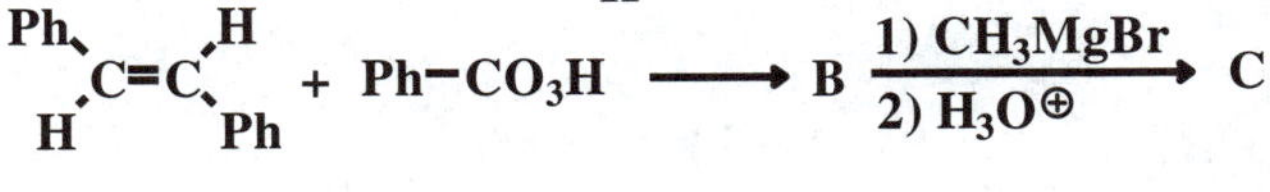

12.5 L'ozonolyse d'un composé **A** (C_9H_{10}) en présence de zinc conduit à un composé **B,** qui oxydé par le réactif de Jones mène à **C**. Ce dernier composé, traité par le méthanol, donne un composé **D** ($C_9H_{10}O_2$) dont le spectre RMN du proton présente un massif à 7,27 ppm, un singulet intégrant pour deux protons à 3,25 ppm et un autre singulet à 3,60 ppm intégrant pour trois protons. Indiquer les structures de **A**, **B**, **C** et **D**.

SOLUTIONS

12.1 a) Liaisons hydrogène entre l'eau et l'alcool.

b) *cis* : liaisons hydrogène intramoléculaires, *trans* : liaisons hydrogène intermoléculaires.

c) Formation de la forme chargée Et-O^+-Et.

12.2

a) 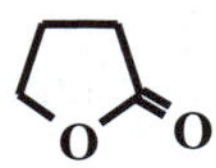

(lactone)

b) Ph−CH=CH−CH_3

c) 

d) 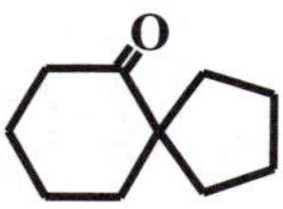

e) 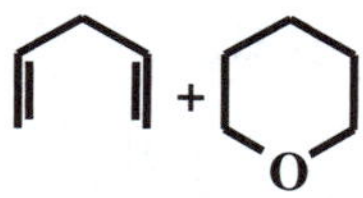

12.3 a) H^+ suivi d'une hydroboration. **b)** H^+ suivi de H_2O/H^+.
c) $MeOH/H^+$. **d)** H^+ suivi de$KMnO_4$ concentré.

12.4

A= 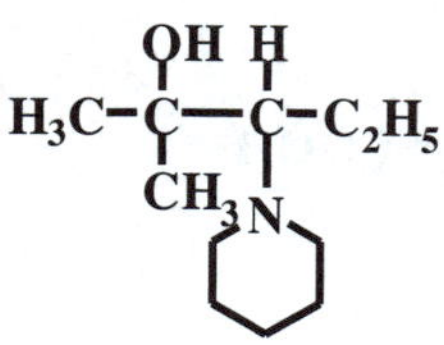

B= 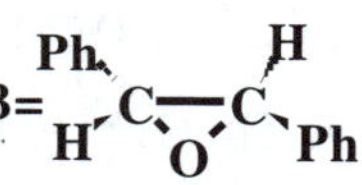

C= 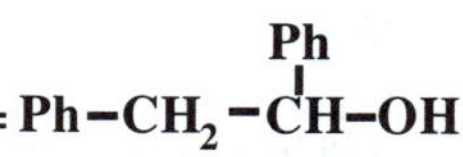

12.5

A= Ph−CH_2−CH=CH_2

B= 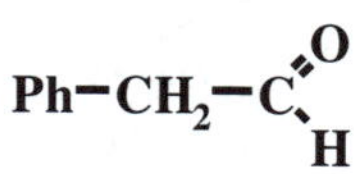

C= 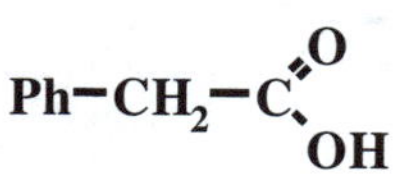

D= 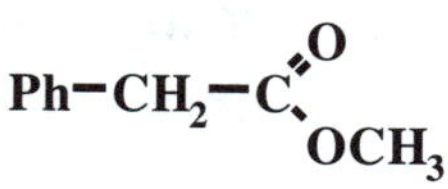

CHAPITRE 13

Amines

PLAN

13.1 Définition

13.2 Propriétés physiques et spectroscopiques

13.3 Caractère amphotère

13.4 Propriétés nucléophiles

OBJECTIFS

➤ Étudier les dérivés azotés, l'une des fonctions les plus présentes dans les molécules organiques des milieux vivants.

13.1 DÉFINITION ET STRUCTURE

Les **amines** sont des composés qui dérivent formellement de l'ammoniac NH_3, par remplacement d'un, deux, ou trois atomes d'hydrogène par des substituants alkyles (on a alors une amine aliphatique ou alkylamine) ou aryles (on a une amine aromatique ou arylamine).

Comme pour les alcools, on distingue trois classes d'amines :

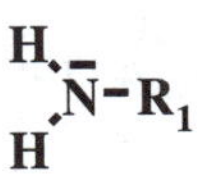

amines primaires

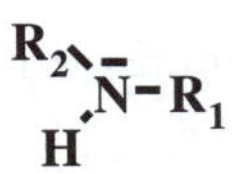

amines secondaires

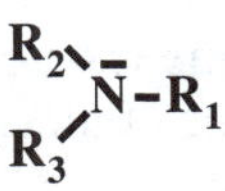

amines tertiaires

Si l'atome d'azote est inclus dans un cycle, l'amine sera dite **cyclique,** si un des substituants Ri est un aryle l'amine sera dite **aromatique.** Ces composés peuvent comprendre deux ou plusieurs fonctions amines ; on a alors une di- ou polyamine. Enfin, la fonction amine est présente dans de nombreuses molécules naturelles, comme les enzymes, les **alcaloïdes** (opium, morphine) ou les acides aminés, qui sont les éléments constitutifs des protéines. De plus, de nombreux composés aminés présentent une activité thérapeutique (**adrénaline**, **urotropine**, **amphétamine**, **ramantadine**...).

Sur le plan structural, l'azote d'une amine est hybridé sp^3. On a donc une structure tétraédrique (*chapitre 2*) avec le doublet qui occupe un des sommets du tétraèdre ; on parle aussi parfois de **structure pyramidale**.

Comme nous l'avons mentionné au *chapitre 2*, ce résultat laisserait penser à une possibilité d'activité optique des amines portant trois substituants différents sur l'atome d'azote. Les résultats et la théorie montrent qu'il n'en est rien, car il se produit un phénomène d'**inversion de l'azote**, c'est-à-dire un équilibre très rapide (~ 10^5 par seconde) par retournement du doublet.

13.2 PROPRIÉTÉS PHYSIQUES ET SPECTROSCOPIQUES

L'azote étant moins électronégatif que l'oxygène, les liaisons hydrogène intermoléculaires seront plus faibles par rapport aux alcools correspondants et les températures d'ébullition par conséquent moins élevées.

Les amines primaires à faible teneur en carbone sont solubles dans l'eau, avec une odeur voisine de celle de l'ammoniac. Les autres amines (amines aromatiques, amines à forte teneur en carbone, diamines) sont généralement des solides ou des liquides insolubles dans l'eau, avec une odeur désagréable.

Les amines primaires et secondaires peuvent être identifiées en *spectroscopie infrarouge* par la vibration de valence $\nu_{(NH)}$, qui donne une absorption de moyenne intensité entre 3 250 et 3 500 cm^{-1}. Les amines secondaires présentent un *pic unique* alors que les amines primaires présentent un *pic dédoublé*. On observe, en outre, pour toutes les amines un signal de faible intensité vers 1 000-1 300 cm^{-1}, correspondant à la vibration de valence de la liaison C–N.

Pour la *RMN du proton*, tout comme dans le cas des alcools, les signaux des protons fixés sur les azotes résonnent entre 0,5 et 5 ppm.

13.3 LE CARACTÈRE AMPHOTÈRE DES AMINES

Tout comme les alcools, les amines vont présenter à la fois un caractère basique et un caractère acide.

a) Caractère basique

Du fait du doublet libre (orbitale non liante), les amines présentent un caractère basique :

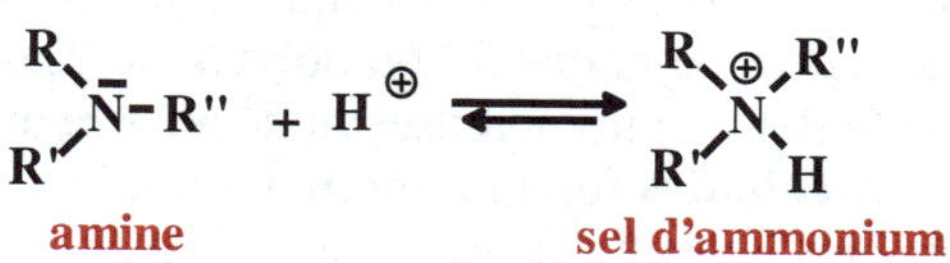

Le pKa du sel d'ammonium[1] correspondant est fonction de la nature du substituant (*tableau 13.1*).

Tableau 13.1 Basicité de quelques amines.

Amine	NH_3	CH_3NH_2	$(CH_3)_2NH$	$(CH_3)_3N$	Ph-NH_2
Sel d'ammonium	NH_3^+	$CH_3NH_3^+$	$(CH_3)_2NH_2^+$	$(CH_3)_3NH^+$	Ph-NH_2^+
pKa	9,24	10,62	10,73	9,79	4,58

Dans le cas des amines aliphatiques, le caractère basique augmente avec le pouvoir donneur des substituants. Ces derniers accroissent la densité électronique au niveau du doublet de l'azote. Les amines secondaires sont donc plus basiques que les amines primaires, elles-mêmes plus basiques que l'ammoniac. Par contre, comme le montrent les résultats du *tableau 13.1*, les amines tertiaires sont légèrement moins basiques que les amines secondaires correspondantes. Ce dernier paramètre est lié à deux facteurs complémentaires :

- l'accessibilité plus difficile du doublet de l'azote lié à l'encombrement stérique des trois substituants ;
- la solvatation plus difficile de l'acide conjugué de l'amine (c'est-à-dire le sel d'ammonium).

Dans le cas des amines aromatiques, comme l'aniline (phénylamine), le caractère basique sera beaucoup moins accentué en raison de la délocalisation du doublet sur le cycle benzénique (*chapitre 4*). Compte tenu de ces propriétés, les amines pourront fixer un proton en présence d'eau ou d'acide comme le montrent les deux exemples suivants :

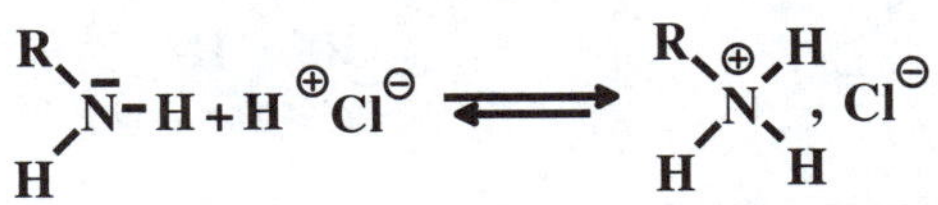

chlorhydrate d'ammonium

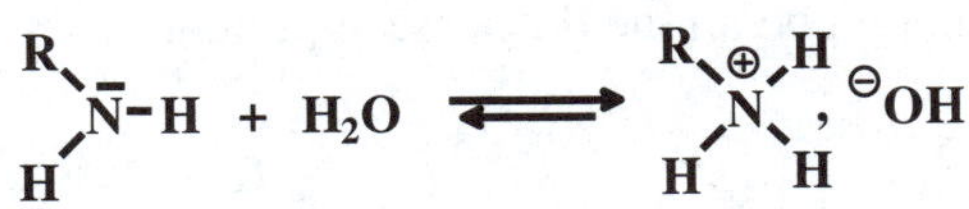

1. Les amines étant basiques, les sels d'ammonium sont les acides conjugués et présentent donc un caractère acide.

b) Caractère acide

Les amines primaires et secondaires sont des acides beaucoup plus faibles que les alcools correspondants, en conséquence la déprotonation des amines n'est possible qu'avec des bases extrêmement fortes telles que le sodium ou les lithiens.

Exemple :

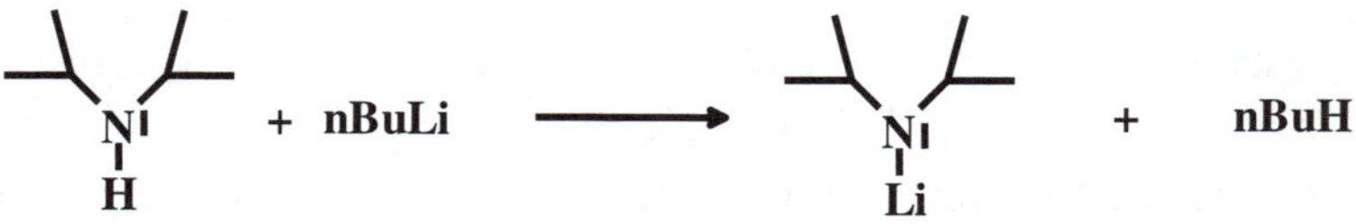

lithium diisopropylamine (LDA) — butane

13.4 RÉACTIONS LIÉES AU CARACTÈRE NUCLÉOPHILE DE L'ATOME D'AZOTE

La présence d'un doublet sur l'azote va conférer aux amines un caractère nucléophile.

a) Alkylation des amines — synthèse d'Hofmann

Nous allons décrire l'action de dérivés halogénés sur l'ammoniac et sur les amines. Une amine, compte tenu de son caractère nucléophile, réagit sur un dérivé halogéné RX selon la réaction classique de substitution nucléophile SN1 ou SN2. Ainsi, pour une amine primaire on a la réaction :

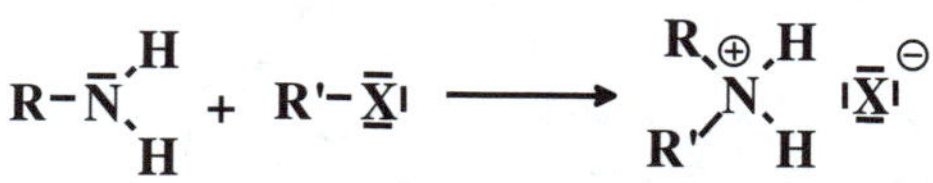

sel d'ammonium

Le sel d'ammonium obtenu, qui comme nous l'avons vu précédemment possède un caractère acide, réagira à son tour sur l'amine de départ pour mener à une amine de classe supérieure :

amine secondaire

Plus généralement, cette méthode mène à un mélange complexe d'amines ; ainsi à partir de l'ammoniac on a la suite de réaction :

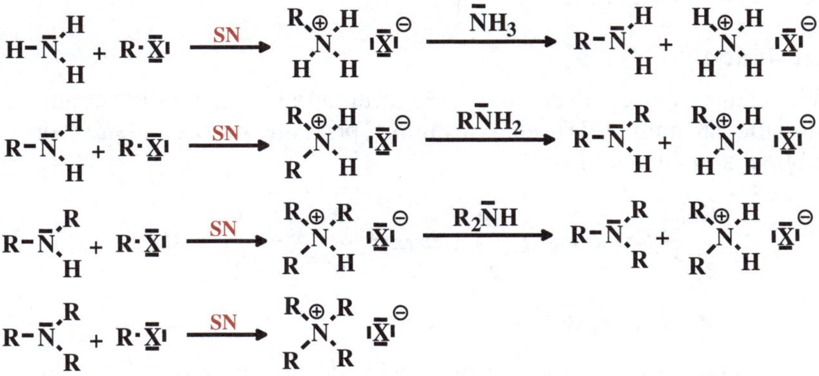

sel d'ammonium quaternaire

Le sel d'ammonium final, qui porte le nom de sel d'**ammonium quaternaire**, mis en présence d'une base faible, telle que l'hydroxyde d'argent AgOH (Ag_2O en solution dans l'eau), mène à une élimination anti-Zaizev. La réaction ci-dessous en est un exemple.

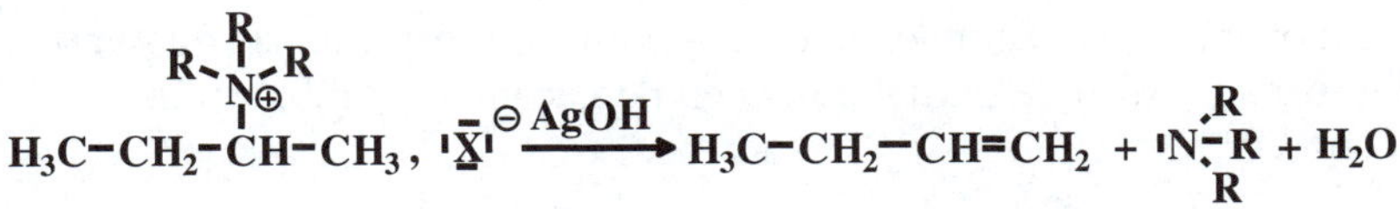

Le mécanisme fait intervenir le remplacement de l'anion $X^{\ominus}$ par l'anion hydroxyle $OH^{\ominus}$ avec formation de précipité d'halogénure d'argent AgX :

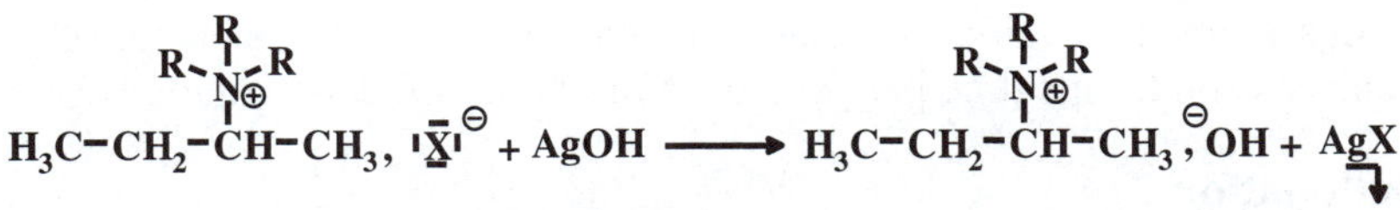

Dans une seconde étape, $OH^{\ominus}$ pourra *a priori* réagir sur l'hydrogène sur le carbone en β de l'ammonium. Il réagira sur le premier en raison de son **encombrement stérique moins important** et permettra par élimination la formation de l'alcène le moins substitué :

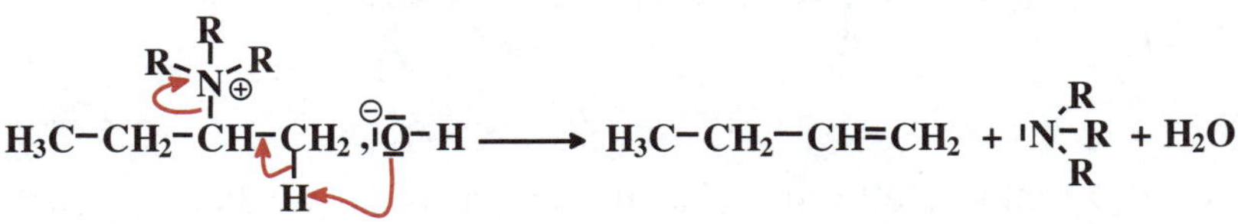

Cette réaction illustre le rôle que peut jouer l'encombrement stérique dans une transformation organique.

b) Acylation et sulfonation

Acylation

L'acylation s'effectue en faisant réagir un dérivé d'acide (halogénure d'acide ou anhydride) sur une amine primaire ou secondaire ; on obtient alors un amide :

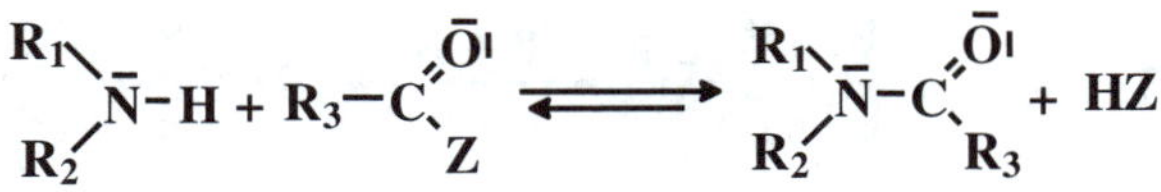

Z = Cl, Br, RCOO

Le processus qui s'apparente à celui de la formation d'ester est équilibré et déplacé vers la formation de l'amide en présence d'une base telle que la **pyridine** ou une **amine tertiaire** :

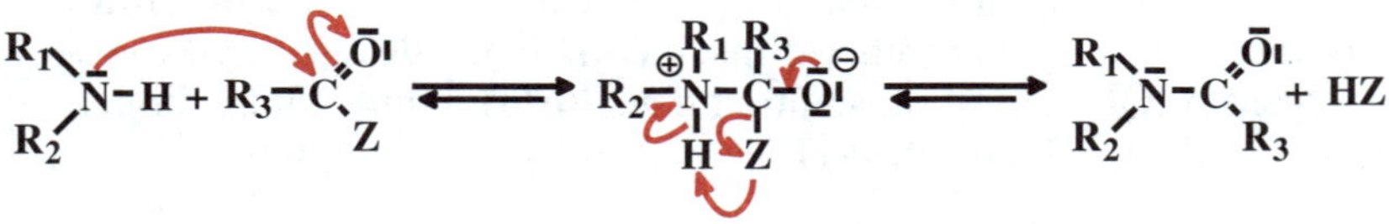

En opérant, par exemple, dans la pyridine, on forme un **sel de pyridinium** qui précipite partiellement en déplaçant ainsi l'équilibre vers la droite :

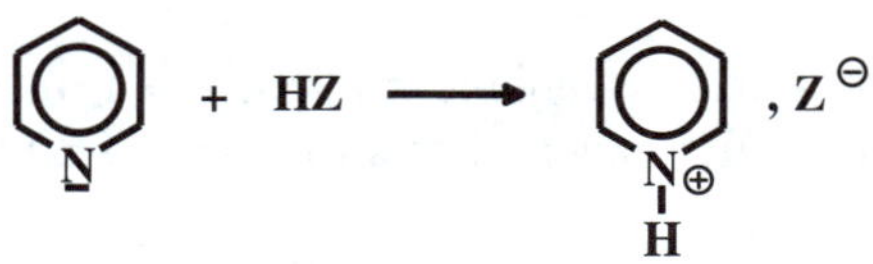

Les amines tertiaires ne réagissent pas avec de tels réactifs, car dans ces conditions il ne peut y avoir élimination du dérivé acide HZ.

Sulfonation

La réaction consiste à faire réagir une amine primaire ou secondaire sur un chlorure d'**acide sulfonique** RSO_2Cl :

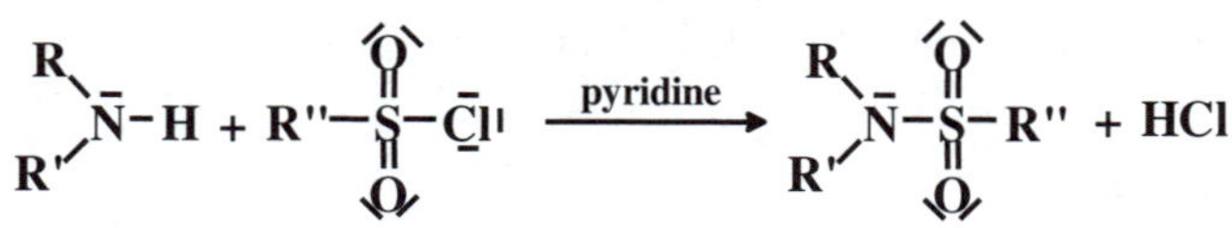

sulfamide

Cette réaction s'effectue généralement dans la pyridine et son mécanisme est strictement le même que celui qui a été décrit pour l'acylation. Les composés obtenus sont des **sulfamides**, qui constituent une classe importante d'antimicrobiens

L'action d'une amine sur le **benzène sulfochlorure** permet une bonne différentiation des classes d'amines (**test de Hinsberg**) :

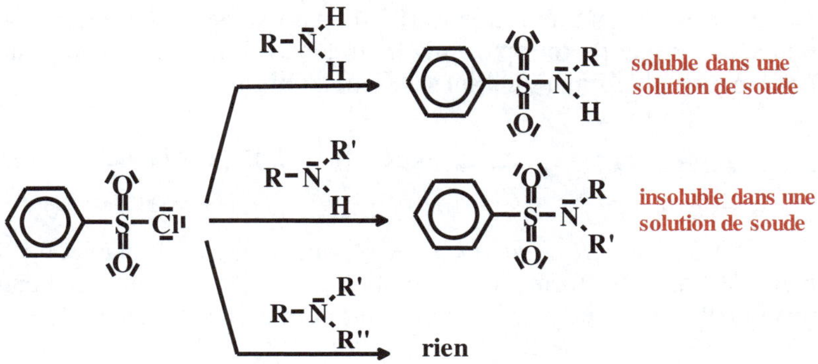

Le dérivé obtenu avec une amine primaire, en raison du caractère acide de l'hydrogène porté par l'azote (effet attracteur de SO_2), est soluble dans un milieu basique tel que la soude, alors que le dérivé obtenu à partir d'une amine secondaire sera totalement insoluble dans la soude en raison de l'absence de proton acide. Enfin, une amine tertiaire ne mène à aucun dérivé caractéristique avec le **benzène sulfochlorure**.

c) Diazotation des amines

Étudions l'action de l'acide nitreux HNO_2 sur les amines **primaires** et **secondaires**, les amines tertiaires étant sans effet sur ce réactif. L'acide nitreux est préparé *in situ* par l'action du nitrite de sodium $NaNO_2$ sur l'acide chlorhydrique ; l'acide nitreux conduit alors dans une seconde étape à l'entité très réactive $NO^{\oplus}$ qui réagit sur l'amine avec formation de sel de **N-nitrosoammonium** puis de **N-nitrosoamine** :

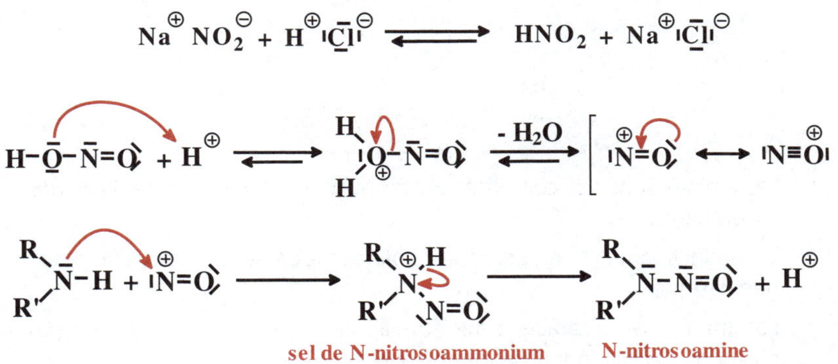

Avec une amine secondaire (R et R' différents de H) comme substrat de départ, on s'arrête à la formation de ce dernier composé, qui appartient à une famille de produits extrêmement cancérigènes. Par contre, avec une amine primaire (R'=H par exemple), la réaction se poursuit par une prototropie, suivie du départ d'une molécule d'eau pour mener à la formation d'un **sel de diazonium** :

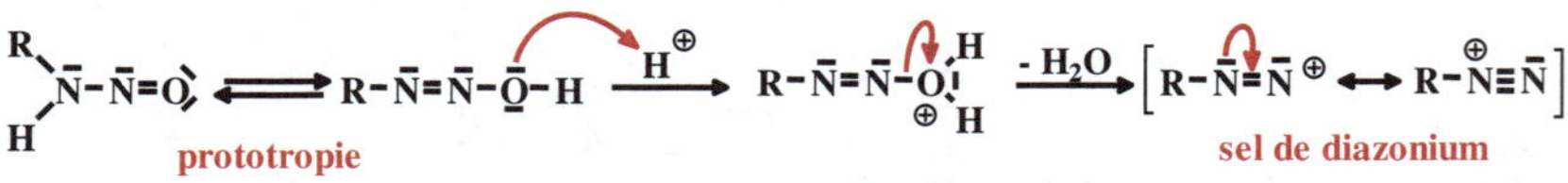

Si le substituant R est un alkyle, le sel obtenu n'est pas stable, il y a perte de l'azote et formation du carbocation R^+ qui réagit sur l'eau (éventuellement avec un réarrangement) pour mener à un alcool :

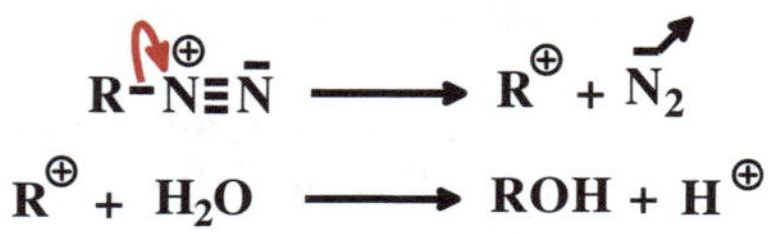

Ce dégagement d'azote est *caractéristique des amines primaires.*

Si le substituant R est un groupement aryle, le sel de diazonium est stable à température ambiante. On peut alors effectuer des substitutions électrophiles sur des composés benzéniques, en particulier avec les phénols, pour mener à des colorants diazoïques (*chapitre 11*). Par ailleurs, en raison du caractère fortement nucléofuge du groupement N_2, on peut observer en présence de catalyseurs acides des réactions de substitutions nucléophiles (réaction de Sandmeyer) :

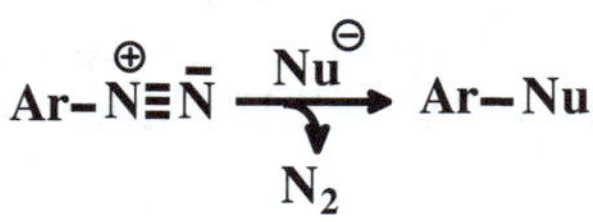

POINTS-CLEFS

- Les amines sont des composés azotés avec un atome d'azoté lié à trois substituants.
- Les amines sont des composés amphotères avec essentiellement un caractère basique.
- Les amines par le caractère nucléophile de l'azote peuvent mener à des réactions d'alkylation, acylation et diazotation

EXERCICES

13.1 Compléter :

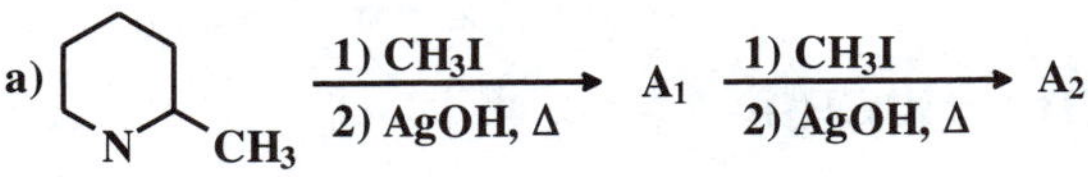

b) **Aniline** $\xrightarrow{CH_3COCl}$ B_1 $\xrightarrow{H_2SO_4}$ B_2 $\xrightarrow{H_3O^{\oplus}}$ B_3 $\xrightarrow{NaNO_2}$ B_4 $\xrightarrow{CuCN}$ B_5

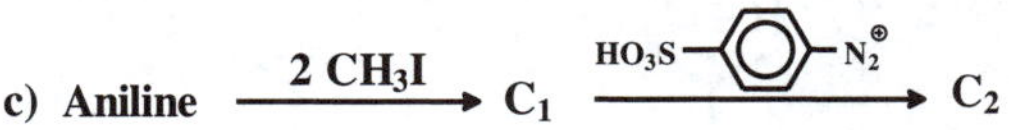

13.2 Par quelle suite de réactions peut-on passer des composés de la colonne **1** aux composés correspondants de la colonne **2** ?

a)	**but-1,3-diène**	**hexane-1,5-diamine**
b)	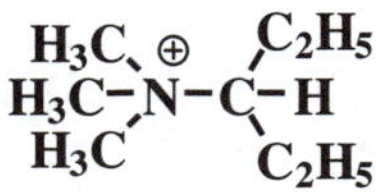	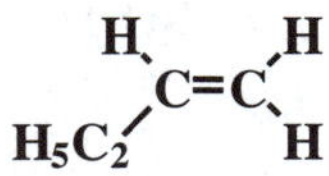
c)	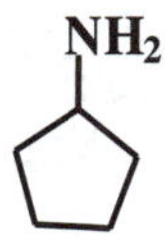	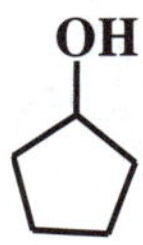
d)		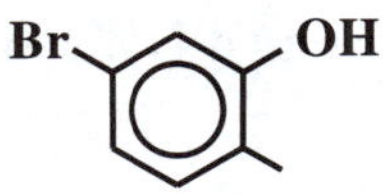
e)	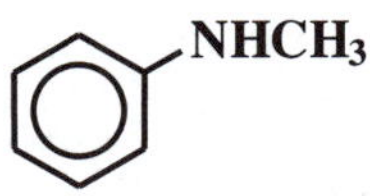	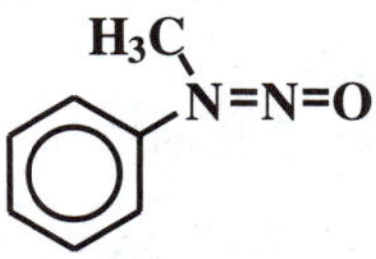
f)	**$Ph(CH_2)_2NH_2$**	**$PhCH{=}CH_2$**

13.3 Comment pourriez-vous distinguer les couples de composés suivants avec des tests chimiques simples ?

a) aniline et cyclohexylamine ;

b) diéthylamine et monoéthylamine ;

c) aniline et 2,4,6-trinitroaniline.

Quelles différences importantes présentent les spectres de RMN de ces couples de composés ?

SOLUTIONS

13.1

a) $A_1 = CH_2{=}CH{-}(CH_3)_3{-}N(CH_3)_2$ $A_2 =$ 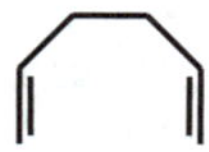

b) $B_1 = Ph{-}NH{-}CO{-}CH_3$; $B_2 =$ 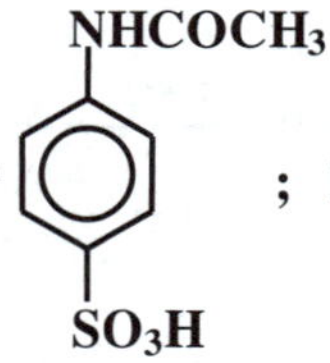 ; $B_3 =$ 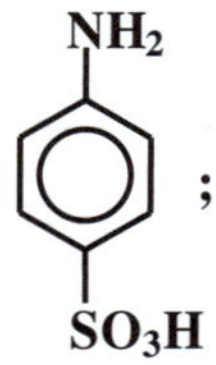 ;

$B_4 =$ 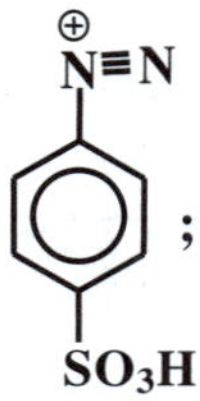 ; $B_5 =$ 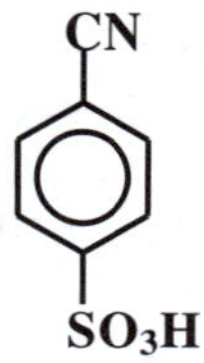

c) $C_1 =$ 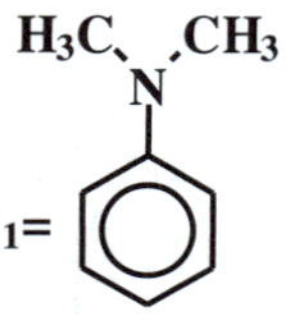 ; $C_2 =$ 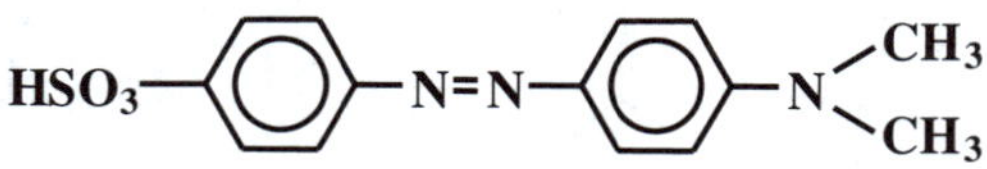

13.2 **a) i.** Cl_2 (addition 1,4), **ii.** KCN, **iii.** H_2/Ni

b) AgOH (élimination d'Hofmann)

c) $NaNO_2$/HCl

d) i. HNO_3/H_2SO_4, **ii.** $Br_2/AlBr_3$, **iii**. Sn/HCl, **iv.** $NaNO_2$/HCl, **v.** CuCl

e) $NaNO_2$/HCl

f) i. $NaNO_2$/HCl, **ii.** H^+.

13.3 **a)** $NaNO_2$/HCl provoque un dégagement d'azote à température ambiante avec la cyclohexylamine.

b) Test de Hinsberg.

c) La trinitroaniline est beaucoup moins basique que l'aniline (papier pH).

RMN : **a)** protons aromatiques (7-8 ppm) sur l'aniline et protons alkyle (2-4 ppm) sur la cyclohexylamine ; **b)** pas de différence importante triplet et quadruplet de l'éthyle dans les deux cas ; **c)** pas de protons aromatiques pour la trinitroaniline.

CHAPITRE 14 Aldéhydes et cétones

PLAN

- **14.1** Généralités (définitions et propriétés physiques)
- **14.2** Réactions d'addition
- **14.3** Propriétés liées à la mobilité de l'hydrogène sur le carbone Cα
- **14.4** Oxydations

OBJECTIFS

➤ Aborder les réactions d'addition sur des doubles liaisons polaires ainsi que les réactions liées à l'énolisation

14.1 GÉNÉRALITÉS

a) Définitions

Les **aldéhydes** et les cétones sont des composés qui ont pour structure générale respective R–CO–H et R–CO–R' où R et R' désignent une chaîne carbonée saturée ou non.

Ces deux fonctions, comprenant chacune le groupement **carbonyle** (C=O) appartiennent à la famille des **dérivés carbonylés**.

Exemples

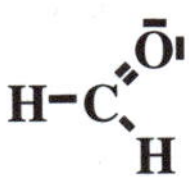

méthanal
(formaldéhyde)

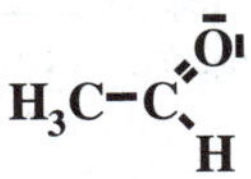

éthanal
(acétaldéhyde)

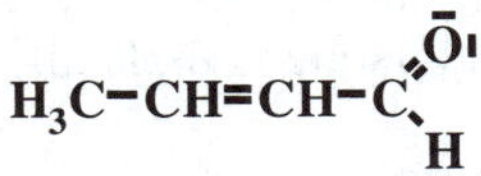

but-2-énal

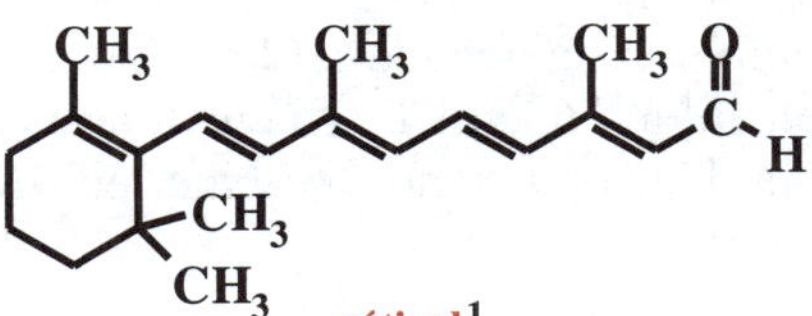

rétinal[1]

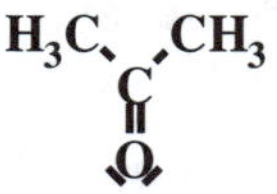

propanone
(acétone)

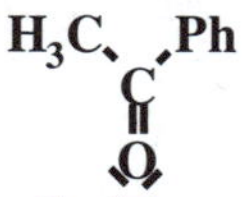

acétophénone

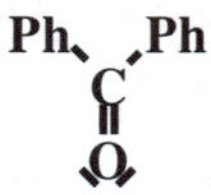

benzophénone

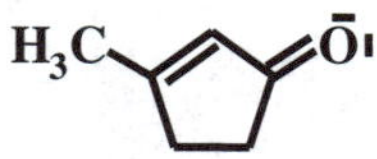

3-méthylcyclopent-2-énone

Ces fonctions aldéhyde ou cétone peuvent aussi apparaître plusieurs fois dans une même molécule, comme le montrent les exemples suivants :

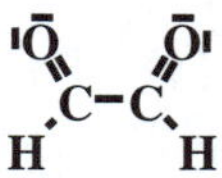

éthanedial
(glyoxal)

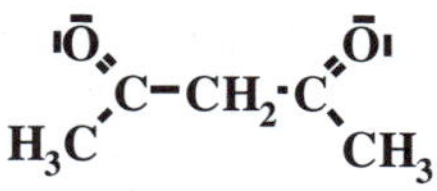

pentane-2,4-dione

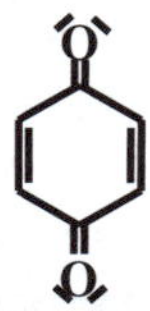

*para*benzoquinone

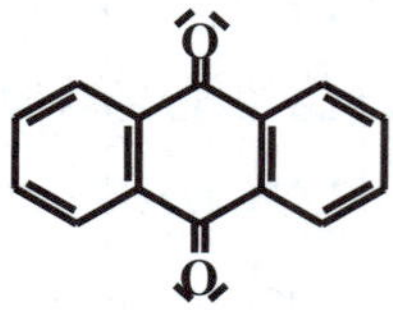

antraquinone

b) Propriétés physiques

À l'exception du **méthanal** (**formaldéhyde**) les composés carbonylés de type aldéhyde ou cétone sont tous liquides ou solides. Ils ont des températures d'ébullition intermédiaires entre l'hydrocarbure et l'alcool correspondant, en raison des interactions dipôle-dipôle. La polarisation du carbonyle implique un moment dipolaire important (méthanal 2,27 D ; acétone 2,85 D).

c) Propriétés spectroscopiques

Ultraviolet

Comme nous l'avons vu (*chapitre* 5) les aldéhydes et les cétones absorbent entre 190 et 220 nm (transition $\pi \rightarrow \pi^*$) et autour de 300 nm avec une intensité plus faible (transition $n \rightarrow \pi^*$). Ces maxima sont déplacés vers les grandes longueurs d'onde (effet bathochrome) lorsque la molécule présente des conjugaisons.

Infrarouge

Les aldéhydes et les cétones présentent une bande d'absorption intense et caractéristique entre 1 680 et 1 740 cm^{-1} selon la structure du composé. Par exemple, les aldéhydes et les cétones non conjugués absorbent respectivement à 1 635 et 1 715 cm^{-1}, alors qu'une cétone conjuguée comme la benzophénone présente en IR un maxima d'absorption à 1 680 cm^{-1}.

RMN du proton

Le groupement carbonyle étant fortement attracteur (*chapitre 3*), celui-ci aura tendance à induire un déblindage des protons. Nous pouvons ainsi rappeler (*chapitre 5*) que le proton aldéhydique R–C<u>H</u>O résonne vers 9-10 ppm, les protons méthyles C<u>H</u>$_3$ situés sur le carbone en α du groupement carbonyle vers 2 ppm (au lieu de 0,9 ppm chez les alcanes), les protons méthylène C<u>H</u>$_2$ aux alentours de 2,5 ppm (1,25 ppm chez les alcanes) et les protons méthynes C<u>H</u> vers 2,6 ppm (2 ppm pour les alcanes) . Ces résultats sont résumés sur la *figure 15.1*.

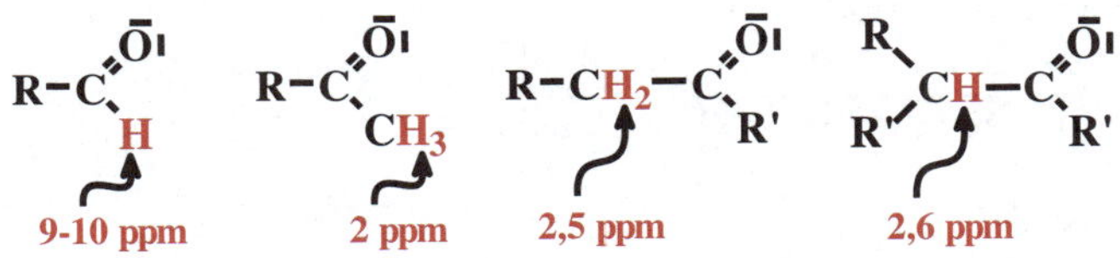

Figure 15.1 Déplacements chimiques des protons des aldéhydes et des cétones en RMN.

d) Généralités sur les propriétés chimiques

Dans le groupement carbonyle le carbone est hybridé sp^2 et la molécule est plane avec des angles de liaison voisins de 120°. Par ailleurs, l'oxygène étant plus électronégatif que le carbone, il va attirer les électrons π. La liaison C=O est donc polarisée dans le sens :

L'image de cette polarisation peut être décrite par l'écriture des deux formes résonantes du groupement carbonyle :

Par conséquent :

> La polarisation du groupe carbonyle va induire un centre électrophile sur l'atome de carbone et un centre nucléophile sur l'atome d'oxygène.

Cette propriété structurale va permettre des ***réactions d'addition***.

Remarquons que, vis-à-vis d'un nucléophile, un aldéhyde est plus réactif qu'une cétone car sur cette dernière il y a deux groupes donneurs fixés sur le carbone sp^2, la charge partielle δ^+ sera donc diminuée.

Un deuxième type de propriétés est lié à la présence éventuelle d'un hydrogène en position α du groupement carbonyle. Cet hydrogène possède des propriétés acides (*chapitre 3*) et va induire des *réactions de substitution* liées au phénomène de tautomérie céto-énolique (*chapitre 4*).

Enfin, pour les aldéhydes, l'hydrogène directement lié au carbonyle va conférer quelques propriétés spécifiques à ces composés, en particulier des *réactions d'oxydation*.

14.2 RÉACTIONS D'ADDITION

a) Généralités

Compte tenu de la polarité du carbonyle, les réactifs nucléophiles vont réagir sur le carbone et les réactifs électrophiles sur l'oxygène comme l'indique l'exemple ci-dessous.

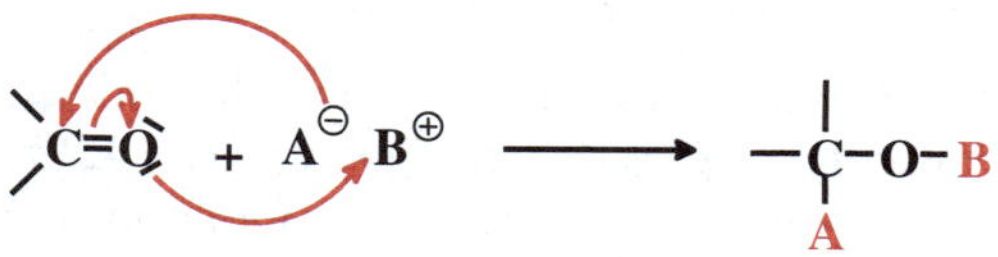

En raison de la planéité du carbone sp^2 ces réactions ne sont généralement *pas stéréospécifiques*.

b) Addition des composés hydroxylés

Hydratation

L'action de l'eau conduit à un gem-diol :

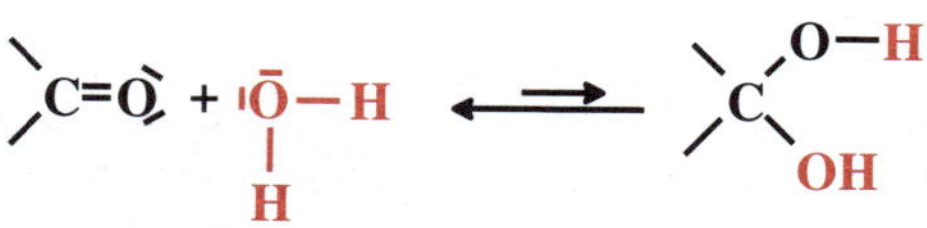

En général, les hydrates formés sont thermodynamiquement instables et c'est la réaction inverse qui est favorisée, sauf pour certains aldéhydes comme le **chloral**[1] (Cl_3CCHO) ou le méthanal (HCHO) qui donnent des hydrates stables :

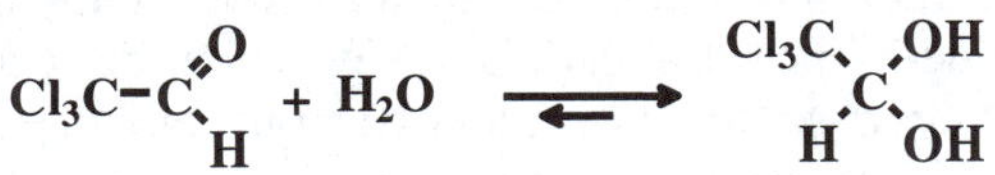

hydrate de chloral

formol

Addition des alcools

> Catalysée par un acide (HCl anhydre), l'action d'un aldéhyde (resp. d'une cétone) sur un alcool mène à un **hémiacétal** (resp. un **hémicétal**) puis à un **acétal** (resp. un **cétal**).

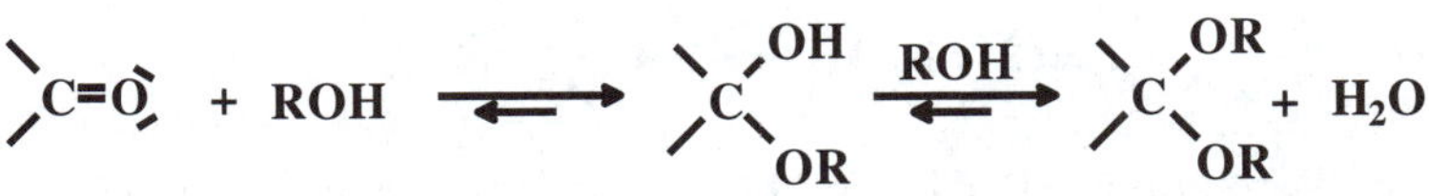

hémiacétal ou hémicétal — acétal ou cétal

En général, pour les réactions intermoléculaires, on ne s'arrête pas à l'hémiacétal ou à l'hémicétal mais la deuxième molécule d'alcool vient immédiatement substituer l'hydroxyle restant pour donner un acétal ou un cétal.

Du point de vue mécanistique, en milieu acide sec il y a formation d'un carbocation par addition électrophile du proton $H^\oplus$ sur l'oxygène du carbonyle, suivie de l'addition nucléophile de l'alcool sur ce dernier :

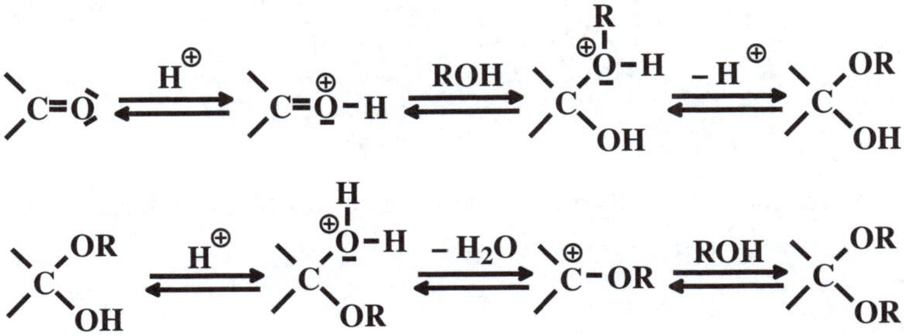

1. Le chloral est un sédatif puissant.

La réaction est réversible. Si l'eau est éliminée au fur et à mesure de sa formation, la réaction sera complète et conduira à l'acétal ou au cétal. Pour effectuer la réaction inverse, il suffit de se mettre en milieu aqueux et acide. Une application intéressante de cette réaction consiste à protéger[1] la fonction aldéhyde ou cétone par action de l'éthylène glycol (éthane-1,2-diol) pour former un dioxolanne qui est stable en milieu basique :

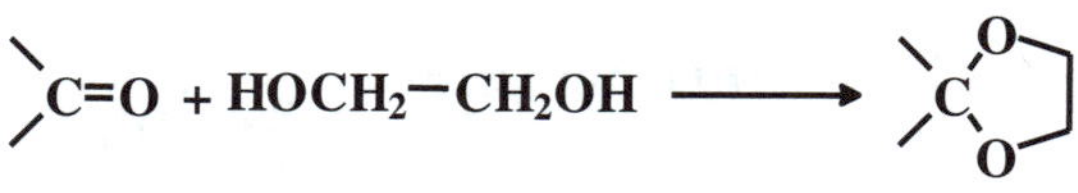

dioxolanne

c) Addition des amines primaires et secondaires

Amines primaires

Les réactions d'addition des amines primaires sont en général catalysées par les acides faibles.

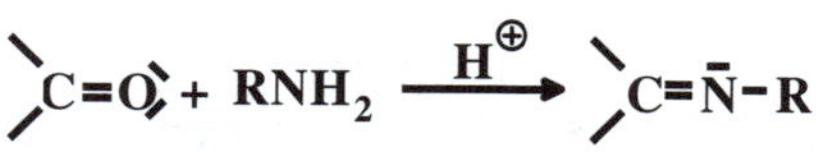

Avec l'ammoniac (R=H), on obtient une **imine** que l'on appellera **base de Schiff** dans le cas d'une amine substituée (R≠H). Les imines sont peu stables et sont rapidement hydrolysées en dérivés carbonylés de départ, sauf si le substituant de l'amine est un groupement aryle. Le mécanisme est tout à fait analogue à celui que nous avons présenté pour la cétalisation. En absence de catalyseur, il y a addition de l'amine suivie de l'élimination d'une molécule d'eau :

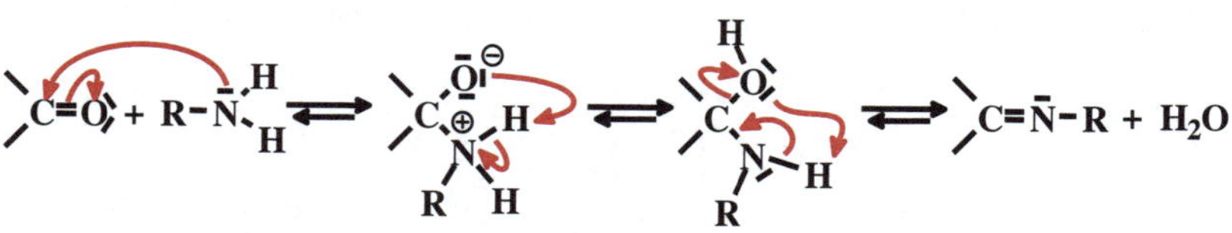

hémiaminal
(instable)

En présence de catalyseur acide, la réaction est accélérée.

1. Introduire un **groupe protecteur** consiste à modifier temporairement une fonction pour que sa réactivité n'intervienne pas.

Réactions d'autres composés portant la fonction amine primaire

D'autres composés portant la fonction amine primaire peuvent réagir sur des composés de structure apparentée. Nous en donnerons trois exemples intéressants quant à leurs applications.

➤ Action de l'hydrazine

Le produit obtenu est l'**hydrazone,** qui en présence d'une base $OH^{\ominus}$ mène au produit de réduction totale $R–CH_2–R'$ (réaction de **Wolff-Kishner**)[1] :

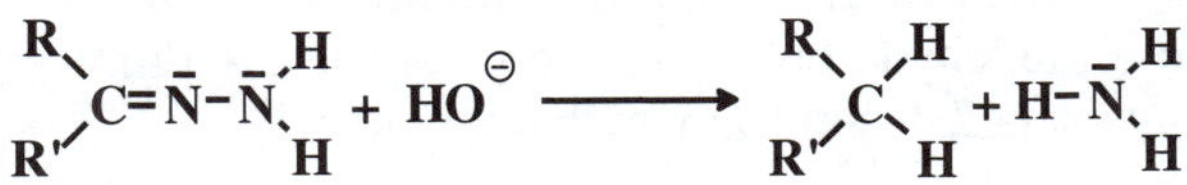

➤ Action de l'hydroxylamine

Toujours par le même processus, l'action de l'hydroxylamine (NH_2OH) sur un aldéhyde ou une cétone mène à une **oxime** :

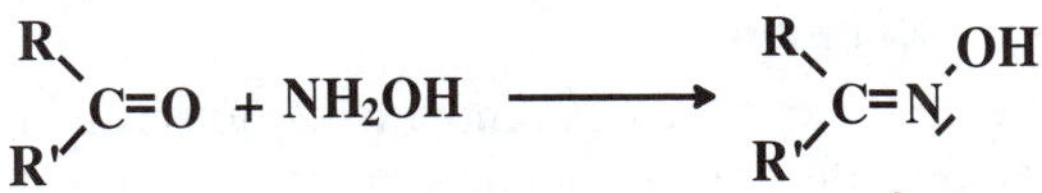

Le groupement hydroxyle de l'oxime se place en position *anti* par rapport au plus gros des deux substituants R ou R'.

En milieu acide, cette oxime mène à un amide (transposition de **Beckman**) :

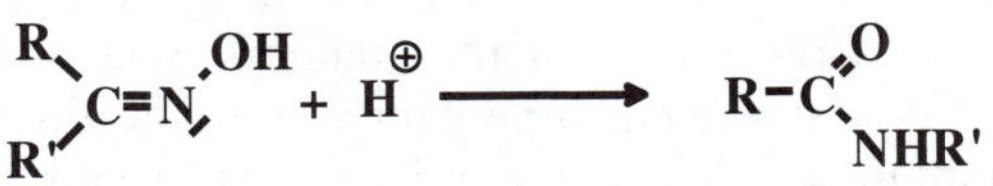

Le mécanisme fait intervenir une protonation de l'hydroxyle, suivie du déplacement de l'alkyle R' et d'une prototropie :

1. Dans le cadre de ce cours nous n'indiquerons pas le mécanisme de cette réaction.

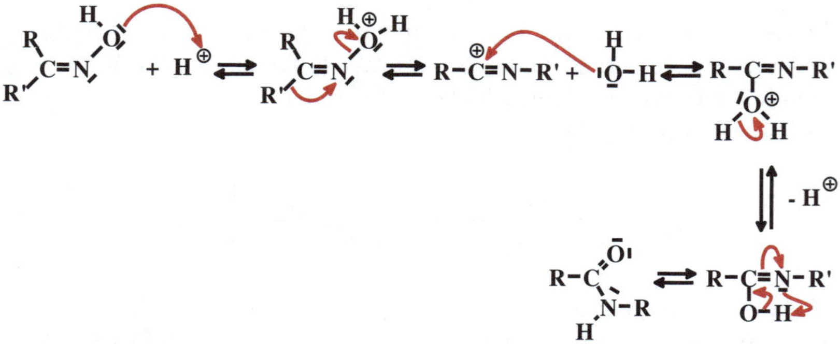

amide

➤ Action de la 2,4-dinitrophénylhydrazine (2,4 DNPH)

L'action d'un aldéhyde ou d'une cétone sur la 2,4-dinitrophénylhydrazine mène à la 2,4-dinitrophénylhydrazone :

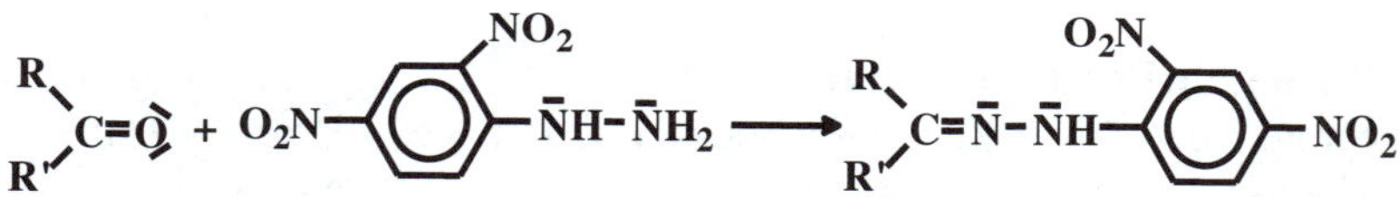

2,4-dinitrophénylhydrazine (2,4-DNPH) — 2,4-dinitrophénylhydrazone

Le produit est obtenu avec des rendements quasi-quantitatifs, sous forme de précipité de couleur jaune-orange. Les 2,4-dinitrophényl hydrazones sont des **dérivés caractéristiques** stables, avec des températures de fusion permettant d'identifier facilement les aldéhydes ou les cétones de départ.

Cas des amines secondaires

La réaction d'un dérivé carbonylé sur une amine secondaire ne peut avoir lieu exactement de la même manière que sur une amine primaire. En effet, dans ce cas il ne peut y avoir élimination d'eau au niveau de l'hémiaminal thermodynamiquement instable :

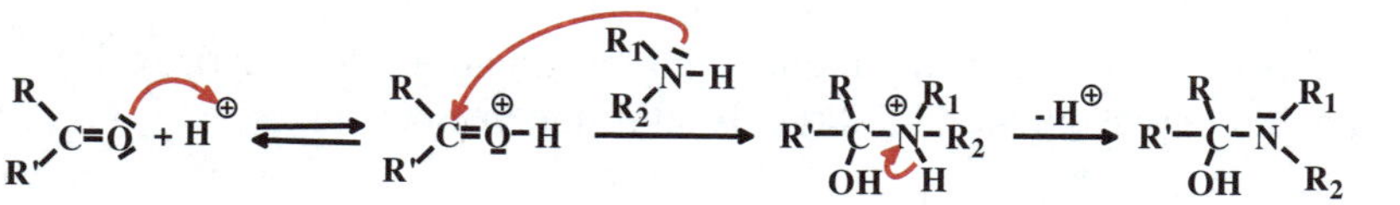

thermodynamiquement instable

Toutefois, une élimination d'eau reste possible s'il y a un hydrogène en α du groupement carbonyle de l'aldéhyde ou de la cétone et on forme alors une énamine stable :

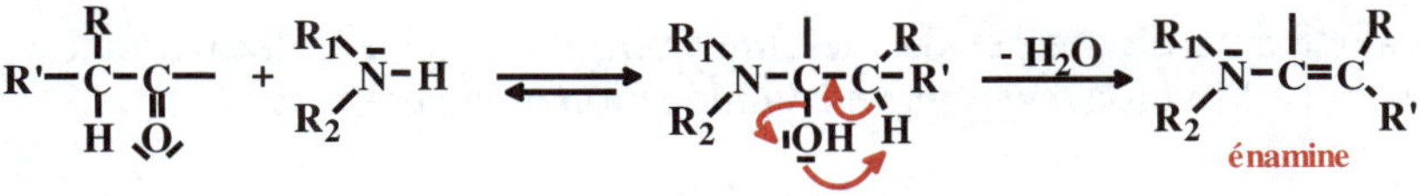

d) Réduction

Réduction catalytique par le dihydrogène

À haute température en présence d'un catalyseur tel que le nickel ou le palladium, l'hydrogénation conduit à un alcool :

$$>C=O + H_2 \longrightarrow >CH-OH$$

Cette réaction se fait plus difficilement qu'avec les alcènes et n'est donc pas régiospécifique, c'est-à-dire que si on a initialement un composé présentant à la fois une double liaison et un groupement C=O, on ne peut pas réduire le carbonyle sans réduire la double liaison.

Réduction spécifique par les hydrures

Les réducteurs les plus utilisés sont l'**hydrure d'aluminium et de lithium** ($LiAlH_4$) ou le **borohydrure de sodium** ($NaBH_4$) ou de **potassium** (KBH_4). Ce dernier est moins réactif et sera donc beaucoup plus sélectif. Avec $LiAlH_4$ la réduction est induite par la réaction de l'ion Li⊕ avec le doublet de l'oxygène du groupement carbonyle suivi de l'attaque nucléophile de l'ion **hydrure** sur l'atome de carbone du carbonyle. Ce processus se répète trois fois et le trétraalcoolate d'aluminium et de lithium formé va mener à l'alcool par simple hydrolyse :

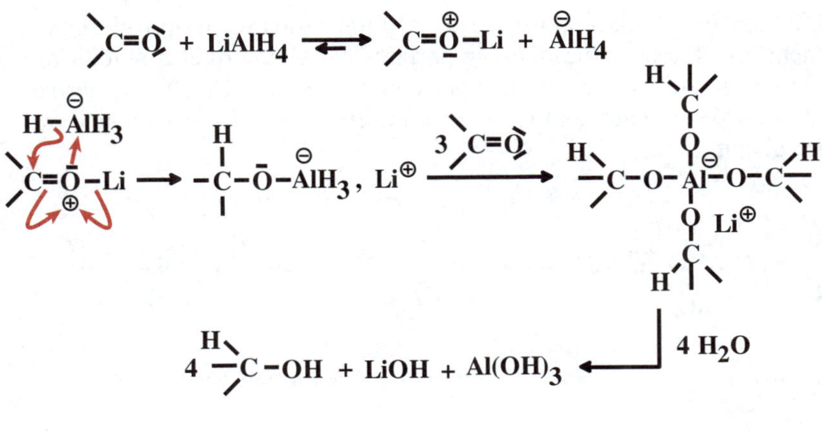

Réduction de Clemensen

L'amalgame de zinc et de mercure traité par l'acide chlorhydrique libère de l'hydrogène et mène à la réduction totale des cétones.

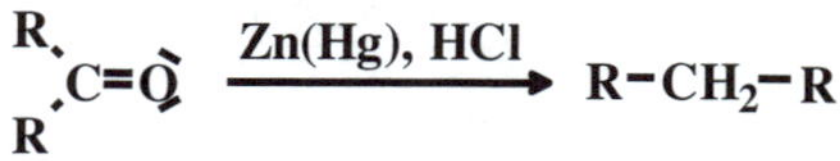

Cette réaction, dont le mécanisme est peu connu, ne s'applique qu'aux cétones, un aldéhyde ne pouvant être réduit dans de telles conditions. Nous rappellerons également (voir paragraphe précédent) que la réaction de Wolff-Kishner mène au même résultat en deux étapes aussi bien avec un aldéhyde qu'avec une cétone.

e) Addition de l'acide cyanhydrique

L'addition d'acide cyanhydrique sur les aldéhydes ou les cétones conduit à la formation de **cyanhydrines** très utilisés dans l'industrie pour l'élaboration de polymères ou d'acides α-hydroxylés :

cyanhydrine

C'est une réaction équilibrée, l'addition d'une base déplace l'équilibre vers la droite, car elle accroît la concentration en ion cyanure :

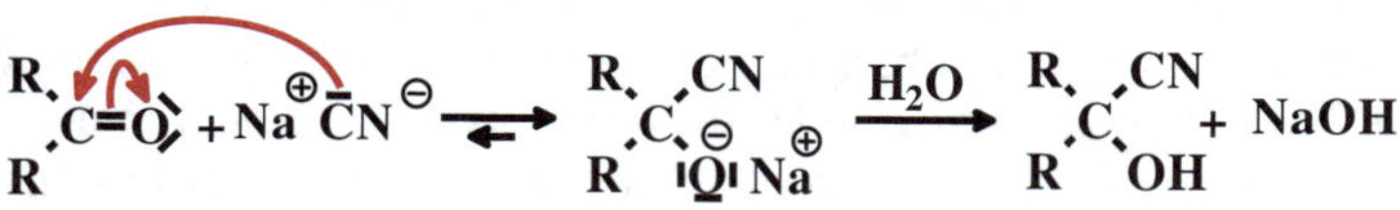

f) Addition de l'hydrogénosulfite de sodium

L'action de l'hydrogénosulfite de sodium ($NaHSO_3$), appelé également bisulfite de sodium, est importante car elle permet d'obtenir un dérivé caractéristique des aldéhydes ou des cétones. En effet, le dérivé carbonylé est facilement régénéré en milieu acide. Le mécanisme est le suivant :

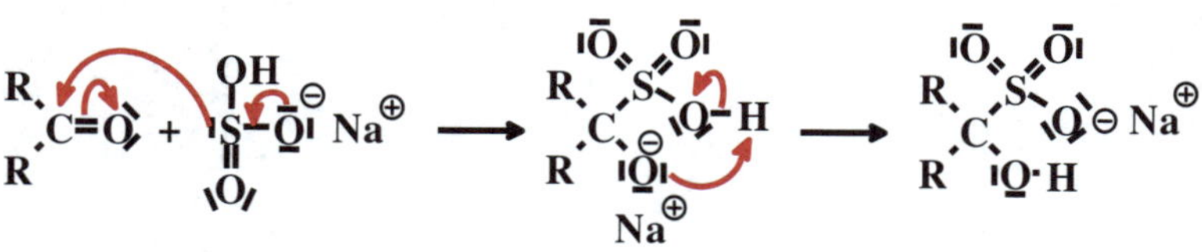

combinaison bisulfitique

g) Réaction de Canizzaro

Cette réaction ne s'applique qu'aux aldéhydes ne possédant pas d'hydrogène sur le ou les carbones situés en α du groupement carbonyle (aldehyde non énolisable). Dans ce cas, en présence de soude, les aldéhydes subissent une réaction de **dismutation** au cours de laquelle une molécule est oxydée en acide (sous forme de sel de sodium) et l'autre réduite en alcool primaire

$$2\ R-C(=O)H \xrightarrow{NaOH} RCH_2OH + RCOO^{\ominus}\ Na^{\oplus}$$

L'aldéhyde benzoïque conduira à l'acide benzoïque et au **phénylméthanol** (**alcool benzylique**). Le mécanisme proposé est le suivant :

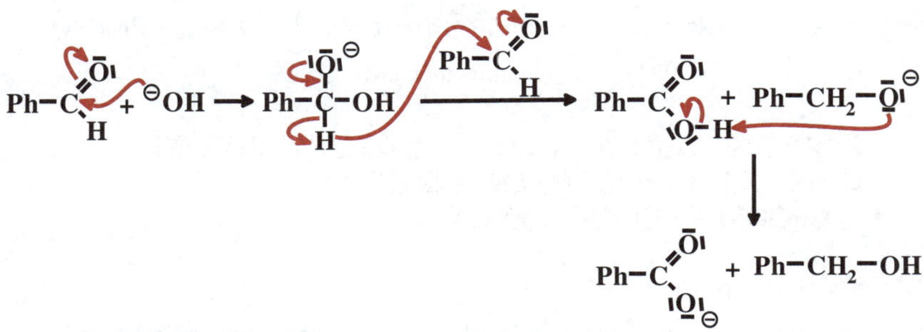

Enfin, l'hydrolyse de l'ensemble conduit à l'acide carboxylique et à l'alcool.

h) Réaction de Wittig

La réaction de **Wittig** consiste à additionner un **ylure** de phosphore ($Ar_3P{=}CH{-}R$) sur un aldéhyde ou une cétone pour mener, après réarrangement, à un alcène :

$$>C{=}O + Ar_3P{=}CHR \longrightarrow\ >C{=}CHR$$

Un ylure peut être formé, par exemple, en faisant tout d'abord réagir la **triphénylphosphine** (Ph_3P) sur un dérivé halogéné $R{-}CH_2{-}X$ pour mener à un **sel de phosphonium** par une simple réaction de substitution nucléophile :

$$Ph_3P + R-CH_2-X \longrightarrow \underbrace{Ph_3\overset{\oplus}{P}-CH_2-R\ ,\ X^{\ominus}}_{\text{sel de phosphonium}}$$

Le **sel de phosphonium** formé mis en présence d'une base *très* forte (C_2H_5ONa, C_4H_9Li…) mènera à l'ylure par perte du proton porté par le carbone voisin du phosphore :

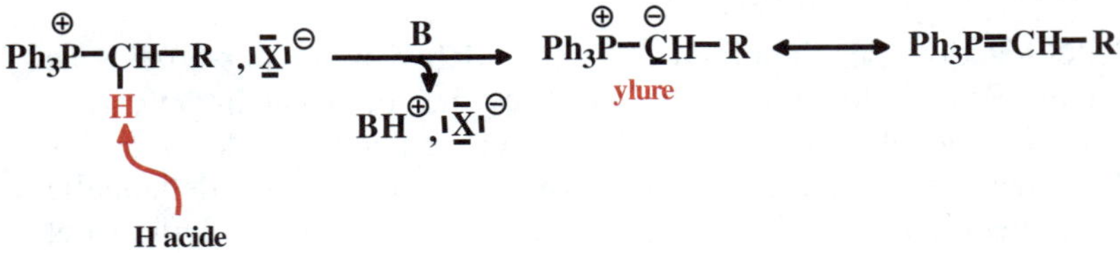

L'ylure, par son carbone nucléophile, va réagir sur le carbonyle pour mener à une **bétaïne** qui va se cycliser en **oxaphosphénate**. Ce dernier se décompose par chauffage en alcène et en oxyde de triphénylphosphine ($Ph_3P=O$) :

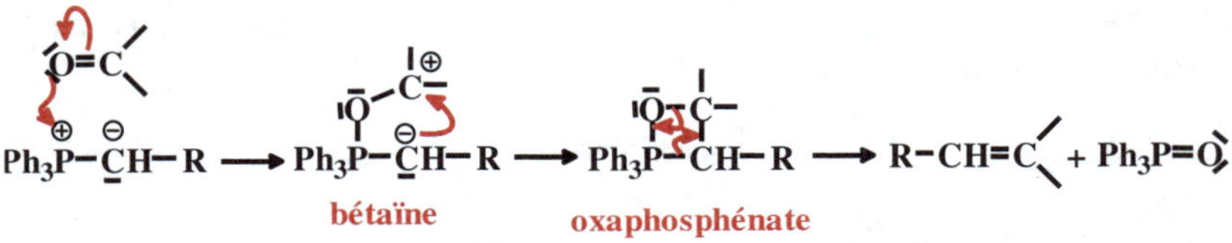

14.3 PROPRIÉTÉS DUES À LA MOBILITÉ DE L'HYDROGÈNE PORTÉ PAR LE CARBONE EN POSITION α DU GROUPEMENT CARBONYLE

a) Énolisation

Nous avons vu au *chapitre 4* qu'un hydrogène situé sur le carbone en position α d'un carbonyle, d'un aldéhyde ou d'une cétone peut mener la formation d'un énol :

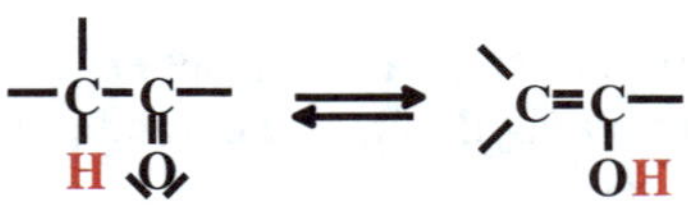

Malgré un pourcentage d'énol très faible en série aliphatique, celui-ci peut être le siège de nombreuses réactions. La formation de l'énol ou de l'énolate peut être catalysée par les acides ou les bases.

Catalyse par les acides

Il y a d'abord protonation du groupement carbonyle (étape rapide), suivie du départ du proton porté par le carbone Cα (étape lente).

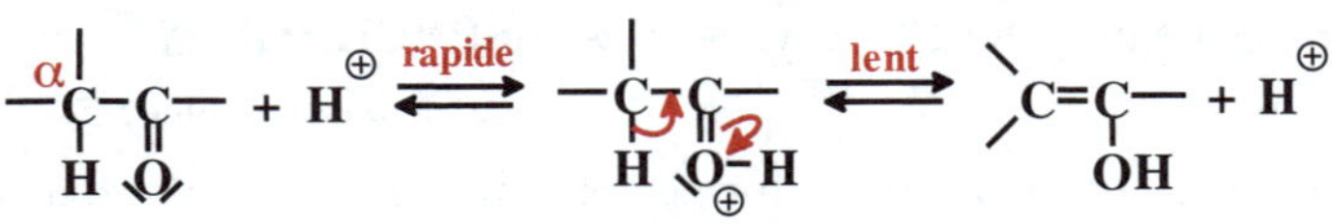

Si la cétone est disymétrique, c'est le carbone Cα *le plus substitué* qui va perdre son proton, en raison de la formation préférentielle de l'énol le plus substitué.

Catalyse par les bases

Par l'action d'une base forte (B), telle que $OH^{\ominus}$, $NH_2^{\ominus}$, $RO^{\ominus}$…, en quantité catalytique, il y a départ des hydrogènes mobiles portés par le Cα pour conduire à l'anion énolate, qui est stabilisé par résonance :

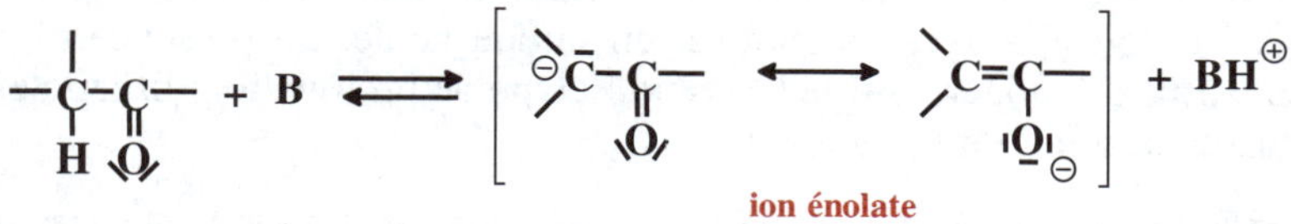

Dans ce cas, contrairement à ce que nous avons observé en milieu acide, c'est le carbone Cα *le moins substitué* qui va perdre son proton, en raison de la plus grande stabilité de l'anion énolate.

De nombreuses réactions font intervenir dans une des étapes les phénomènes d'énolisation. Nous en indiquons quelques exemples dans les paragraphes qui suivent.

b) Halogénation

La fixation d'halogène se fait par substitution de l'hydrogène en α du groupement carbonyle :

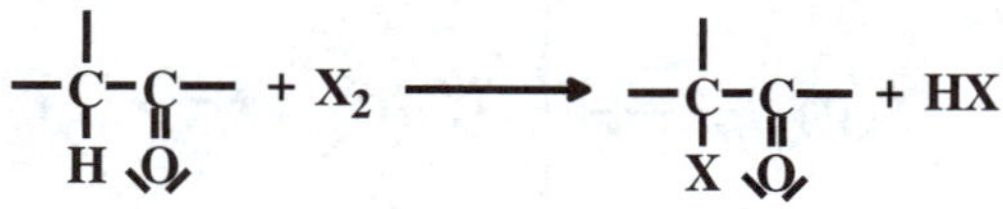

Cette réaction est catalysée par les acides ou les bases et, dans ces deux milieux, l'intermédiaire est respectivement un énol ou un énolate.

Catalyse acide

Il y a formation de l'énol (étape lente) suivie de l'étape d'halogénation :

➤ **Énolisation**

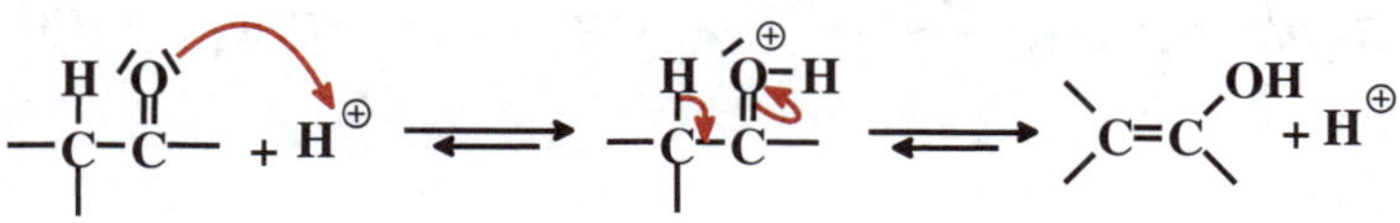

➤ Halogénation ($X_2=I_2, Br_2, Cl_2$)

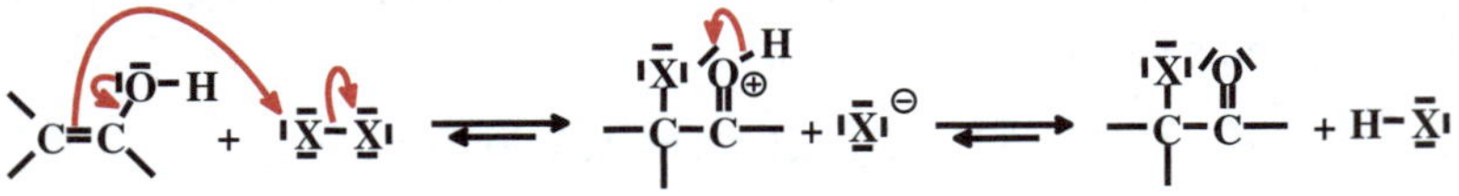

En milieu acide, si on a plusieurs atomes d'hydrogène sur le carbone Cα, les polyhalogénations s'avéreront difficiles :

$$-CH_2-\underset{\underset{O}{\|}}{C}- + X_2 \xrightarrow[HX]{} -CHX-\underset{\underset{O}{\|}}{C}- \;\not\longrightarrow\; -CX_2-\underset{\underset{O}{\|}}{C}-$$

En effet, pour permettre les halogénations ultérieures, l'halogénocétone doit à nouveau s'énoliser en milieu acide. La présence d'un substituant halogène sur le Cα rend l'étape de protonation difficile en raison de son effet attracteur.

Enfin, c'est le *côté le plus encombré* qui sera halogéné préférentiellement, en raison de la formation préférentielle de l'énol le plus substitué (voir ci-dessus).

Exemple :

$$CH_3\text{-}CH_2\text{-}\underset{\underset{O}{\|}}{C}-CH_3 + Br_2 \longrightarrow CH_3-CHBr-\underset{\underset{O}{\|}}{C}-CH_3 + HBr$$

Catalyse basique

En catalyse basique, le processus est sensiblement différent ; il y a d'abord formation de l'ion énolate suivie de l'action de l'halogène.

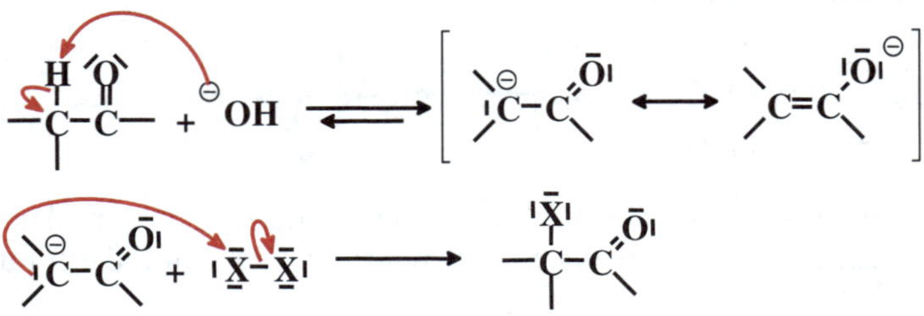

Contrairement à la catalyse acide, on peut avoir facilement formation d'aldéhydes ou de cétones polyhalogénés, car l'halogène fixé accroît la mobilité de l'hydrogène restant par son effet attracteur.

Exemple :

$$CH_3\text{-}CH_2\text{-}\underset{\underset{O}{\|}}{C}-CH_3 \xrightarrow{Br_2\text{ (excès)}} CH_3-CH_2-\underset{\underset{O}{\|}}{C}-CBr_3 + 3\ HBr$$

Cas particulier des cétones méthylées — Réaction haloforme

Dans le cas particulier des cétones méthylées, si on opère en présence de bases hydroxylées (NaOH, KOH…), on obtient une cétone trihalogénée au niveau du groupement méthyle :

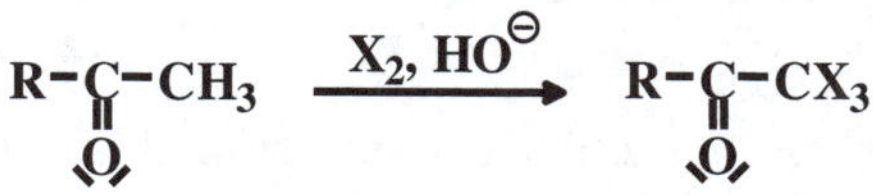

La réaction ne s'arrête pas là, car il y a ensuite attaque nucléophile de l'anion hydroxyle $OH^{\ominus}$ sur le groupement carbonyle et élimination du groupement trihalogénométhyle pour mener, après neutralisation, à un acide carboxylique et à un haloforme CHX_3 (chloroforme, bromoforme, iodoforme). C'est la raison pour laquelle ce processus porte le nom de réaction **haloforme**. Le mécanisme est le suivant :

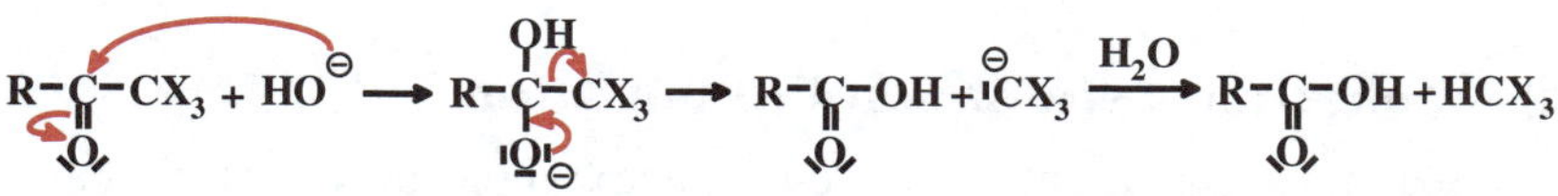

Cette réaction constitue une méthode de synthèse des acides carboxyliques au laboratoire. Par ailleurs, lorsque l'on utilise le diiode I_2 comme agent d'halogénation, l'iodoforme obtenu CHI_3 est un solide jaune caractéristique, qui permet d'utiliser cette réaction comme test pour caractériser les cétones méthylées.

> L'halogénation en milieu acide mène au dérivé monohalogéné régiosélectivement sur le côté le plus encombré, alors que la même réaction en milieu basique conduit à des composés polyhalogénés du côté le moins encombré. Par ailleurs, en milieu base hydroxylée, l'halogénation d'une cétone méthylée conduit à la réaction haloforme.

c) Alkylation

Lorsque l'on introduit un aldéhyde ou une cétone énolisable en milieu basique, nous avons vu, précédemment, qu'il y avait formation d'un ion énolate :

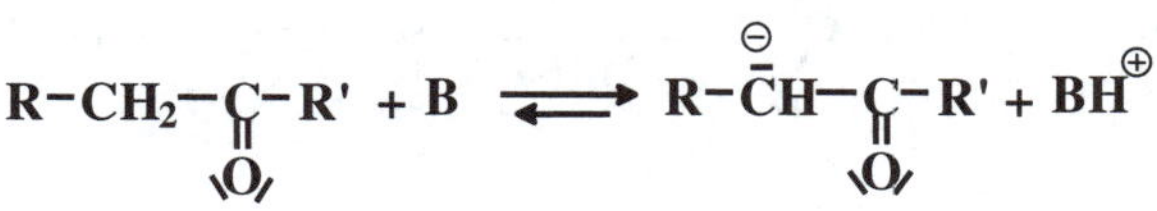

Cet ion, par sa charge négative, possède un caractère nucléophile et pourra réagir sur un dérivé halogéné :

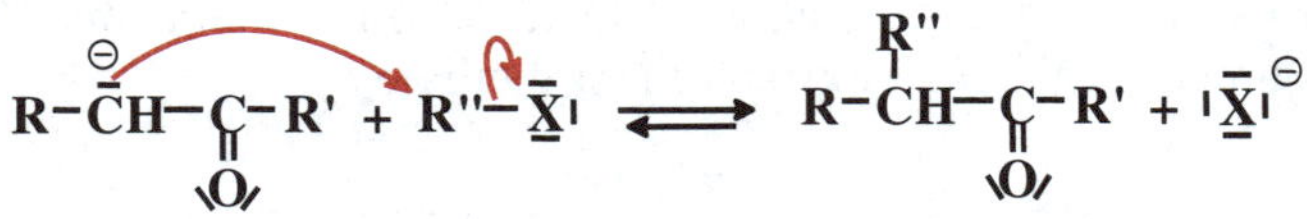

Cette réaction est très utilisée avec des dialdéhydes et des dicétones, car leurs hydrogènes situés sur le carbone en α des carbonyles sont rendus particulièrement labiles et on peut parvenir ainsi à des disubstitutions :

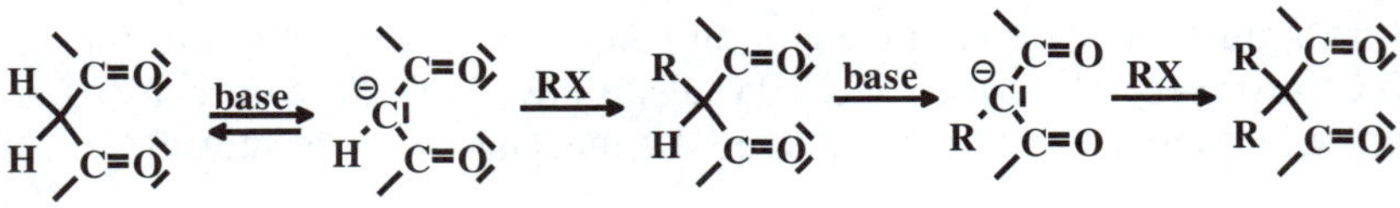

d) Aldolisation-Cétolisation-Crotonisation

Ces réactions consistent à condenser deux molécules d'aldéhyde (formation d'**aldol**), deux molécules de cétone (formation de **cétol**) ou encore une molécule d'aldéhyde sur une molécule de cétone (on aura dans ce cas encore la formation de cétol[1]). Ces réactions s'effectuent en milieu basique (généralement NaOH, KOH ou $Ca(OH)_2$ dilués) et l'ion énolate formé va pouvoir s'additionner sur le carbone sp^2 du carbonyle d'une seconde molécule d'aldéhyde ou de cétone :

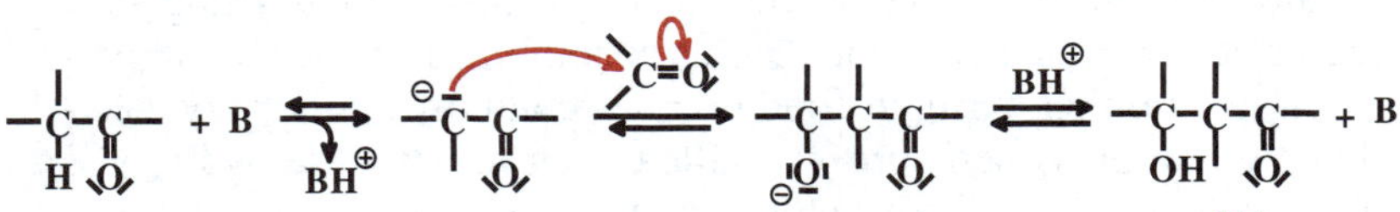

Cette réaction peut avoir lieu avec des composés carbonylés différents. Cependant, la condensation de deux aldéhydes ou de deux cétones ayant chacun plusieurs hydrogènes énolisables donne lieu à la formation de mélanges complexes extrêmement difficiles à séparer. Cette réaction reste intéressante si on fait réagir un aldéhyde ou une cétone énolisable sur un composé carbonylé qui ne l'est pas :

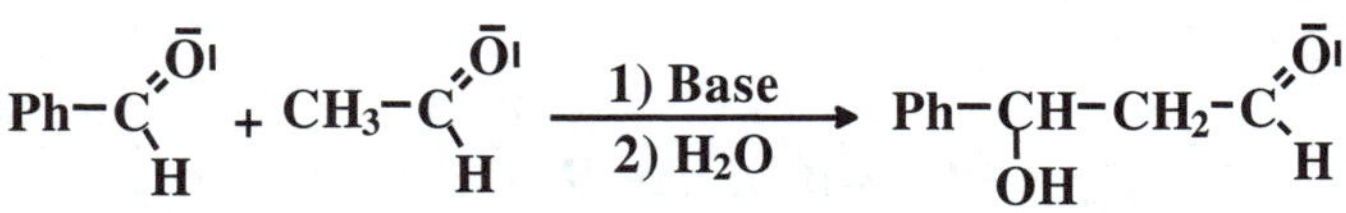

1. Aldol signifie que l'on a la fonction aldéhyde et la fonction alcool sur le même composé, cétol que l'on a la fonction cétone et la fonction alcool.

Dans le cas de la condensation d'un aldéhyde et d'une cétone, c'est cette dernière qui va s'énoliser en premier :

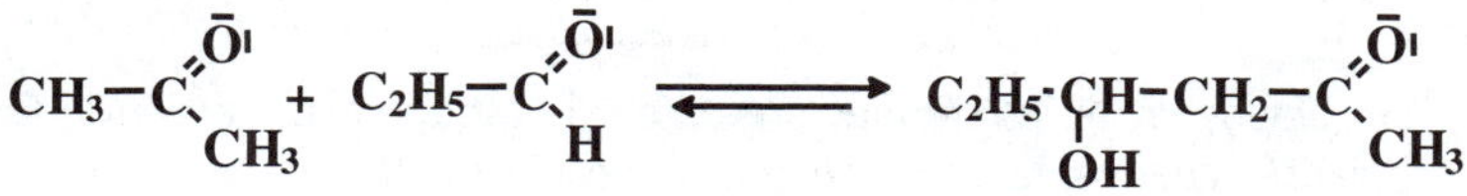

Tous ces produits de condensation peuvent se déshydrater par simple chauffage, en milieu acide (mécanisme de la déshydratation des alcools) ou en milieu basique, lorsqu'il y a dans le système encore un hydrogène énolisable. Ce processus porte le nom de **crotonisation**.

14.4 RÉACTIONS D'OXYDATION

Les aldéhydes peuvent s'oxyder très facilement en acides carboxyliques, ce sont des *composés réducteurs* :

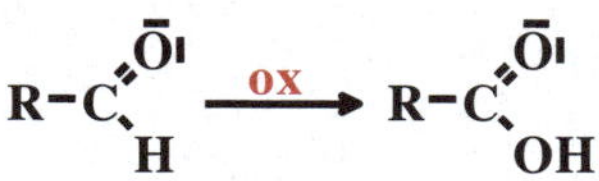

Les aldéhydes peuvent s'oxyder à l'air ou avec des oxydants, tels que le permanganate de potassium ou le bichromate de potassium. Ces propriétés réductrices peuvent être vérifiées par deux tests classiques.

- Le test à la **liqueur de Fehling** (solution de tartrate[1] de cuivre II en milieu NaOH), dans lequel l'oxydant est le cuivre II qui se réduit en cuivre I (Cu_2O) en présence d'un aldéhyde (formation d'un précipité rouge). Le bilan de cette réaction au niveau de l'ion métallique est donc la réduction :

$$Cu^{2\oplus} + e^{\ominus} \longrightarrow Cu^{\oplus}$$

- Le **test de Tollens** consiste à faire réagir une solution de nitrate d'argent ammoniacal sur l'aldéhyde pour obtenir un dépôt d'argent sur la surface du récipient. On a donc une réduction du sel d'argent :

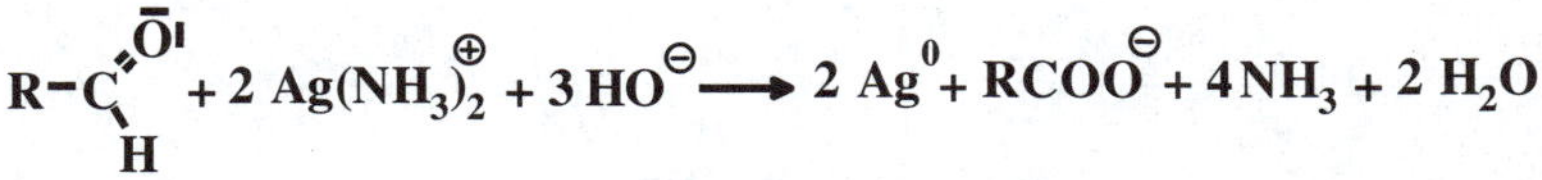

Les cétones, quant à elles en présence d'un oxydant très fort (*chapitre 13*) pourront mener à des produits de dégradation avec rupture de la liaison carbone-carbone entre le carbonyle et le carbone Cα.

---

1. L'ion tartrate a pour structure $^{-}O_2C(CHOH)_2CO_2^{-}$.

POINTS-CLEFS

- Les aldéhydes et les cétones présentent le groupement carbonyle C=O polarisé négativement sur l'oxygène et positivement sur le carbone.
- Les centres réactionnels sont les suivants :

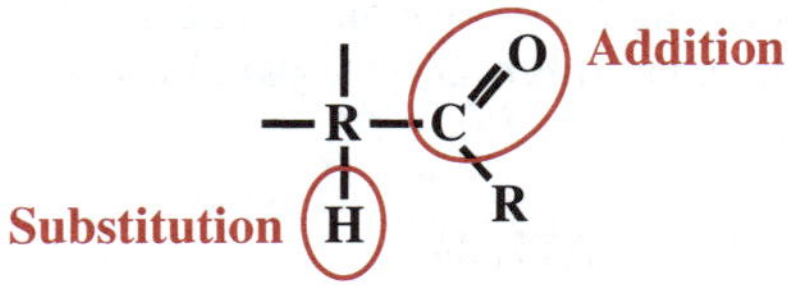

- Les aldéhydes sont réducteurs (R–CHO → RCOOH).

EXERCICES

14.1 Dresser un tableau des principales propriétés différenciant les aldéhydes et les cétones.

14.2 Effectuer les transformations suivantes :

$$\mathbf{A\ (C_6H_{12}O) + NH_2OH \longrightarrow A'}$$

$$\mathbf{A + Br_2/NaOH \longrightarrow A'' + HCBr_3}$$

$$\mathbf{A + NaBH_4 \longrightarrow B\ (C_6H_{14}O) \xrightarrow{H_2SO_4} C \xrightarrow{O_3/Zn} butanone + D}$$

14.3 Effectuer les transformations suivantes en une ou plusieurs étapes :

a) 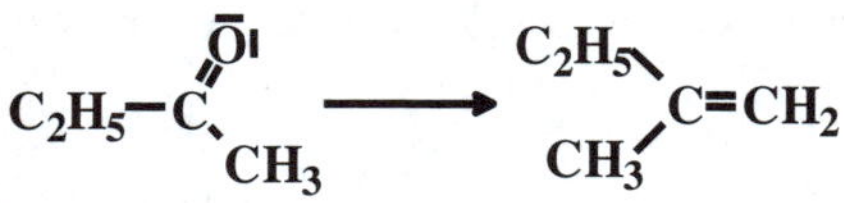

b) 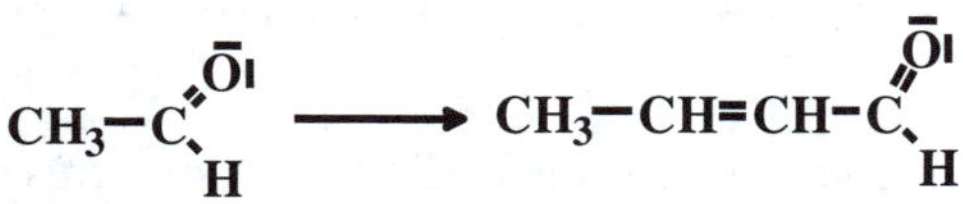

c) 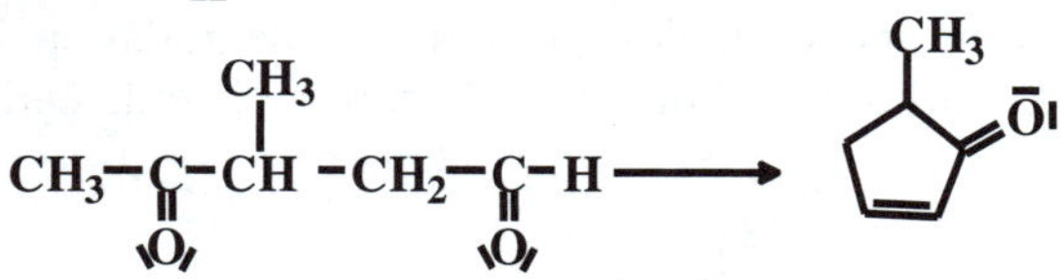

d) 

e) 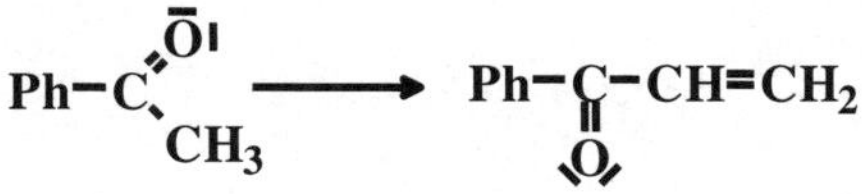

14.4 Compléter :

a) 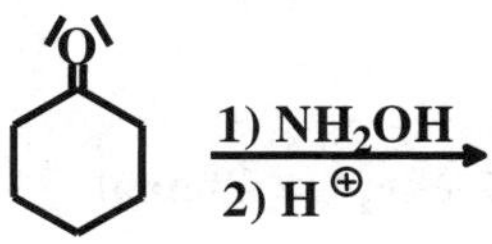

b) 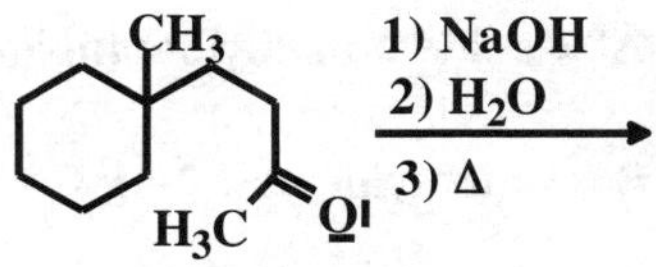

c) 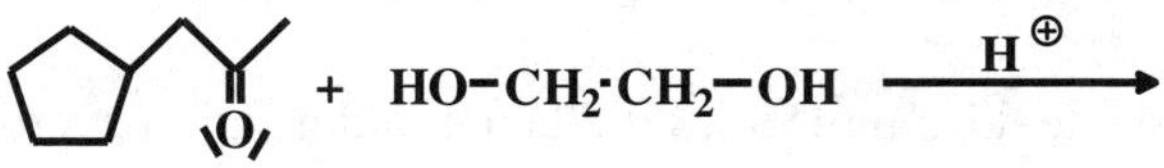

d) 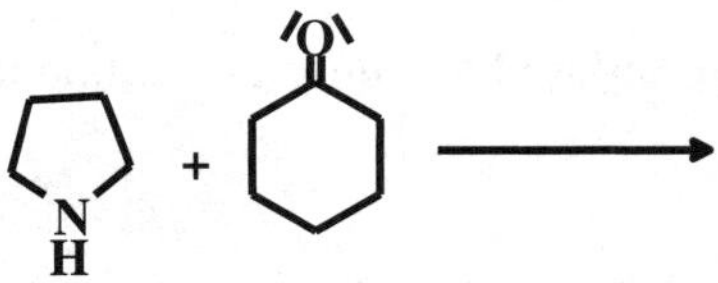

e) 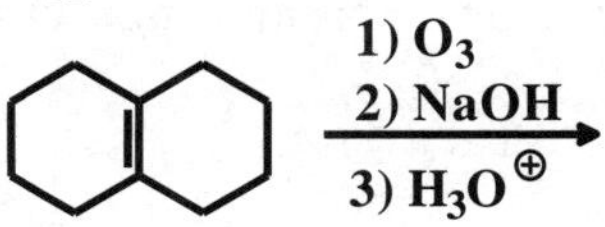

f) 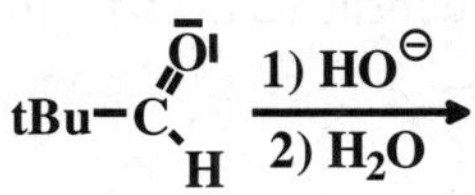

SOLUTIONS

14.1 Aldéhydes : réducteurs, réaction de Cannizaro ; Cétones : non réducteurs, réaction de Clemensen.

14.2

A= 3-méthylpentan-2-one; A'= 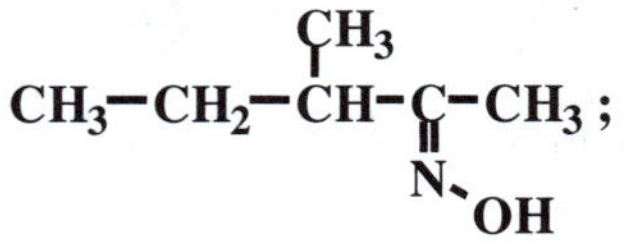

A"= acide 2-méthylbutanoique;

B= 3-méthylpentan-2-ol; C= 3-méthylpent-2-ène; D= éthanal

14.3 **a)** Réaction de Wittig : **i.** PPh_3, CH_3Cl, **ii.** base, **iii.** cétone de départ.

b) Condensation de deux molécules d'éthanal (aldolisation et crotonisation).

c) Aldolisation intramoléculaire en milieu basique suivie d'une crotonisation.

d) $KMnO_4$ concentré.

e) Condensation avec méthanal, milieu acide ou basique, puis crotonisation.

14.4

a) 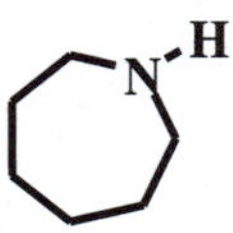

b) 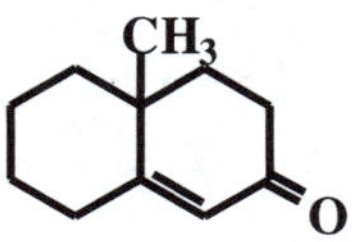

c) 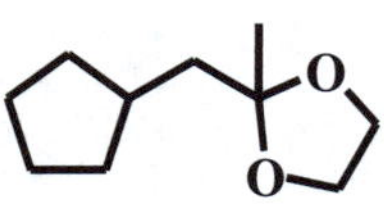

d) 

e) 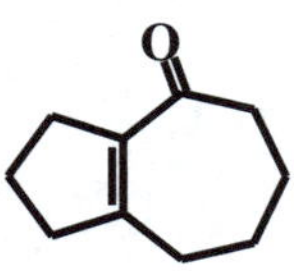

f) $tBuCH_2OH + tBuCOOH$

CHAPITRE 15

Acides carboxyliques

PLAN

OBJECTIFS

- Connaître les fonctions caractéristiques du groupement carboxyle et ses propriétés propres.
- Importance industrielle des acides est extrêmement grande car ces composés sont à la base de la préparation entre autre des détergents.

15.1 DÉFINITIONS — PROPRIÉTÉS PHYSIQUES

a) Généralités

Les **acides carboxyliques** sont des composés organiques possédant le groupe caractéristique –COOH appelé **groupe carboxylique** ou **groupe carboxyle** ; leur formule générale est RCOOH, où R peut être un hydrogène, un groupe alkyle ou aryle.

Les acides à longue chaîne (appelés **acides gras**) sont très abondants dans la nature sous la forme de **triglycérides** (esters du glycérol) ils forment les huiles et les graisses.

L'acide laurique (CH_3–$(CH_2)_{10}$–COOH) ou l'acide stéarique (CH_3–$(CH_2)_{16}$–COOH) sont souvent rencontrés dans la nature. Sous forme de sels de sodium, ils constituent les **savons**. Du fait de leur mode de biosynthèse les acides gras naturels possèdent un nombre pair de carbones. De nombreux dérivés des acides gras sont utilisés comme émulsifiants dans les produits cosmétiques, mais aussi dans l'industrie agroalimentaire. Les **diacides** sont très utilisés en chimie organique notamment dans la synthèse de polyamides (nylon). Ils ont pour formule générale HOOC–$(CH_2)_n$–COOH, $n = 0$ (acide oxalique), $n = 1$ (acide malonique), $n = 2$ (acide succinique)…

b) Structure et spectroscopie

Résonance et propriétés acides

Les acides organiques sont des acides faibles, en exemple nous donnerons le pKa de l'acide éthanoïque dans l'eau qui a une valeur de 4,74.

Cette acidité s'explique par la stabilisation par résonance de l'ion carboxylate formé après départ du proton.

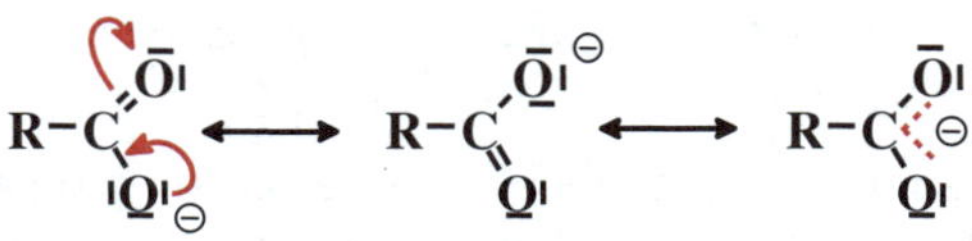

Formation de liaisons intermoléculaires, dimérisation

En phase liquide ou solide les acides peuvent s'associer en échangeant deux liaisons hydrogène. Pour former un dimère relativement stable.

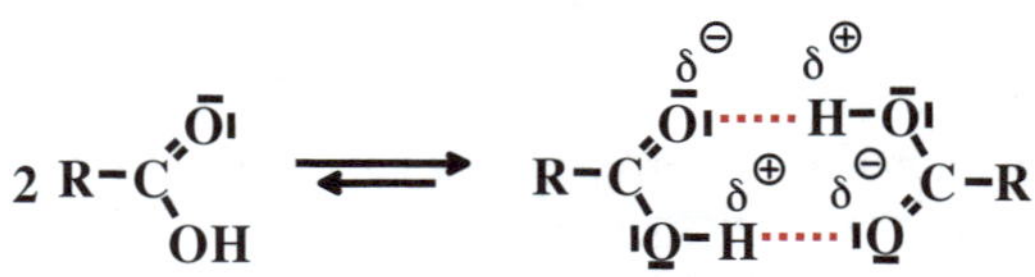

Spectroscopie infrarouge

La vibration de valence du groupement carbonyle se trouve dans la région de 1 705 à 1 725 cm^{-1}, et la vibration caractéristique de la liaison O–H correspond un hydrogène lié et présente une bande élargie vers 3 100 cm^{-1}.

RMN

Le déplacement chimique du proton acide sera élevé de l'ordre de 10 à 12 ppm en raison de sa situation dans le cône d'anisotropie créé par le groupement carbonyle.

15.2 GÉNÉRALITÉS SUR LES PROPRIÉTÉS CHIMIQUES

La fonction acide carboxylique peut donner lieu à cinq grands types de réactions : réactions de décarboxylation, réactions liées à l'acidité du proton, réactions de nucléophiles au niveau du carbone sp^2, réactions liées à la très légère mobilité du proton situé (quand il existe) sur le carbone en α du carbonyle.

15.3 PROPRIÉTÉS ACIDES

Comme nous l'avons signalé précédemment la stabilisation de l'ion carboxylate conduit à la mobilité de l'ion H^+ :

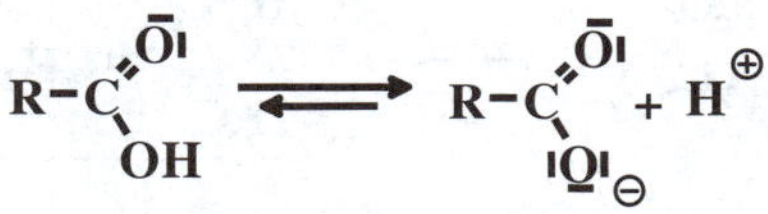

L'anion carboxylate sera d'autant plus stable que le groupement R sera attracteur (*chapitre 3*). Ainsi, l'acide chloracétique $ClCH_2$–COOH sera plus acide (pKa = 2,81) que l'acide acétique (pKa = 4,74). Les acides carboxyliques réagissent donc avec les bases fortes.

$$R{-}COOH + NaOH \longrightarrow R{-}COONa + H_2O$$

$$R{-}COOH + Ag(OH) \longrightarrow R{-}COOAg + H_2O$$

$$R{-}COOH + CH_3Li \longrightarrow R{-}COOLi + CH_4$$

$$2\,R{-}COOH + Ca(OH)_2 \longrightarrow (R{-}COO)_2Ca + 2\,H_2O$$

15.4 DÉCARBOXYLATION

a) Cas des acides

La réaction de décarboxylation correspond à la perte du groupement carboxyle :

$$R{-}COOH \longrightarrow RH + CO_2$$

La réaction est extrêmement difficile avec les acides possédant une chaîne alkyle. Elle peut se faire par contre facilement par simple chauffage si la chaîne porte un substituant attracteur sur le carbone situé en position α ou β du carbonyle de la fonction acide.

$$O_2N{-}\overset{\alpha}{C}H_2{-}COOH \xrightarrow{\Delta} O_2N{-}CH_3 + CO_2$$

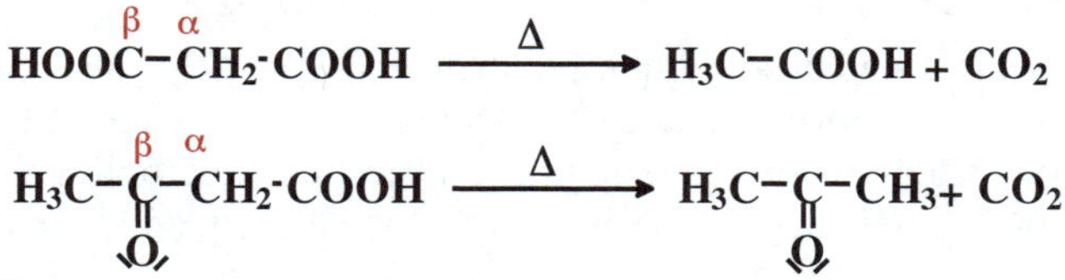

Nous expliciterons le mécanisme sur l'exemple de l'acide β cétonique, il s'agit d'un mécanisme concerté qui conduit à la cétone :

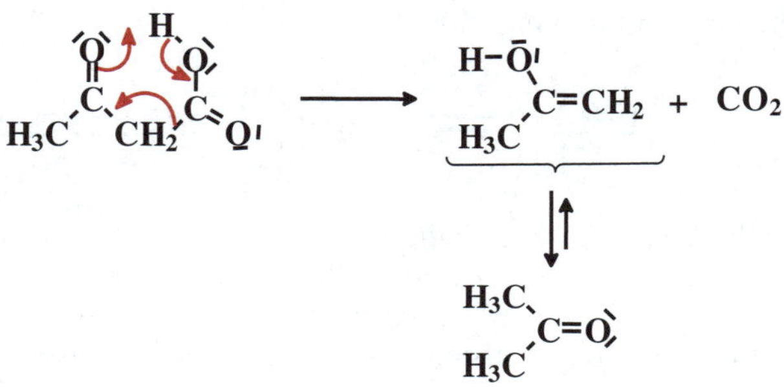

b) Cas de sels d'acides carboxyliques

Les sels d'acides sont facilement obtenus et ceux-ci peuvent être décarboxylés en particulier par un processus électrochimique de duplication des acides sous la forme de leurs sels alcalins. À l'anode la réaction est la suivante :

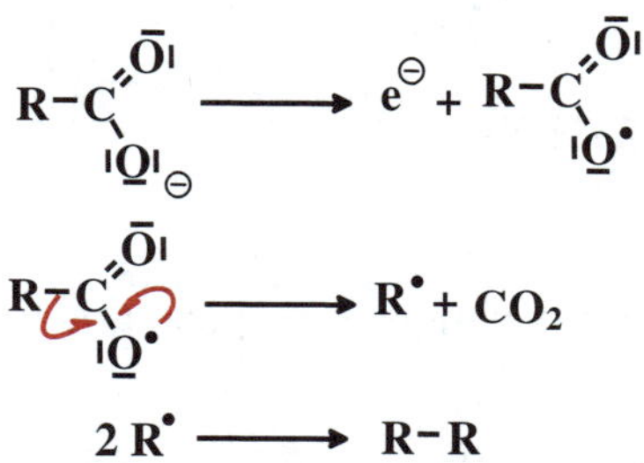

15.5 RÉACTIONS DES RÉACTIFS NUCLÉOPHILES

a) Généralités

L'attaque du nucléophile $Nu^{\ominus}$ se fait avec basculement du doublet de la double liaison vers l'oxygène ; il y a ensuite départ du groupement hydroxyle et retour de la double liaison. La réaction globale est une substitution nucléophile.

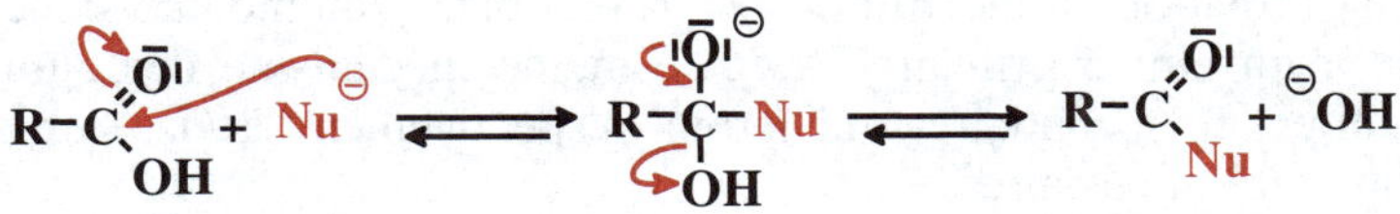

La protonation par un acide fort va catalyser la réaction. En présence d'un acide plus fort que lui (H_2SO_4) l'acide carboxylique peut fixer un proton, le caractère électrophile du carbonyle est alors fortement augmenté.

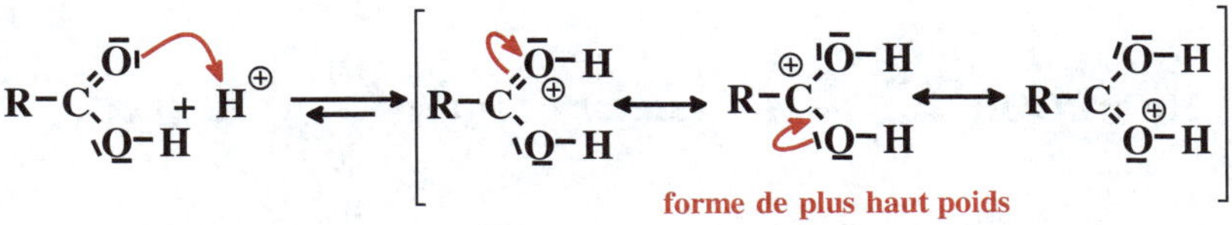

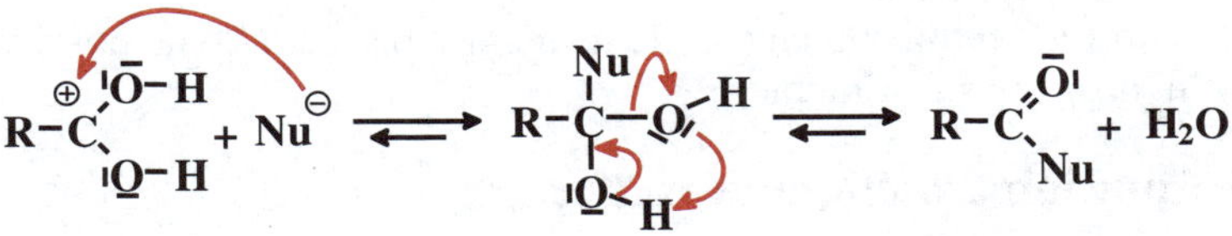

b) Estérification

Voir *chapitre 12*.

c) Formation d'amides : action de l'ammoniac et des amines primaires ou secondaires

Les acides carboxyliques en présence d'ammoniac ou d'amines donnent des sels d'ammonium stables à température ambiante.

L'acide éthanoïque (acide acétique) et l'ammoniac :

$$CH_3COOH + NH_3 \longrightarrow CH_3COO^{\ominus}\ {}^{\oplus}NH_4$$

acétate d'ammonium

L'acétate d'ammonium obtenu peut par chauffage, à 185 °C se déshydrater et conduire à l'**acétamide**. Le mécanisme de cette déshydratation fait intervenir l'équilibre acido-basique existant dans le sel puisque l'acide acétique et l'ammoniac sont respectivement un acide et une base faibles.

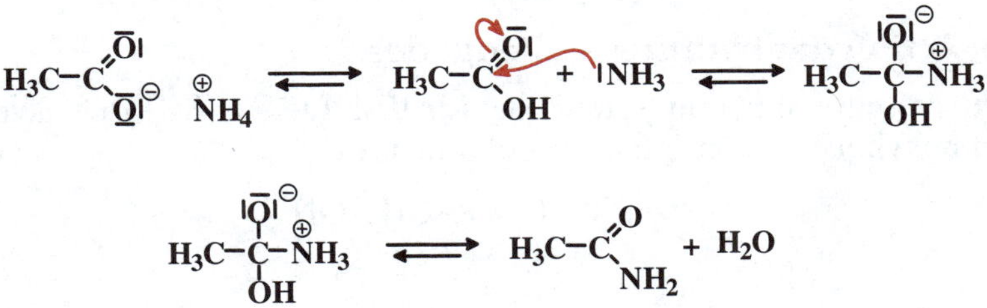

La formation d'une **amide** est réversible. L'ammoniac conduit donc à un amide primaire. Avec le même mécanisme des amines primaires et secondaires mèneront respectivement à des amides secondaires et tertiaires :

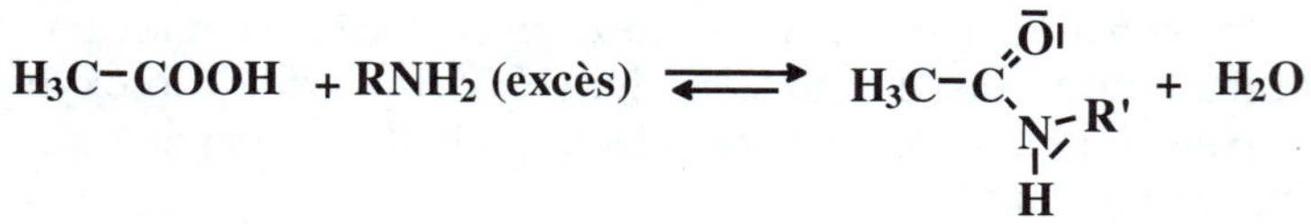

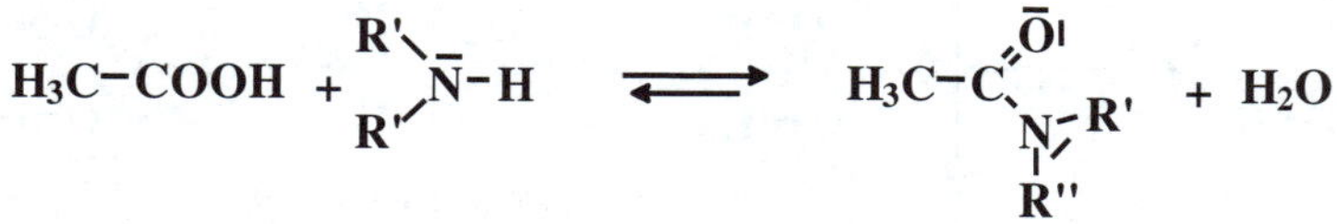

Une **amine tertiaire** quant à elle ne réagira pas car elle ne possède pas d'hydrogène substituable.

d) Formation d'halogénures d'acide

On s'intéressera particulièrement à la formation de chlorures d'acides car ils sont des intermédiaires de synthèse très utiles. Les agents de chloration sont PCl_5, PCl_3 ou $SOCl_2$. Par exemple la réaction avec le chlorure de thionyle $SOCl_2$ mène au chlorure d'acide avec le mécanisme suivant qui est analogue à celui décrit avec les alcools :

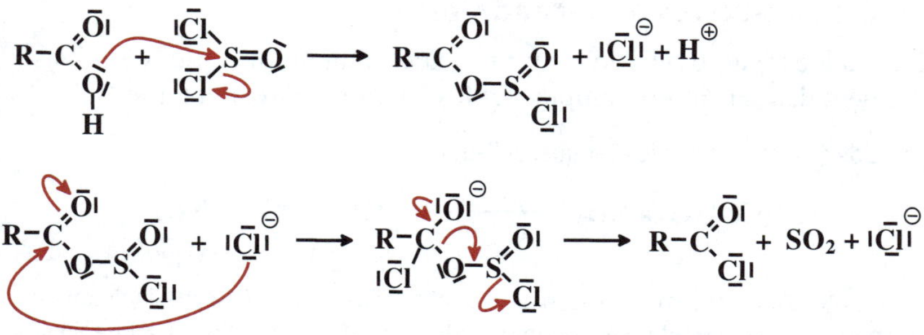

On peut également former des bromures d'acide en présence de tribromure de phosphore PBr_3.

e) Action des hydrures — Réduction

En présence d'hydrures tels que $LiAlH_4$, $LiBH_4$, B_2H_6 un acide carboxylique est converti en alcool primaire.

$$R\text{-}COOH \rightarrow R\text{-}CH_2\text{-}OH$$

Sur le plan mécanistique, le premier ion hydrure H⊖ sert à arracher le proton H⊕, le second à effectuer la réduction. Ainsi avec l'hydrure de lithium et aluminium $LiAlH_4$, on aura d'abord une attaque de H⊖ sur le proton avec dégagement de dihydrogène. L'ion carboxylate est ensuite transformé en alkoxyde puis en alcool après hydrolyse.

La réduction industrielle des acides gras est effectuée par le sodium en présence d'un alcool secondaire. Les alcools gras obtenus sont des matières importantes pour la synthèse des tensioactifs anioniques et non ioniques utilisés dans les détergents.

f) Déshydratation

Par chauffage des acides en présence d'un déshydratant (P_2O_5) on obtient des anhydrides d'acides :

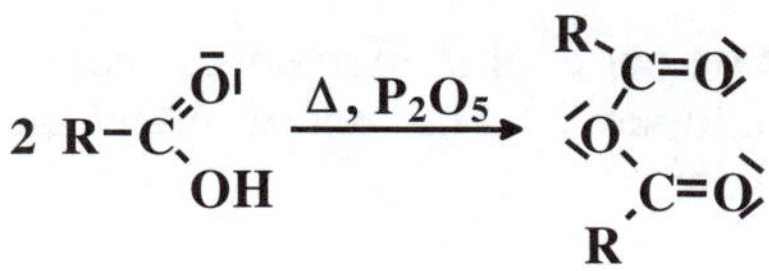

La réaction est plus facile avec les diacides qui permettent d'obtenir un anhydride cyclique à 5 ou 6 chaînons (exemple ci-dessous).

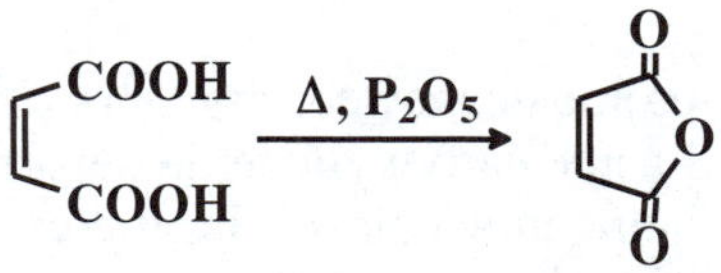

acide maléïque anhydride maléïque

15.6 PROPRIÉTÉS LIÉES À LA MOBILITÉ DU PROTON PORTÉ PAR LE CARBONE Cα

L'hydrogène porté par le carbone situé en α du groupement carboxyle est beaucoup moins acide que dans le cas d'une cétone ou d'un. Compte-tenu de la faible mobilité de ce proton, seules les réactions d'halogénation seront possibles[1]. Par exemple la bromation par

1. En particulier, avec les acides, il n'y aura pas de réactions d'alkylation, ni de réactions de condensation de type aldolisation ou cétolisation comme cela a été observé avec les aldéhydes et les cétones.

l'action du système Br_2/PBr_3 qui va donner dans un premier temps un bromure d'acide (voir paragraphe précédent) :

bromure d'acide

L'acidité créée par l'acide phosphorique va permettre au bromure de s'énoliser :

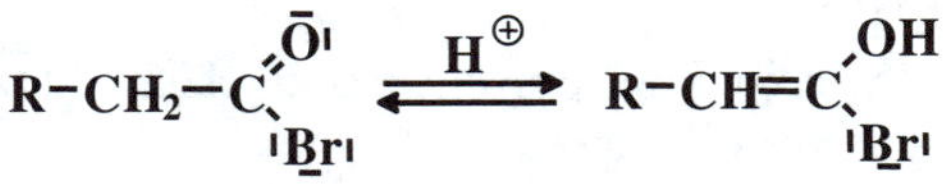

Et la bromation de cet énol s'effectue par action du dibrome avec un mécanisme analogue à celui décrit pour les aldéhydes et les cétones (*chapitre 14*) :

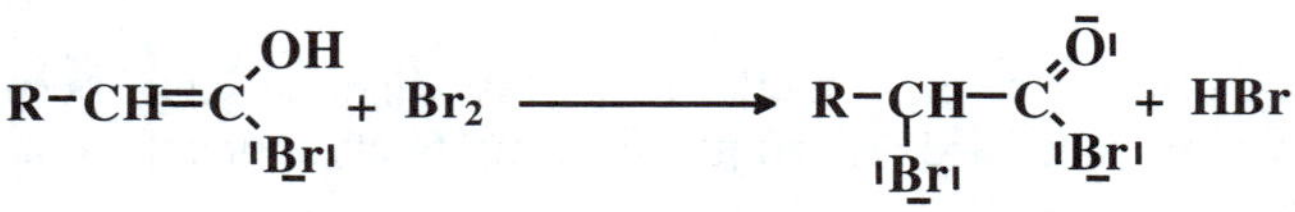

bromure de 2-bromoalcanoyle

Le bromure de 2-bromoalcanoyle réagi alors par un échange avec une autre molécule d'acide carboxylique de départ pour donner le 2-bromoacide et une autre molécule de bromure d'acide permettant ainsi au cycle de réaction de se poursuivre :

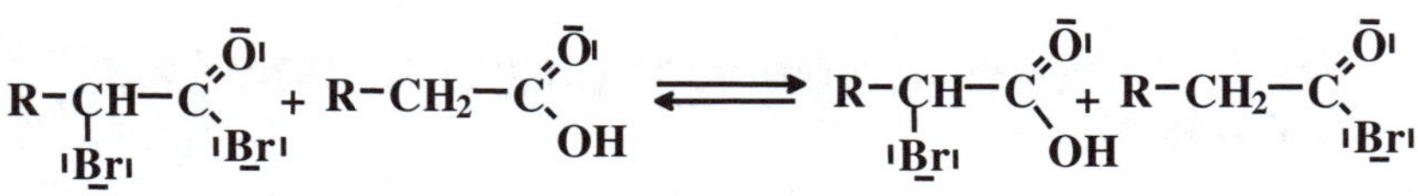

Ces acides α bromés sont extrêmement utiles en synthèse organique, car par simple substitutions nucléophiles ils permettent la formation de composés importants sur le plan chimique et biologique (acides aminés ou les diacides).

POINTS-CLEFS

➤ Les principales propriétés chimiques sont résumées sur le schéma suivant :

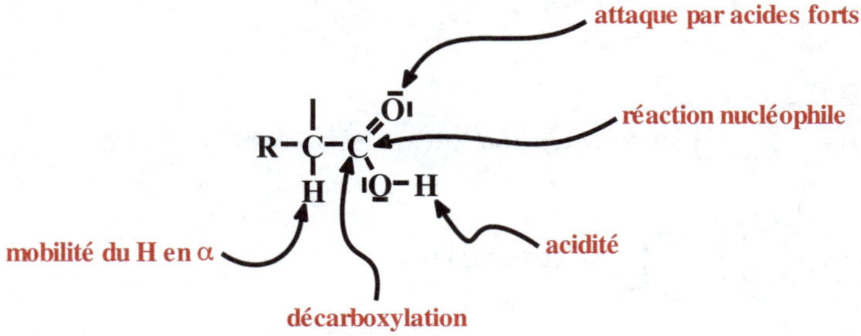

EXERCICES

15.1 Compléter et préciser les conditions expérimentales

a) PhCOOH + $HO(CH_2)_2OH$ → **A** (composé à 16 atomes de carbones)

b) CH_3–CH(OH)–$(CH_2)_2$–COOH → **B**

c)

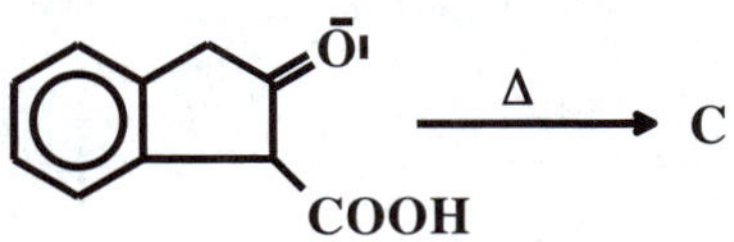

d) $Ph(CH_2)_3COOH \xrightarrow{SOCl_2} D \xrightarrow{AlCl_3} D'$

e) Acide propanoïque + F → Acide lactique (acide-2-hydroxypropanoique)

15.2 Le but de cet exercice est d'établir un schéma de synthèse pour la transformation :

$R{-}CH_2{-}COOH \longrightarrow R{-}COOH$ **(synthèse de Barbier-Wieland)**

Pour cette synthèse ont fait réagir l'éthanol sur l'acide de départ. Le produit obtenu est opposé au bromure de phényl magnésium puis une hydrolyse acide mène à un alcène. Enfin une réaction d'oxydation énergique sur ce dernier composé conduit au composé attendu.

Indiquer la suite réactionnelle, les conditions expérimentales de chacune des étapes ainsi que les structures des sous-produits obtenus.

SOLUTIONS

15.1

a) A = Ph–C(=O)–O–$(CH_2)_2$–O–C(=O)–Ph (estérification)

b) B = 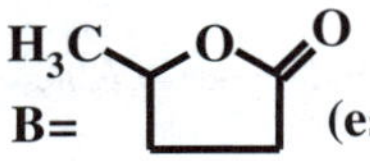 (estérification intramoléculaire)

c) C =  (décarboxylation)

d) D = Ph–$(CH_2)_3$–COCl ; D' = 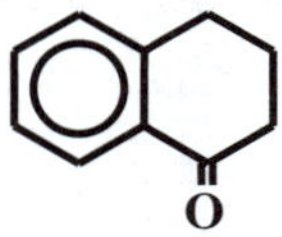 (Friedel et Crafts)

e) E = Br_2 puis $HO^{\ominus}$

15.2

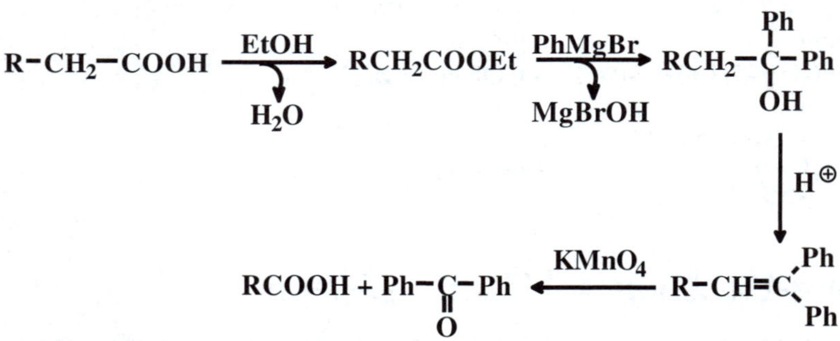

CHAPITRE 16

Dérivés des acides carboxyliques

PLAN

OBJECTIFS

➤ Présenter quelques propriétés des halogénures d'acide, des anhydrides, des esters, des amides et des nitriles.

16.1 DÉFINITIONS

On appelle « **dérivé d'acide** » une molécule de structure :

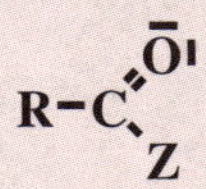

c'est-à-dire un composé où le groupement hydroxyle de l'acide carboxylique a été remplacé par un autre groupement (*tableau 16.1*).

TABLEAU 17.1 NOMENCLATURE DES DÉRIVÉS D'ACIDE DU TYPE R-COZ.

Z	Nom
Cl, Br	halogénure d'acide
$R'-C(=O)-O-$	anhydride d'acide
$R'-O-$	ester
$-N(R_1)(R_2)$	amide

Par ailleurs les **nitriles**, **R–C≡N,** sont également considérés comme des dérivés d'acides, car ces composés mènent aux acides carboxyliques par hydrolyse acide.

16.2 DÉRIVÉS D'ACIDES DU TYPE R–COZ

a) Caractéristiques communes

La présence du groupement carbonyle dans les dérivés d'acides permet des attaques nucléophiles selon le schéma général :

Le mécanisme fait intervenir une attaque nucléophile, suivie de l'élimination du groupement Z :

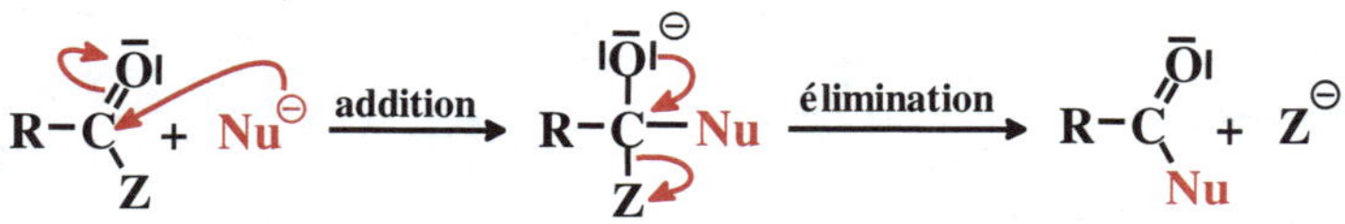

La première phase (addition) est liée au *caractère électrophile* du carbone du groupement carbonyle. L'ordre de réactivité est donc le suivant :

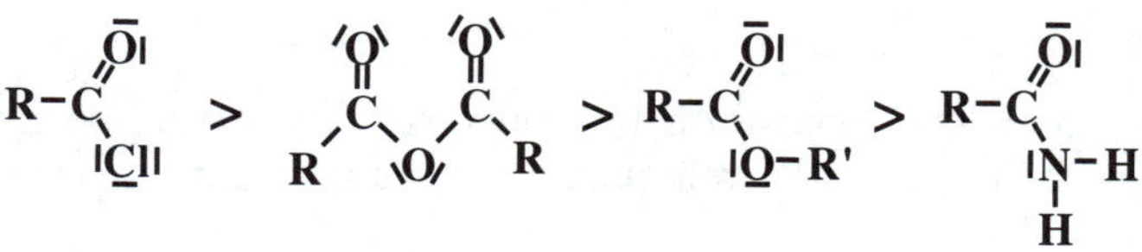

halogénure **anhydride d'acide** **ester** **amide**

La deuxième phase (élimination), quant à elle, est liée au *caractère nucléofuge* du groupement Z :

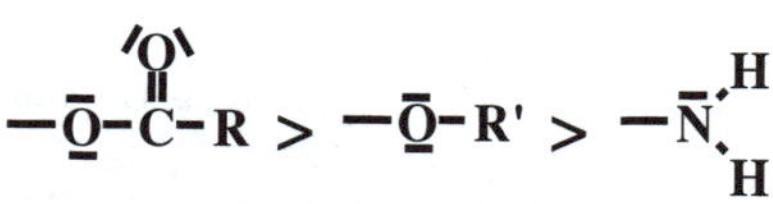

Les **dérivés d'acides** les moins réactifs peuvent être préparés à partir des dérivés les plus réactifs. Les réactions sont catalysées par des bases ou des acides.

Les exemples qui suivent (déjà étudiés pour la plupart dans les chapitres précédents) illustrent ces résultats.

b) Halogénures d'acides

Généralités — Réactions avec les composés nucléophiles

Comme nous l'avons précisé plus haut, les halogénures d'acides sont des composés de formule générale R–COX. Les dérivés les plus couramment utilisés dans les laboratoires sont les chlorures (X=Cl). Ces composés sont extrêmement réactifs vis-à-vis des réactifs nucléophiles, y compris l'eau atmosphérique. Nous donnons, ci-dessous, les réactions les plus fréquemment rencontrées, en rappelant qu'elles suivent exactement le mécanisme général décrit précédemment ou dans les chapitres antérieurs.

Exemples :

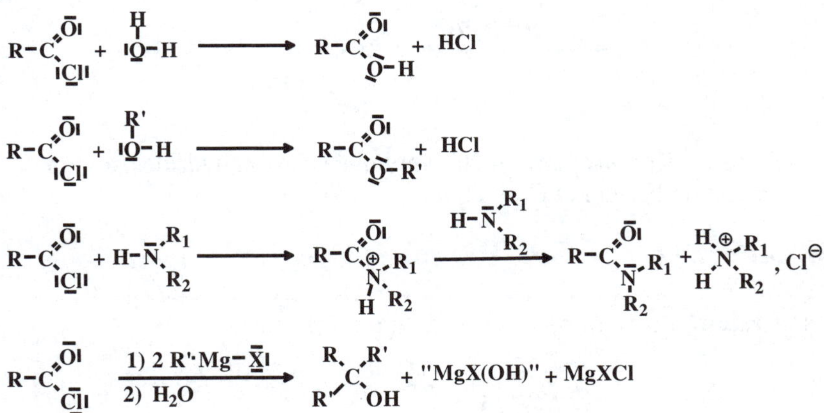

Réactions électrophiles (voir § *10.5f*)

c) Anhydrides d'acides

La structure des anhydrides d'acides est de la forme R–CO–O–CO–R. Ils ont une réactivité très proche de celle des chlorures d'acides. De la même manière, ils réagissent avec les composés nucléophiles selon le même mécanisme. Quelques exemples sont rassemblés ci-après :

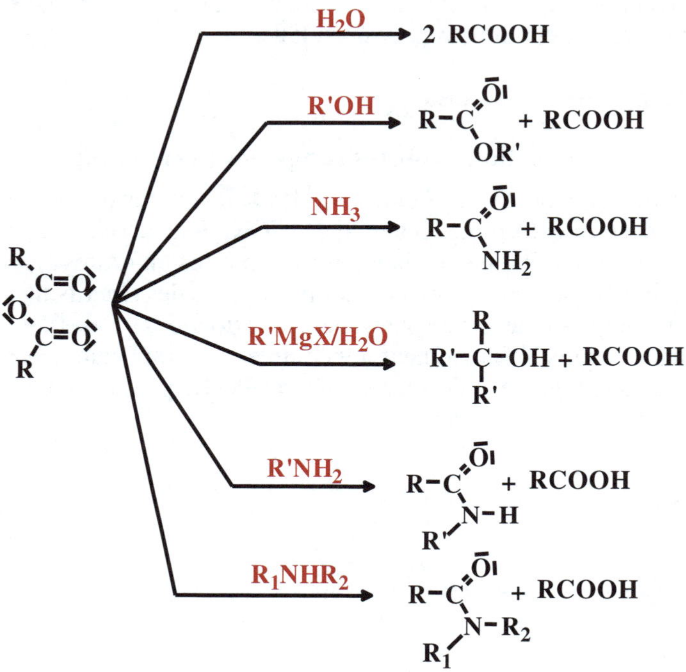

D'autres réactions peuvent être appliquées aux anhydrides, comme la réaction de Friedel et Crafts (*chapitre 10*).

d) Les esters

Les **esters** sont des composés ayant pour formule :

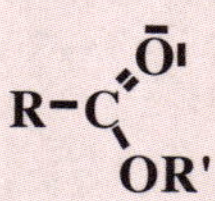

Les esters présentent en spectroscopie infrarouge une bande forte entre 1 740 et 1 750 cm^{-1}, caractéristique de la fonction carbonyle d'un ester.

Substitution-élimination du groupement alkoxy

Le schéma réactionnel de la substitution-élimination est globalement le même que celui déjà décrit ; cependant, le groupement alkoxy étant un nucléofuge plus faible que le groupement acyle ou l'halogène, les différentes réactions seront souvent catalysées par des acides ou des bases.

➤ Réaction d'hydrolyse

La réaction d'hydrolyse est le résultat de l'action de l'eau sur un ester. Elle mène à la formation d'un acide et d'un alcool. C'est en fait la réaction inverse de l'estérification.

Cette réaction est très lente en milieu neutre. Au laboratoire, elle peut se faire en milieu acide, mais les meilleurs résultats sont obtenus lorsque cette réaction est réalisée en milieu basique ; elle est alors appelée réaction de **saponification**.

Milieu acide :

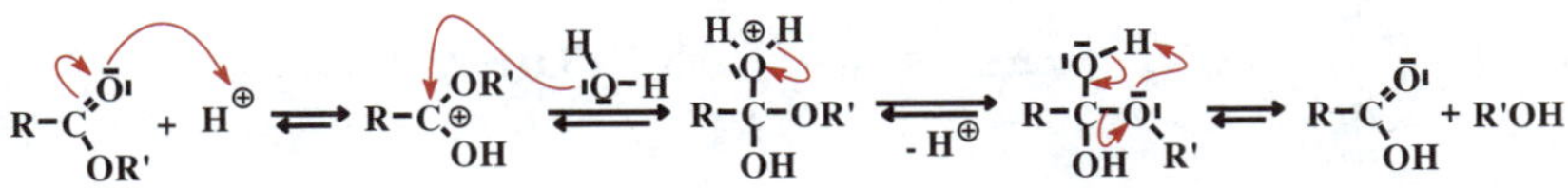

Milieu basique (réaction de saponification) :

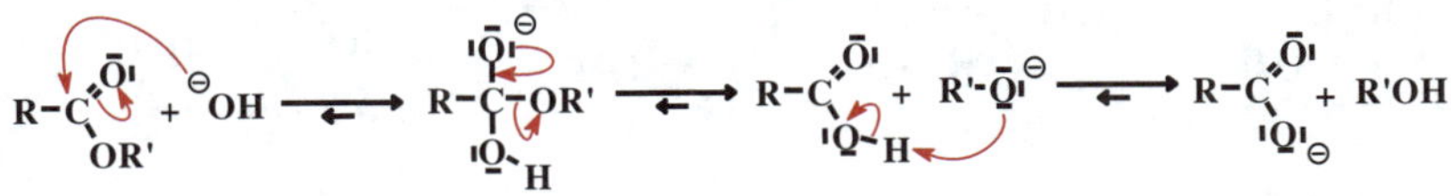

➤ Réaction de transestérification

La réaction de **transestérification** est la réaction d'un ester avec un alcool.

$$ROOR' + R''OH \rightleftharpoons ROOR' + R'OH$$

Tout comme l'hydrolyse, cette réaction est catalysée par un acide ou par une base.

Mécanisme en milieu basique

$$R''OH + B \longrightarrow R''\text{-}\overline{O}|^{\ominus} + BH$$
$$\text{ou}\quad R''OH + Na \longrightarrow R''\text{-}\overline{O}|^{\ominus}\, Na^{\oplus} + 1/2\ H_2$$

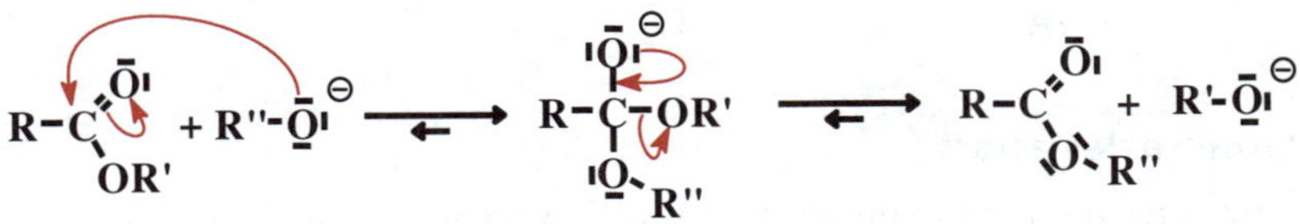

➤ **Action des esters sur les dérivés azotés**

On trouvera, ci-dessous, quelques exemples de réactions avec les dérivés azotés. Le mécanisme est identique à celui vu avec les chlorures d'acides.

amide

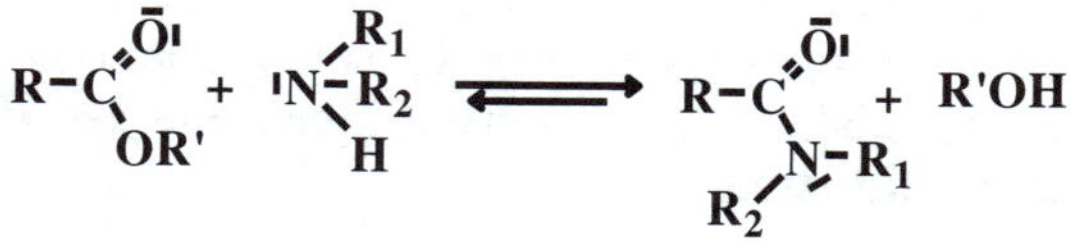

amide

azide

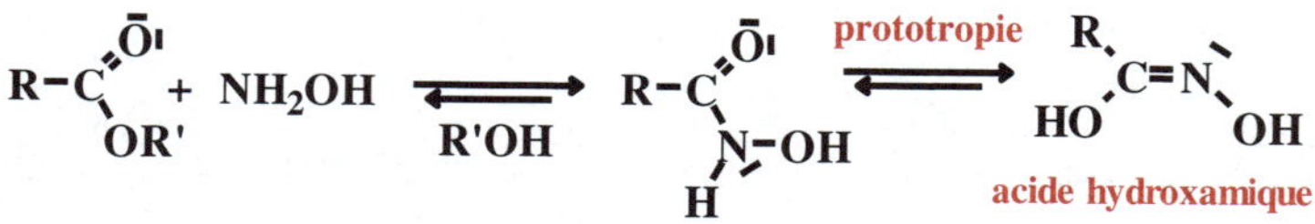

acide hydroxamique

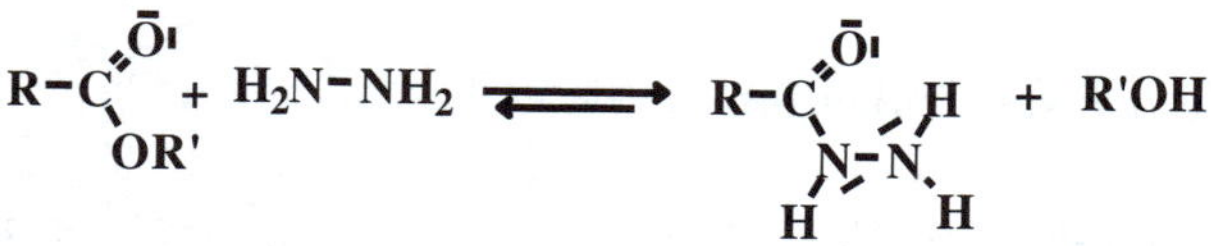

hydrazide

➤ **Action des organomagnésiens** (voir *chapitre 11*).

➤ **Réaction de réduction**

La réduction des esters ne peut être réalisée qu'en présence d'un seul agent de réduction l'hydrure d'aluminium et de lithium ($LiAlH_4$), contrairement aux réductions des acides carboxyliques et des chlorures d'acides où d'autres agents de réduction pouvaient être utilisés ($NaBH_4$, KBH_4...).

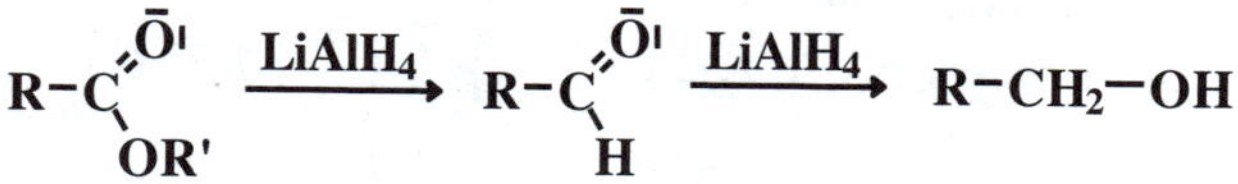

Pyrolyse des esters

Si un ester porte un hydrogène en position β sur l'alkoxy, on observe, en chauffant, la formation d'un alcène et d'un acide. C'est une réaction d'élimination intramoléculaire (Ei). Elle est réalisée à haute température et sous pression réduite.

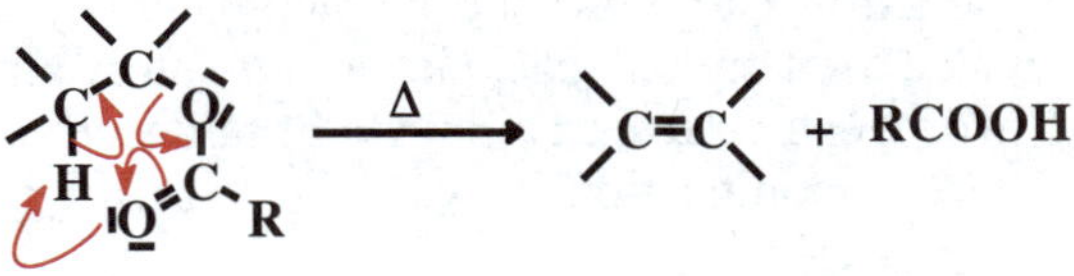

Réactions en α du carbonyle

L'hydrogène sur le carbone en α du groupement carbonyle d'un ester est plus acide que l'hydrogène correspondant d'un acide carboxylique, en raison de la résonance qui est moins grande entre le OR et le CO. Nous décrirons trois applications de cette propriété.

➤ **Réaction d'halogénation**

Cette réaction se fait selon le même principe que celui décrit pour les aldéhydes et les cétones pour mener à un ester α halogéné.

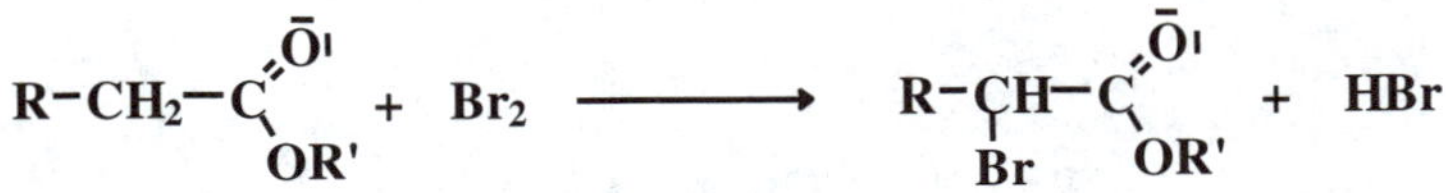

➤ **Condensation de Claisen**

C'est la condensation de deux esters, identiques ou non ; cette réaction est réalisée en milieu basique et mène à un ester α carbonylé. Le mécanisme fait à la fois intervenir les propriétés acides du proton Hα et la résonance du groupement carbonyle :

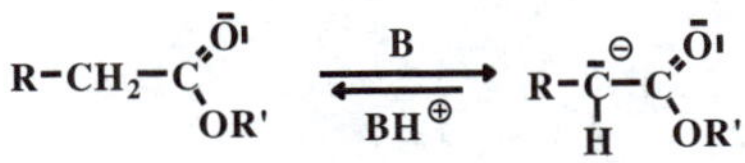

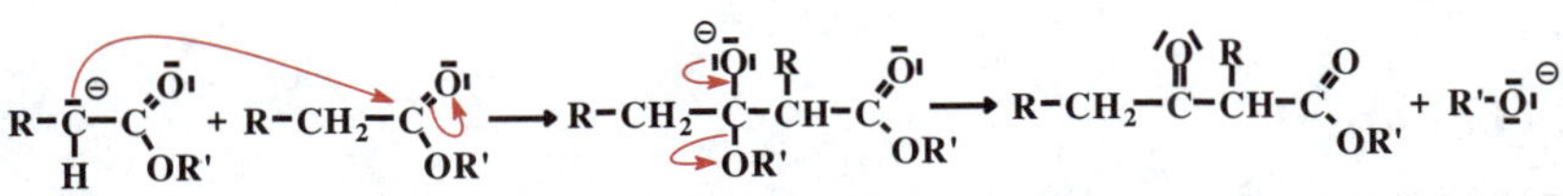

Pour éviter la saponification de l'ester, on utilisera des bases de type RONa (alcoolate de sodium). En série cyclique cette réaction porte le nom de réaction de **Dieckmann** :

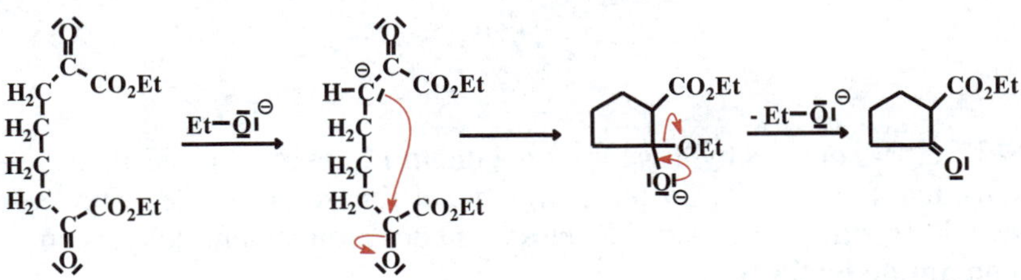

➤ Synthèse malonique

La synthèse malonique est la réaction d'un diester malonique (diester dérivé du diacide à trois carbones) et d'un halogénure d'alkyle. Cette réaction est réalisée en milieu basique et fait intervenir à la fois l'acidité de l'hydrogène en α du carbonyle et la décarboxylation de l'acide formé après saponification.

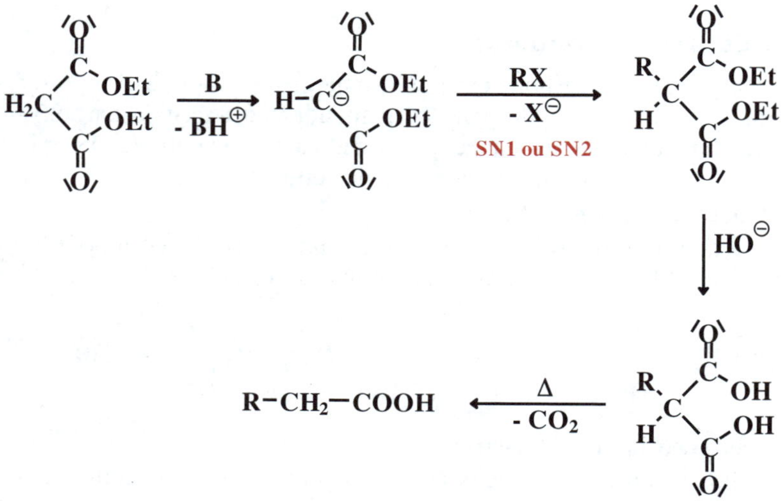

Avec un large excès de dérivé halogéné RX, on observe une disubstitution au niveau du carbone α de l'ester malonique pour finalement obtenir l'acide :

e) Les amides

Les **amides** sont des composés ayant pour formule :

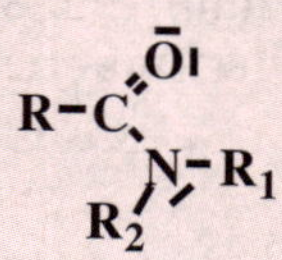

Si R_1 et R_2 sont des hydrogènes, on a un **amide primaire**, si l'un des substituants R_1 ou R_2 est un hydrogène et l'autre un alkyle l'amide sera dit **secondaire** ; enfin si R_1 et R_2 sont des groupements alkyles on a un **amide tertiaire**.

Les amides présentent en spectroscopie infrarouge une bande forte entre 1 630 et 1 700 cm^{-1}, caractéristique du groupement carbonyle de l'amide.

Les amides sont beaucoup *moins basiques que les amines*, en raison de la délocalisation du doublet de l'azote :

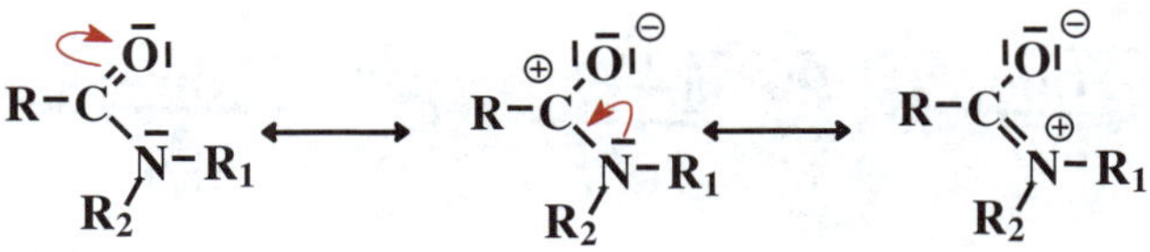

Si on a un amide primaire ou secondaire, les hydrogènes portés par l'azote présentent une légère acidité. Cette dernière propriété va induire des possibilités de **prototropie** (tautomérie amide-imide) :

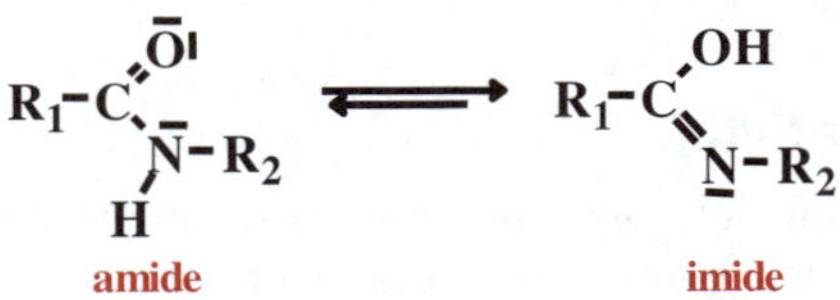

Action des nucléophiles sur un amide

La réaction est beaucoup plus lente que dans le cas des esters. La réaction la plus fréquente est la réaction d'hydrolyse, qui s'effectue en milieu basique ou en milieu acide.

En milieu basique, le schéma général est le suivant :

Le mécanisme est en tout point analogue à celui décrit pour les esters. En milieu acide, on a la même analogie mécanistique :

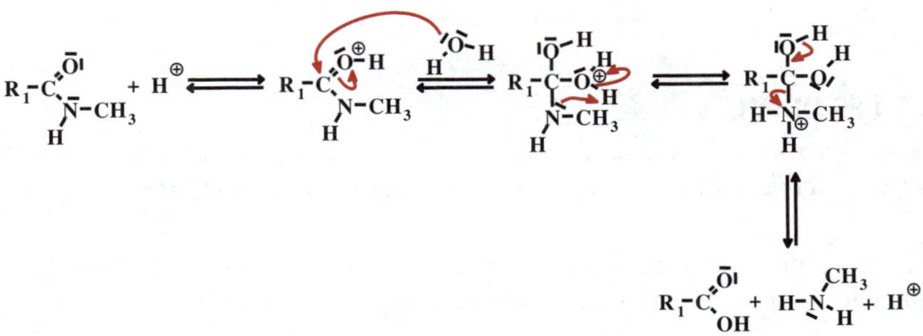

Dégradation d'Hofmann

L'action du dibrome en présence d'une base hydroxylée, telle que la soude, sur un amide primaire mène à l'amine primaire correspondante. Le mécanisme de cette réaction fait intervenir un isocyanate, qui s'hydrolyse en amine primaire :

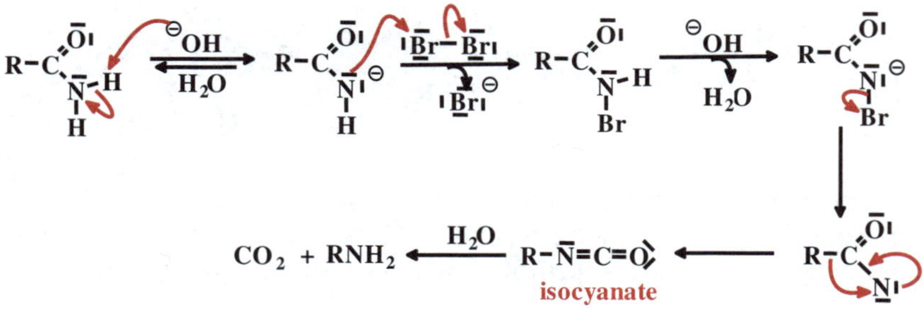

Synthèse de Gabriel

La synthèse de Gabriel constitue également une méthode d'obtention spécifique d'amines primaires. Cette suite de réactions consiste, à partir du phtalimide, de l'introduire en milieu fortement basique (EtONa, RLi...), de faire réagir l'anion ainsi créé sur un dérivé halogéné RX et enfin d'hydrolyser l'amide formée.

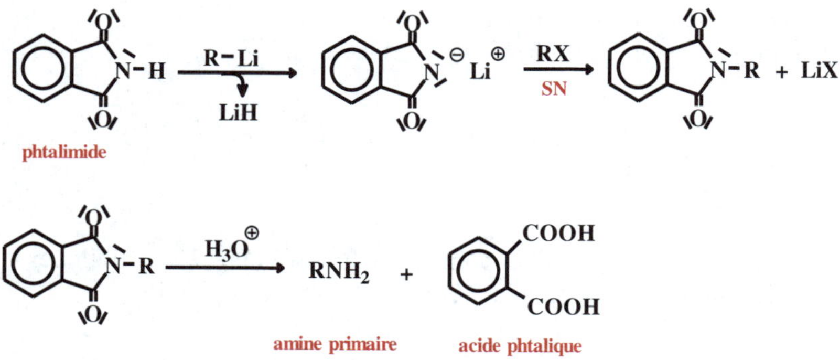

16.3 LES NITRILES

> Les **nitriles** sont des composés ayant pour formule **R–C≡N.**

Ils présentent en spectroscopie infrarouge une bande à 2 250 cm^{-1}, caractéristique de la vibration de valence de la liaison CN.

Parmi les réactions d'addition, nous citerons les réactions de réduction, l'action d'un organomagnésien et l'hydrolyse.

Réduction

La réduction est réalisée en présence d'un agent de réduction, tel que $LiAlH_4$, H_2/Pd ou Na/EtOH. Dans tous les cas, on obtient une amine primaire :

Réaction avec un organomagnésien (*voir chapitre 11*)

Hydrolyse

L'eau s'additionne sur un nitrile en milieu acide et conduit à la formation d'un amide qui, du fait du pH acide du milieu, s'hydrolyse lui-même en acide carboxylique.

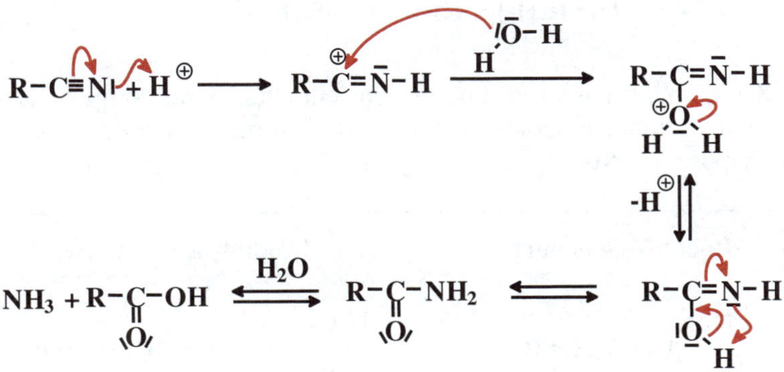

POINTS-CLEFS

- Les dérivés d'acides du type R–COZ (Z=Cl, Br, OCOR, NR_1R_2, OR) sont de siège de réactions nucléophiles suivi de l'élimination du substituant Z.
- Il existe d'autres réactions spécifiques à chaque famille de composés.
- Les nitriles (**R–C≡N**) donnent lieu essentiellement à des réactions d'addition (réduction, organomagnésien, hydrolyse).

EXERCICES

16.1 Compléter :

a) $CH_3\text{-}CO_2CH_3 \xrightarrow[2)\ H_3O^{\oplus}]{1)\ CH_3ONa}$

b) 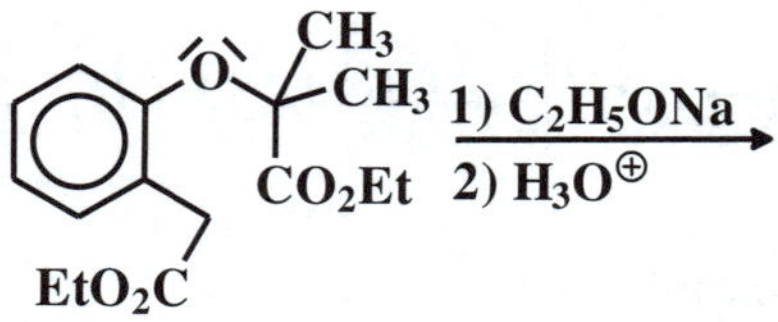

c) $C_2H_5-CO_2-(CH_2)_2-CH_3 \xrightarrow{\Delta}$

d) $C_2H_5-CO_2-(CH_2)_2-CH_3 \xrightarrow{KOH}$

e) $C_2H_5-CO_2-(CH_2)_2-CH_3 + CH_3OH \xrightarrow{H^{\oplus}}$

16.2 Comment passer en une ou plusieurs étapes du composé de la première colonne au composé correspondant de la seconde colonne ? On dispose de tous les réactifs organiques et minéraux utiles.

Réactifs de départ	Produits à synthétiser
a) $(H_3C)_2CH-CH_2-Br$	$(H_3C)_2CH-CH_2-CH_2-COOH$
b) $(H_3C)_2CH-CH_2-Br$	$(H_3C)_2CH-CH_2-NH_2$
c) $(H_3C)_2CH-CH_2-COOH$	$(H_3C)_2CH-CH_2-CH_2\text{-}COOH$
d) $(H_3C)_2CH-CH_2-CONH_2$	$(H_3C)_2CH-CH_2-NH_2$
e) $Ph-(CH_2)_2\text{-}CHO$	$Ph-CH_2-CH=CH-COOH$

16.3 La synthèse de l'amitryptiline, antidépresseur très utilisé en médecine, est effectuée par la suite de réactions :

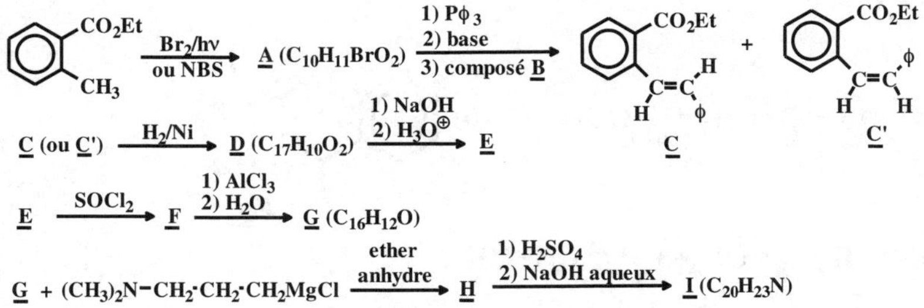

a) Indiquer les structures des composés **A**, **B**, **D**, **E**, **F**, **G**, **H**, et **I**, sachant que le spectre de RMN du proton de **G** présente un singulet vers 2 ppm correspondant à 4H et deux multiplets vers 7 ppm correspondant chacun à 4H et que **I** réagit avec le dibrome.

b) Quels sont les mécanismes des transformations suivantes :

A → C ?

D → E ?

SOLUTIONS

16.1

a) $H_3C-\underset{\underset{O}{\|}}{C}-CH_2-\underset{\underset{O}{\|}}{C}-OCH_3$

b) 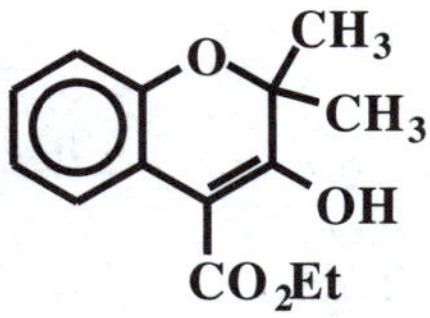

c) $C_2H_5-\underset{\underset{O}{\|}}{C}-OH + CH_3-CH=CH_2$

d) $CH_3-CH_2-COO^{\ominus}\ K^{\oplus} + CH_3CH_2CH_2OH$

e) $CH_3-CH_2-CO_2CH_3 + CH_3CH_2CH_2OH$

16.2

a) Synthèse malonique (action du malonate d'éthyle sur le dérivé bromé).

b) i. Phtalimide, **ii.** Hydrolyse (synthèse de Gabriel).

c) i. $AlLiH_4$, **ii.** PCl_3, **iii.** KCN, **iv.** H_3O^+.

d) Dégradation d'Hofmann.

e) i. KCN, **ii.** H_3O^+.

16.3 a)

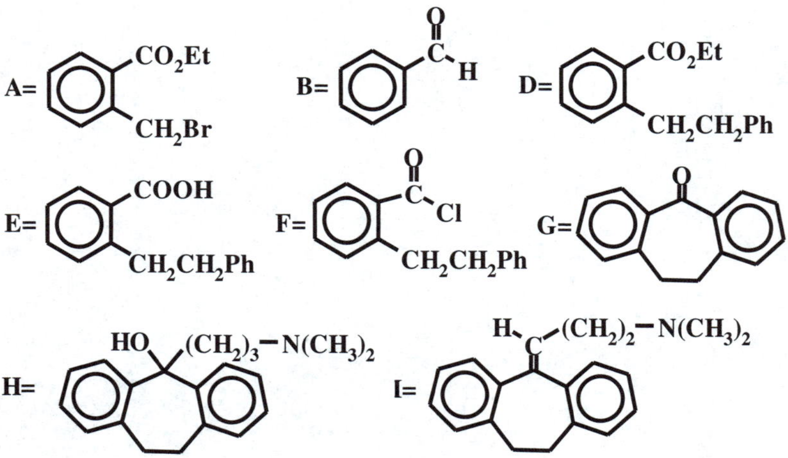

b) A → C : réaction de Wittig (*chapitre 14*) ; **D → E** : saponification.

Index

050888 - (I) - (2,3) - OSB 80° - STY - API

Achevé d'imprimer sur les presses de
SNEL Grafics sa
Z.I. des Hauts-Sarts - Zone 3
rue Fond des Fourches 21 – B-4041 Vottem (Herstal)
Tél +32(0)4 344 65 60 - Fax +32(0)4 286 99 61
Septembre 2008 – 45492

Dépôt légal : septembre 2008

Imprimé en Belgique